国家出版基金资助项目
Projects Supported by the National Publishing Fund

国家出版基金项目
NATIONAL PUBLICATION FOUNDATION

钢铁工业协同创新关键共性技术丛书

主编 王国栋

复杂难选铁矿石深度还原理论与技术

Theory and Technology for Coal-based Reduction of Refractory Iron Ore

孙永升 韩跃新 高 鹏 著

北 京

冶 金 工 业 出 版 社

2021

内 容 提 要

本书系统地总结和凝练了作者及其研究团队近年来在铁矿石深度还原领域所做的开创性工作。针对我国某些铁矿资源采用常规选矿工艺难以利用的问题，本书提出了深度还原理念，运用软件模拟、图像分析、微区成分分析等先进检测技术和方法，揭示了还原过程中物相结构演变、铁颗粒粒度测量与控制、磷元素相际迁移、热力学和动力学机制等关键科学问题，研发了系列深度还原新技术，建立了铁矿石深度还原理论和技术体系。

本书可供从事矿物加工工程和冶金工程基础研究及应用技术研究领域的高校师生、科研人员和工程技术人员参阅。

图书在版编目(CIP)数据

复杂难选铁矿石深度还原理论与技术/孙永升，韩跃新，高鹏著 . —北京：冶金工业出版社，2021.3
（钢铁工业协同创新关键共性技术丛书）
ISBN 978-7-5024-7687-8

Ⅰ.①复…　Ⅱ.①孙…　②韩…　③高…　Ⅲ.①铁矿物—分选技术　Ⅳ.①TD951.1

中国版本图书馆 CIP 数据核字（2021）第 079056 号

出 版 人　苏长永
地　　址　北京市东城区嵩祝院北巷 39 号　邮编　100009　电话　(010)64027926
网　　址　www.cnmip.com.cn　电子信箱　yjcbs@cnmip.com.cn
责任编辑　卢　敏　美术编辑　彭子赫　版式设计　孙跃红　禹　蕊
责任校对　郑　娟　责任印制　李玉山
ISBN 978-7-5024-7687-8
冶金工业出版社出版发行；各地新华书店经销；北京捷迅佳彩印刷有限公司印刷
2021 年 3 月第 1 版，2021 年 3 月第 1 次印刷
710mm×1000mm　1/16；20.25 印张；397 千字；308 页
98.00 元
冶金工业出版社　投稿电话　(010)64027932　投稿信箱　tougao@cnmip.com.cn
冶金工业出版社营销中心　电话　(010)64044283　传真　(010)64027893
冶金工业出版社天猫旗舰店　yjgycbs.tmall.com
（本书如有印装质量问题，本社营销中心负责退换）

《钢铁工业协同创新关键共性技术丛书》
总　　序

　　钢铁工业作为重要的原材料工业，担任着"供给侧"的重要任务。钢铁工业努力以最低的资源、能源消耗，以最低的环境、生态负荷，以最高的效率和劳动生产率向社会提供足够数量且质量优良的高性能钢铁产品，满足社会发展、国家安全、人民生活的需求。

　　改革开放初期，我国钢铁工业处于跟跑阶段，主要依赖于从国外引进产线和技术。经过40多年的改革、创新与发展，我国已经具有10多亿吨的产钢能力，产量超过世界钢产量的一半，钢铁工业发展迅速。我国钢铁工业技术水平不断提高，在激烈的国际竞争中，目前处于"跟跑、并跑、领跑"三跑并行的局面。但是，我国钢铁工业技术发展当前仍然面临以下四大问题。一是钢铁生产资源、能源消耗巨大，污染物排放严重，环境不堪重负，迫切需要实现工艺绿色化。二是生产装备的稳定性、均匀性、一致性差，生产效率低。实现装备智能化，达到信息深度感知、协调精准控制、智能优化决策、自主学习提升，是钢铁行业迫在眉睫的任务。三是产品质量不够高，产品结构失衡，高性能产品、自主创新产品供给能力不足，产品优质化需求强烈。四是我国钢铁行业供给侧发展质量不够高，服务不到位。必须以提高发展质量和效益为中心，以支撑供给侧结构性改革为主线，把提高供给体系质量作为主攻方向，建设服务型钢铁行业，实现供给服务化。

　　我国钢铁工业在经历了快速发展后，近年来，进入了调整结构、转型发展的阶段。钢铁企业必须转变发展方式、优化经济结构、转换增长动力，坚持质量第一、效益优先，以供给侧结构性改革为主线，推动经济发展质量变革、效率变革、动力变革，提高全要素生产率，使中国钢铁工业成为"工艺绿色化、装备智能化、产品高质化、供给服务化"的全球领跑者,将中国钢铁建设成世界领先的钢铁工业集群。

2014 年 10 月,以东北大学和北京科技大学两所冶金特色高校为核心,联合企业、研究院所、其他高等院校共同组建的钢铁共性技术协同创新中心通过教育部、财政部认定,正式开始运行。

自 2014 年 10 月通过国家认定至 2018 年年底,钢铁共性技术协同创新中心运行 4 年。工艺与装备研发平台围绕钢铁行业关键共性工艺与装备技术,根据平台顶层设计总体发展思路,以及各研究方向拟定的任务和指标,通过产学研深度融合和协同创新,在采矿与选矿、冶炼、热轧、短流程、冷轧、信息化智能化等六个研究方向上,开发出了新一代钢包底喷粉精炼工艺与装备技术、高品质连铸坯生产工艺与装备技术、炼铸轧一体化组织性能控制、极限规格热轧板带钢产品热处理工艺与装备、薄板坯无头/半无头轧制+无酸洗涂镀工艺技术、薄带连铸制备高性能硅钢的成套工艺技术与装备、高精度板形平直度与边部减薄控制技术与装备、先进退火和涂镀技术与装备、复杂难选铁矿预富集-悬浮焙烧-磁选(PSRM)新技术、超级铁精矿与洁净钢基料短流程绿色制备、长型材智能制造、扁平材智能制造等钢铁行业急需的关键共性技术。这些关键共性技术中的绝大部分属于我国科技工作者的原创技术,有落实的企业和产线,并已经在我国的钢铁企业得到了成功的推广和应用,促进了我国钢铁行业的绿色转型发展,多数技术整体达到了国际领先水平,为我国钢铁行业从"跟跑"到"领跑"的角色转换,实现"工艺绿色化、装备智能化、产品高质化、供给服务化"的奋斗目标,做出了重要贡献。

习近平总书记在 2014 年两院院士大会上的讲话中指出,"要加强统筹协调,大力开展协同创新,集中力量办大事,形成推进自主创新的强大合力"。回顾 2 年多的凝炼、申报和 4 年多艰苦奋战的研究、开发历程,我们正是在这一思想的指导下开展的工作。钢铁企业领导、工人对我国原创技术的期盼,冲击着我们的心灵,激励我们把协同创新的成果整理出来,推广出去,让它们成为广大钢铁企业技术人员手中攻坚克难、夺取新胜利的锐利武器。于是，我们萌生了撰写一部系列丛书的愿望。这套系列丛书将基于钢铁共性技术协同创新中心系列创新成果，以全流程、绿色化工艺、装备与工程化、产业化为主线，结合钢铁工业生产线上实际运行的工程项目和生产的优质钢材实例，系统汇集产学研协同创新基础与应用基础研究进展和关键共性技术、前沿引领技术、现代工程技术创新，为企业技术改造、转型升级、高质量发展、规划未来发展蓝图提供参考。这一想法得到了企业广大同仁的积极响应，全力支持及密切配合。冶金工业出版社的领导和编辑同志特地来到学校，热心指导，提出建议，商量出版等具体事宜。

　　国家的需求和钢铁工业的期望牵动我们的心，鼓舞我们努力前行；行业同仁、出版社领导和编辑的支持与指导给了我们强大的信心。协同创新中心的各位首席和学术骨干及我们在企业和科研单位里的亲密战友立即行动起来，挥毫泼墨，大展宏图。我们相信，通过产学研各方和出版社同志的共同努力，我们会向钢铁界的同仁们、正在成长的学生们奉献出一套有表、有里、有分量、有影响的系列丛书，作为我们向广大企业同仁鼎力支持的回报。同时，在新中国成立 70 周年之际，向我们伟大祖国 70 岁生日献上用辛勤、汗水、创新、赤子之心铸就的一份礼物。

中国工程院院士　王国栋

2019 年 7 月

前　　言

　　我国铁矿资源丰富，查明资源储量达852.19亿吨，但复杂难选铁矿资源所占比例较高，国产铁矿石难以满足钢铁工业的需求。为实现难选铁矿石的高效开发利用，本书突破传统"选矿—造块—高炉"的流程限制，提出深度还原理念，即改变矿石中铁矿物的赋存状态使之易于高效分离。东北大学铁矿资源绿色开发利用团队在国家自然科学基金重点和面上等项目的支持下，围绕难选铁矿石深度还原开展了系统的基础理论研究和技术开发工作，构建了难选铁矿石深度还原复杂耦合高温过程物理化学体系，揭示了难选铁矿石深度还原过程中金属相形成及生长机制，建立了深度还原过程中磷元素的迁移调控机制，研发了"深度还原高效分选""深度还原富磷—高磷铁粉脱磷""深度还原短流程熔炼"系列新技术，为难选铁矿资源的高效开发提供了理论基础和技术支撑。本书对上述工作进行了总结，主要内容包括：

　　（1）在难选铁矿石深度还原复杂过程物理化学基础方面：探明了深度还原过程中铁矿物及脉石矿物的化学反应行为，建立了难选铁矿深度还原热力学基础；揭示了深度还原过程动力学机理，建立了难选铁矿深度还原动力学模型；阐明了深度还原过程中矿石微观结构的演化规律，建立了难选铁矿石深度还原物理模型；构建了基于"热力学数据"、"动力学机制"、"微观结构演变"三个层面的难选铁矿石深度还原物理化学体系。

　　（2）在难选铁矿石深度还原过程中金属相形成及生长机制方面：揭示了金属铁颗粒的形核机理及生长行为，提出了基于图像分析技术的铁颗粒粒度定量检测方法，实现了铁颗粒粒度的定量测量；建立了铁颗粒粒度与还原条件的数学模型，实现了铁颗粒粒度的准确预测；建立了铁颗粒生长动力学模型，阐明了金属铁颗粒生长机理；以金属铁颗粒的形成、测量、表征及生长为主线，建立了难选铁矿石深度还原过程中金属铁颗粒生成与粒度调控机制。

（3）在难选铁矿石深度还原过程中有害元素磷的迁移机理方面：查明了深度还原过程中磷矿物的反应行为，揭示了磷矿物的还原反应机理；从宏观角度探明了磷元素在金属相和渣相中的赋存状态及分布规律；从微观角度探明了磷元素在金属相中的富集过程，揭示了磷由渣相向金属相迁移的路径及驱动机理；建立了磷元素相际迁移动力学模型，实现了矿石中铁和磷的综合回收利用。

（4）在难选铁矿石深度还原高效利用新技术开发方面：形成了基于矿石资源属性开发相适配的深度还原高效分离技术的基本原则；针对品位相对较低的难选铁矿石，开发了深度还原高效分选新技术；针对高磷铁矿石，提出了"深度还原富磷－高磷铁粉脱磷"铁磷综合利用新技术；针对高品位难选铁矿石和含其他有价金属的含铁资源，研发了深度还原短流程熔炼新技术；建立了难选铁矿石深度还原高效利用关键技术体系。

本书第1~6章由孙永升撰写，第7章和第8章由韩跃新撰写，第9章由高鹏撰写，全书由孙永升统稿和初步审定。本书在编写过程中得到了东北大学博士研究生李国峰、栗艳锋、张琦，硕士研究生王定政、张成文、孔德翠、欧杨、徐旭的协助，在此一并致以谢意。

本书研究工作先后得到国家自然科学基金项目"白云鄂博难选氧化矿石深度还原－高效分选基础研究（51074036）""高磷鲕状赤铁矿深度还原高效利用基础研究（51134002）""含硼铁精矿选择性还原综合利用基础研究（51204033）""高磷鲕状赤铁矿深度还原过程中磷矿物反应特性及磷元素迁移机制（51604063）"的资助，在此表示感谢。同时感谢国家出版基金对本书出版的资助。

由于作者水平有限，书中不足之处，敬请读者斧正。

作　者
2020 年 7 月

目　　录

1 绪　　论

1.1　钢铁生产流程

钢铁是铁与碳（C）、硅（Si）、锰（Mn）、磷（P）、硫（S）以及少量其他元素所组成的合金材料，在人类文明和文化发展长河中发挥着重要作用。钢铁的特性，如强度、韧性、耐磨性、耐蚀性、电磁特性等，可以通过特定的合金元素、不同的热处理和成型条件在很大范围内加以改变，因此钢铁被广泛用于建筑、机械、汽车、铁路、造船、轻工和家电等行业[1]。目前，钢铁已成为人们经济建设和日常生活中用量最大的金属材料，钢铁工业成为国民经济的基础产业。

钢铁生产过程主要包括原料处理、炼铁和炼钢。原料处理是指将铁矿石从自然界采出并加工成炼铁原料的过程，主要包括采矿、选矿和造块（烧结或球团）。其中，采矿是根据矿产资源在地壳里的埋藏状况，通过凿岩、爆破、装运和破碎等工序，采出所需矿石的过程；选矿是根据矿石中矿物的物理和化学性质差异，把矿石破碎磨细以后，采用重选法、浮选法、磁选法等方法，将有用矿物与脉石矿物分离，除去或降低有害杂质，以获得冶炼或其他工业所需原料的过程；造块是将粉状含铁物料（铁精矿和富铁矿粉）加工成物理性能和化学组成均满足后续炼铁要求的人造块状或球状原料的过程。炼铁是指将金属铁从含铁矿物（主要为铁的氧化物）中提炼出来的工艺过程，主要有高炉法、直接还原法和熔融还原法，直接还原和熔融还原又被称为非高炉炼铁。炼钢是指将生铁在炼钢炉内按一定工艺熔炼，消除 P、S、O、N 等有害元素，调整 C、Si、Mn、Ni、Cr 等元素含量和比例，获得最佳性能钢的过程；依据采用设备炼钢主要有转炉（BOF）和电炉（EAF）两种工艺。

钢铁生产工艺流程如图 1-1 所示。依据炼铁和炼钢工艺不同，钢铁生产主要有高炉-转炉、废钢-电炉、直接还原-电炉和熔融还原-转炉四种流程[2]。高炉-转炉流程是现代钢铁生产的主流工艺，其产能占世界钢铁产量的三分之二以上。直接还原和熔融还原工艺为革新工艺，属于新一代的钢铁生产技术，是现代钢铁生产的重要组成部分。

钢铁最主要成分铁元素主要通过冶炼技术从铁矿石中提取，因此铁矿石是钢铁生产的最基本原料。无论是高炉炼铁还是非高炉炼铁工艺，提高铁矿石的入炉品位，将矿石加工为高质量入炉原料是非常必要的。因为这样不仅可以降低炼铁生产成本、减少能源消耗，还可以提高炼铁装备运行的稳定性和生产效率[3]。近年来，钢铁工业对铁矿石的需求量不断增加。据统计，全球铁矿石产量从 2005 年的 13.1 亿吨增加到 2015 年的 20.1 亿吨，之后保持在 20 亿吨以上的水平生产，2017 产量为 20.6 亿吨。随着铁矿石的持续消耗，优质铁矿资源日益减少，矿石资源禀赋不断恶化。铁矿石原料供应已成为钢铁工业发展的瓶颈。如何实现复杂难选铁矿资源的高效开发利用成为人们研究的热点。

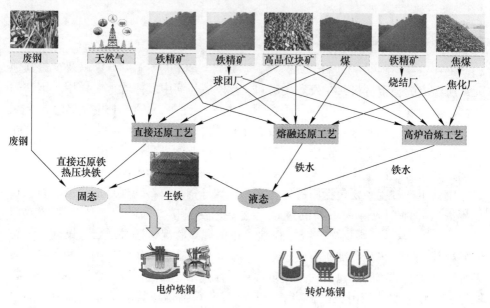

图 1-1　钢铁生产流程

1.2　我国铁矿资源概况

1.2.1　资源储量及特征

我国铁矿床类型较多，世界上发现的铁矿床类型在我国均有发现，主要有区域变质海相火山-沉积型铁矿床、岩浆晚期分异型铁矿床、接触交代-热液型铁矿床、海相化学沉积型铁矿床、玢岩铁矿床、白云鄂博式铁矿床、石碌式铁矿床。据《中国矿产资源报告（2019）》显示，截止到 2018 年底，我国铁矿石查明资源储量 852.19 亿吨，居世界第五位，可谓资源储量丰富。

我国铁矿资源分布呈现整体分散、局部集中的特点。铁矿石在我国分布较为广泛，全国 17 个省份均有探明资源储量分布。铁矿石矿区共有 1898 个，其中大型矿区（储量大于 1 亿吨）101 个，储量占 68.1%；中型矿区（储量为 0.1 亿~1 亿吨）470 个，储量占 27.3%；小型矿区（储量小于 0.1 亿吨）1327 个，储量仅占 4.6%（见表 1-1）。在整体分布分散的情况下，我国铁矿资源又集中分布在鞍山-本溪矿区、冀东-密云矿区、攀枝花-西昌矿区、五台-吕梁矿区、宁芜矿区、包头白云鄂博矿区、鲁中矿区、邯郸-邢台矿区、鄂东矿区和海南矿区，十大矿区储量占总储量的64.8%（见图1-2）。

表1-1 铁矿石矿区规模及数量

矿区规模/亿吨	>1	0.1~1	<0.1	合计
矿区个数/个	101	470	1327	1898
储量占有率/%	68.1	27.3	4.6	100.0

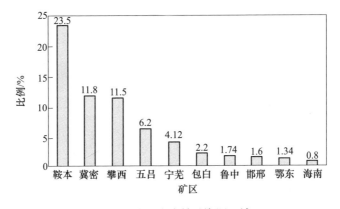

图1-2 我国十大铁矿资源区域

我国铁矿资源禀赋差，整体呈现出品位低、嵌布粒度细、组成复杂的特点，即通常说的"贫、细、杂"。

（1）品位低。探明总储量的97.5%为贫矿，平均品位只有32.67%，比世界铁矿石主要生产国平均品位低20%[4]。

（2）嵌布粒度细。微细粒嵌布铁矿石在我国铁矿资源中占了很大比例，这部分矿石中铁矿物结晶粒度一般小于0.074mm，有的甚至只有0.01mm，如袁家村铁矿、祁东铁矿、宁乡式鲕状赤铁矿等。

（3）组成复杂、共伴生组分多。大约探明总储量的1/3为共伴生多组分铁矿，主要共伴生元素有钒、钛、稀土、铜、硼、锡、铌、铬等，如包头白云鄂博铁矿、攀西钒钛磁铁矿、辽宁硼铁矿等[5]。

我国铁矿资源"贫、细、杂"的特点致使97%以上的铁矿石需要经过破碎、磨矿、磁选、浮选等选矿工艺处理才能入炉冶炼。由于铁矿石复杂难选，因此我国已探明铁矿资源的开发利用程度较低，目前仅有查明资源储量的269.3亿吨被开发利用[6]，未开发矿区资源量高达571.33亿吨，资源开发利用率不足35%。

1.2.2　炼铁用铁矿物

铁在自然界中大多以铁的氧化物、硫化物、含铁碳酸盐和含铁硅酸盐等矿物形式存在。目前，已发现的含铁矿物有 300 多种，其中常见的有 170 余种[7]。在当前技术经济条件下，对于钢铁工业具有利用价值的主要有磁铁矿、赤铁矿、镜铁矿、菱铁矿、针铁矿和褐铁矿。

磁铁矿化学式为 Fe_3O_4，理论含铁量 72.4%，莫氏硬度 5.5~6.0，密度 5.2g/cm³，条痕黑色，金属或半金属光泽，不透明，无解理。磁铁矿晶体属等轴晶系，常呈八面体或菱形十二面体晶形，呈菱形十二面体时，菱形面上常有平行该晶面长对角线方向的条纹。磁铁矿具有强磁性，是磁性最强的含铁矿物。

赤铁矿化学式为 Fe_2O_3，理论含铁量 70.0%，莫氏硬度 5.5~6.5，密度 4.9~5.3g/cm³，条痕樱红色，金属光泽至半金属光泽，不透明，无解理。赤铁矿晶体属三方晶系，单晶体常呈菱面体和板状，与等轴晶系的磁赤铁矿（γ-Fe_2O_3）成同质多象。镜铁矿为赤铁矿的亚种，是呈铁黑色、金属光泽的片状赤铁矿集合体，因晶面光泽强、闪烁如镜而得名。

菱铁矿化学式为 $FeCO_3$，理论含铁量 48.2%，莫氏硬度 3.7~4.3，密度 3.7~4.0g/cm³，条痕白色到灰白色，玻璃光泽、隐晶质无光泽，透明至半透明，解理完全。菱铁矿晶体为三方晶系，呈菱面体状，晶面往往弯曲。菱铁矿中的 Fe 常被 Mn、Mg、Ca 替代，形成变种的锰菱铁矿、钙菱铁矿、镁菱铁矿等。

针铁矿也称沼铁矿，化学式为 α-$FeO(OH)$，理论含铁量 62.19%，莫氏硬度 5~5.5，密度 4~4.3g/cm³，条痕褐黄色，金刚光泽至暗淡，不透明，平行 {010} 完全解理。针铁矿晶体属斜方晶系、斜方双锥晶类，晶体平行 c 轴呈针状、柱状并具纵纹，或平行 b 轴成薄板状或鳞片状。针铁矿主要是由黄铁矿、菱铁矿、磁铁矿等含铁矿物在风化条件下形成的。

褐铁矿并不是一种独立的矿物，而是以隐晶质针铁矿为主要成分，混有纤铁矿、赤铁矿、石英、黏土等的混合物。褐铁矿成分变化较大，基本上可表示为 $Fe_2O_3 \cdot nH_2O$，含铁量一般为 30%~40%。褐铁矿呈黄褐色或深褐色，条痕黄褐色，光泽暗淡，密度 3.3~4.0g/cm³。褐铁矿硬度视其成分和形态而异，变化较大，高者可达 5.5，低者仅有 1.0。

1.2.3　铁矿石工业类型

在钢铁工业生产中，凡是含有可经济利用的铁元素的矿石称为铁矿石。按照矿石自身性质和加工工艺流程等特点，铁矿石分为自然类型和工业类型两大类。

自然类型主要根据铁矿物种类、脉石矿物种类、有害元素种类及含量、矿石结构构造等矿石性质对铁矿石进行划分。其中，根据铁矿物种类进行分类方法最为常用，按此法铁矿石可分为磁铁矿石、赤铁矿石、菱铁矿石、褐铁矿石、钒钛磁铁矿石以及由以上两种或多种组成的混合矿石。

根据采、选、冶工艺流程不同按工业要求来划分的矿石类型称为矿石工业类型。铁矿石的工业类型主要有能利用铁矿石和暂不能利用铁矿石。其中，能利用铁矿石又可以分为炼钢用铁矿石、炼铁用铁矿石和需选铁矿。能利用铁矿石是指铁含量大于工业品位的铁矿石，炼钢用铁矿石、炼铁用铁矿石、需选铁矿石均属于能利用铁矿石；暂不能利用铁矿石是指铁含量介于工业品位与边界品位之间的铁矿。炼钢用铁矿石又称平炉富矿，指有用组分、有害杂质含量及块度均符合直接入炉炼钢质量要求的铁矿石；炼铁用铁矿石又称高炉富矿，指有用组分、有害杂质含量及块度均符合入炉炼铁质量标准要求的铁矿石；需选铁矿石指经选矿处理才能满足入炉冶炼质量要求的铁矿石，从选矿工艺角度出发，需选铁矿石又可细分为磁性铁矿石和弱磁性铁矿石两种工业类型。炼钢用铁矿石、炼铁用铁矿石和需选铁矿石的工业指标见表1-2~表1-4[8]。

表1-2 炼钢用铁矿石工业指标

矿石类型	TFe/%	主要有害组分含量（质量分数）/%			块度/mm
		SiO_2	S	P	
磁铁矿石	≥56	≤13	≤0.15	≤0.15	平炉：25~250 电炉：50~100 转炉：10~50
赤铁矿石					

表1-3 炼铁用铁矿石工业指标

矿石类型	TFe(质量分数)/%	主要有害组分含量（质量分数）/%			块度/mm
		SiO_2	S	P	
磁铁矿石	≥50	≤18	≤0.30	≤0.25	8~40
赤铁矿石					
褐铁矿石					
菱铁矿石					

注：褐铁矿石和菱铁矿石为扣除烧损后折算的标准，自熔性矿石TFe含量可降低至40%。

表1-4 需选铁矿石工业指标

矿石类型	边界品位 TFe/%	工业品位 TFe/%
磁铁矿石	≥20(MFe≥15)	≥25(MFe≥20)
赤铁矿石	≥25	28~30
褐铁矿石	≥25	≥30
菱铁矿石	≥20	≥25

注：矿石易采、易选或含有综合回收的伴生有用组分，则TFe含量要求可适当降低；磁铁矿石中硅酸铁、硫化铁或碳酸铁含量较高，则采用磁性铁（MFe）标准。

1.3 难选铁矿资源

1.3.1 难选铁矿石界定

R. A. 威廉斯于20世纪90年代初提出了矿石"难选"的概念，定义了"本质上难选"、"经济上难选"和"环保限制难选"三种类型的难选矿石[9]。"本质上难选"是指矿石由于矿物组成、嵌布关系和结构构造等先天禀赋较差，导致只有采用复杂的选矿工艺才能实现有用矿物的富集；"经济上难选"是指为获得合格的精矿产品而进行加工处理过程的成本高，致使经济上不具备可行性；"环保限制难选"是指由于矿石处理过程中使用的化学药品或所产生的气相、固相或液相废物会造成环境污染，导致其难以开发利用。

我国铁矿资源储量丰富，但呈现出"贫""细""杂"的禀赋特征，绝大部分需要选矿加工处理，属于需选铁矿石。而在需选铁矿石中复杂难选铁矿资源所占比例较高，有上百亿吨的菱铁矿、褐铁矿、微细粒矿、鲕状赤铁矿、多金属共生矿等典型难利用铁矿石资源。该类资源大部分尚未获得工业化开发利用，部分虽得以开发，但选矿工艺复杂、成本较高，回收率仅能达到60%~65%。这部分铁矿资源均是由于结晶粒度微细、矿物组成复杂、结构构造特殊，导致采用常规选矿技术难以获得较好的技术经济指标，属于本质上难选的铁矿石。

1.3.2 难选铁矿石类型

我国铁矿石类型主要包括鞍山式铁矿、大冶式铁矿、镜铁山式铁矿、大西沟式铁矿、攀枝花式铁矿、宁芜式铁矿、宣龙-宁乡式铁矿、风化淋滤型铁矿、白云鄂博式铁矿、吉林羚羊铁矿石等[10]。除鞍山式铁矿和大冶式铁矿相对易选之外，其他类型铁矿石和鞍山式铁矿石中的微细粒嵌布矿石均属于难选铁矿石的范畴。

1.3.2.1 微细粒铁矿石

矿石中赤铁矿结晶粒度小于0.045mm或磁铁矿结晶粒度小于0.03mm占90%以上的铁矿石通常被称为微细粒铁矿。

微细粒磁铁矿石主要有本钢贾家堡子铁矿、鞍钢谷首峪铁矿、河南舞阳铁古坑铁矿、辽宁本溪思山岭铁矿等，探明资源储量约28亿吨。微细粒磁铁矿石铁品位约为30%，主要铁矿物为磁铁矿，其次为少量赤铁矿、硅酸铁和菱铁矿。这类矿石由于磁铁矿嵌布粒度微细而造成单体解离和分选困难。同时，铁矿物与含铁硅酸盐脉石矿物的物理化学性质相近，也造成分选困难。

微细粒赤铁矿主要指微细粒嵌布的鞍山式赤铁矿石。该类矿石资源储量较大，有近 35 亿吨，主要有太钢袁家村铁矿、湖南祁东铁矿、鞍钢关宝山铁矿、海南石碌铁矿、昆钢惠民铁矿、河南舞阳铁山庙铁矿等。微细粒赤铁矿石铁矿物以赤铁矿、假象/半假象赤铁矿、镜铁矿为主，其次为磁铁矿、褐铁矿，脉石矿物主要为石英、闪石类矿物、云母等。这一类型矿石由于嵌布粒度太细，故单体解离困难，即便实现单体解离，分选也比较困难。目前，微细粒赤铁矿石尚未全面开发利用，仅袁家村铁矿、祁东铁矿、关宝山铁矿、石碌铁矿等矿山部分相对易选矿石得到工业化开发利用，但是分选技术经济指标相对较差。

1.3.2.2 菱铁矿石

我国菱铁矿石资源较为丰富，储量居世界前列，已探明储量 18.34 亿吨，占铁矿石探明储量的 3.4%，另有保有储量 18.21 亿吨。我国菱铁矿资源主要分布在新疆、山西、陕西、甘肃、青海、湖北、四川、云南、山东、广西、贵州、吉林等省（区）。其中陕西、云南、新疆、青海和甘肃五个省（区）的菱铁矿资源储量都超过 1 亿吨，更有超过 3 亿吨储量的陕西大西沟菱铁矿矿床[11]。

菱铁矿矿物含铁品位低，纯的菱铁矿理论品位只有 48.27%。此外，菱铁矿中铁元素还经常被镁、锰等元素置换，出现类质同象现象，甚至镁和铁可以完全类质同象，形成各种 Mg、Fe 含量不同的类质同象混合物（混晶）。类质同象的存在，导致其实际品位往往低于理论品位。菱铁矿多以碎屑颗粒或胶结物形式广泛分布于矿石中，常与赤铁矿、褐铁矿、镜铁矿等弱磁性含铁矿物伴生。菱铁矿石的上述资源禀赋特征，导致采用重选、强磁选和浮选等工艺难以有效地降低铁精矿中的杂质含量。目前，菱铁矿资源的开发利用量不足其资源储量的 10%，已利用的菱铁矿石多为其与赤铁矿和磁铁矿共生的混合矿，且矿石中菱铁矿含量相对较低，如太钢峨口铁矿、水钢观音山铁矿、江苏梅山铁矿和辽宁东鞍山铁矿等。

1.3.2.3 褐铁矿石

褐铁矿石主要成因类型为沉积型和风化淋滤型。沉积型矿床常为海相沉积或湖相沉积，主要由氢氧化铁的胶体溶液凝聚而成[12]；风化淋滤型矿床是在外生作用条件下，各种原生铁矿床、含铁质岩石或硫化物矿床经风化、淋滤作用而形成的[13]。褐铁矿石是我国一种重要的铁矿资源，已探明储量约 12.3 亿吨，占全国探明铁矿石储量的 2.3%，主要分布于云南、广东、广西、山西、江西、山东、新疆、内蒙古、贵州、福建和湖北等省（区）[14]，代表性矿山有新钢铁坑褐铁矿、云南包子铺褐铁矿、云南惠民褐铁矿、广东的大宝山褐铁矿、内蒙古固阳褐铁矿、湖北黄梅褐铁矿等。

褐铁矿石一般含铁 35%~40%，高者可达 50%，有害元素 P、S 含量通常较高。褐铁矿石中铁矿物主要为针铁矿和水针铁矿，此外还有少量纤铁矿和水纤铁矿，呈非晶质、隐晶质或胶状体形式存在；主要脉石矿物有石英、方解石、透辉石、角闪石、透闪石、阳起石、黏土矿物（高岭石、绿泥石、云母）[14]；铁矿物与脉石矿物之间紧密嵌布。褐铁矿石由于富含结晶水、含铁量变化幅度大、碎磨过程中易泥化、有害元素硫磷含量高等特殊性质，属于极难选铁矿石[15]。目前，我国褐铁矿石的利用率极低，大部分褐铁矿资源没有得到有效回收利用或根本没有开采利用[16]。例如，云南包子铺褐铁矿选矿厂采用磁选-重选联合选矿工艺流程，精矿铁品位仅为 55.29%，回收率只有 57.46%[17]。

1.3.2.4　鲕状赤铁矿石

鲕状赤铁矿是世界上一种重要的铁矿石类型，其资源储量丰富，主要分布于巴基斯坦、法国、加拿大、埃及、前苏联、沙特阿拉伯及中国[18~25]。鲕状赤铁矿常形成大型矿山，如法国的 Lorraine 铁矿、沙特阿拉伯的 Wadi Fatima 铁矿、加拿大的 Bell Island 铁矿、巴基斯坦的 Dilband 铁矿以及我国宣龙式、宁乡式铁矿等。从已发表文献可知，欧洲鲕状赤铁矿储量有 14 亿吨，中国可达 100 亿吨，巴基斯坦有 1.66 亿吨[25,26]。

鲕状赤铁矿石中金属矿物有赤铁矿、菱铁矿、褐铁矿等，非金属矿物有石英、胶磷、黏土矿物等。矿石主要呈鲕状、浸染状构造，同心环带状结构。赤铁矿与石英、绿泥石、胶磷矿等矿物关系密切，以石英、绿泥石等矿物为核心组成同心环状结构，嵌布粒度极细，在 10μm 左右；胶状赤铁矿一般与褐铁矿形成胶状结构，形状不规则，界限模糊不清；少量赤铁矿与绿泥石、蛋白石、胶磷矿形成胶状及环带状结构；胶磷矿呈致密块状构造，表面有模糊不清的细小生物结构，大部分与脉石连生，少部分与赤铁矿紧密共生，有的在鲕状赤铁矿的边缘出现，与鲕状赤铁矿形成边缘结构；鲕状绿泥石大部分具有鲕状核心，鲕粒粒径为 0.25~0.30mm，形态各异，除球状外，椭球状、透镜状及扁豆状也常见，鲕粒表面常见一层褐铁矿包壳。鲕状赤铁矿的开发利用难点主要表现在以下三个方面[27]：

（1）赤铁矿嵌布粒度极细，以石英或绿泥石为鲕核的铁矿物及脉石矿物具有相互层层包裹的环带状结构，不利于矿石的单体解离。如要使其环带解离或鲕核单体解离，必须磨至 10μm 以下，这种粒级的分选，对目前选矿技术来说是一个极大的挑战；

（2）此类矿石一般伴生有大量的黏土，硬度低，在磨矿过程中极易形成含铁较高的矿泥，严重影响分选作业；

（3）伴生的磷矿物等有害杂质主要以胶状物与赤铁矿物鲕粒致密连生，难以分离，影响精矿品质的提高。

我国部分鲕状赤铁矿含磷量高，一般在 0.4% ~ 1.1%，称为高磷鲕状赤铁矿，俗称"宁乡式"铁矿。我国现已探明高磷鲕状赤铁矿储量 37.2 亿吨，主要分布于湖北西部、湖南中北部、广西北部、江西西部和贵州东部，四川北部和云南东北部也有零星发育。与国内目前大规模开发利用的铁矿石资源相比，高磷鲕状赤铁矿具有铁品位和有害元素磷、铝等含量均较高的特点，属典型的低硫高磷酸性氧化铁矿石[28]，是国内外公认的最难选甚至不可选矿石。

1.3.2.5　多金属共生铁矿石

多金属共生铁矿石是指同时含有铁和其他一种或一种以上金属，且都达到各自单独的边界品位要求的矿石。我国典型的多金属共伴生铁矿石为包头白云鄂博式铁矿石和钒钛磁铁矿石。

白云鄂博铁矿石是我国特有的铁矿石资源，系沉积-热液交代变质矿床，是一个以铁、稀土、铌为主的多金属共生矿石，已探明资源储量 6 亿吨。白云鄂博铁矿石中含有 71 种元素、170 多种矿物，呈现出结构构造复杂、矿石品位低、矿物组成变化大、矿物嵌布粒度细而不均的工艺矿物学特征，这导致其难以分选。矿区由主、东、西矿体组成，其中以主、东矿体铁、稀土、铌矿化最强，规模最大，矿体平均铁品位 36.48%、稀土氧化物品位 5.18%、氟品位 5.59%、铌氧化物品位 0.129%。根据主要元素铁、稀土、铌的分布情况、矿物共生组合、矿石结构特征和分布的广泛程度，白云鄂博矿石分以下九种类型：块状铌稀土铁矿石、条带状铌稀土铁矿石、霓石型铌稀土铁矿石、钠闪石型铌稀土铁矿石、白云石型铌稀土铁矿石、黑云母型铌稀土铁矿石、霓石型铌稀土矿石、白云石型铌稀土矿石、透辉石型铌稀土矿石。

钒钛磁铁矿是一种以铁、钒、钛为主，伴生多种有价元素（如铬、钴、镍、铜、钪、镓和铂族元素等）的多元共生铁矿石。由于铁钛紧密共生，钒以类质同象的形式赋存于钛磁铁矿中，故通常称为钒钛磁铁矿[29,30]。钒钛磁铁矿是我国一种重要的铁矿资源，其储量约占已探明铁矿总储量的 25%，主要分布于四川攀西（攀枝花-西昌）地区和河北承德地区，还有零星分布于陕西汉中、湖北勋阳和兴阳、广东兴宁及山西代县等地区[31]。攀西地区钒钛磁铁矿资源储量约 101 亿吨，远景资源储量达 194 亿吨；承德地区钒钛磁铁矿资源储量约 25 亿吨，远景资源储量近 100 亿吨[32]。矿石中主要金属矿物为钒钛磁铁矿、钛铁矿，另有少量的磁铁矿、赤铁矿、褐铁矿、针铁矿等；脉石矿物以钛普通辉石、斜长石为主。钛磁铁矿是一种以磁铁矿为主晶，钛铁矿、钛铁晶石、镁铝尖晶为客晶构成的复合矿物，并呈现固溶体分离结构，矿物间相互嵌布极为微细，机械选矿方法无法分离，只能作为一种复合体回收，故铁精矿中钛含量高。

1.3.2.6　羚羊铁矿石

吉林省临江市大栗子镇地区有一分布广、储量较大的含锰铁矿层,该矿层的矿石被称为羚羊石,也称为临江式铁锰矿石,属沉积变质型铁矿[33,34]。其矿石储量约 10 亿吨,铁的质量分数为 30%~35%,锰的质量分数为 6%~8%。工艺矿物学研究表明,羚羊铁矿石组成复杂,主要金属矿物为磁铁矿、菱铁矿和褐铁矿,还含有少量的菱锰矿、钛铁矿及硅酸铁矿物;主要非金属矿物为石英、鲕绿泥石和磁绿泥石,其次为伊利石、高岭石和磷灰石等。矿石构造呈浸染状、角砾状、网脉状、蜂窝状和胶状。矿石中矿物结构复杂、嵌布粒度微细、铁矿物与脉石紧密共生,磁铁矿与菱铁矿平行和包裹共生,菱锰矿、鲕绿泥石、磁绿泥石、石英和高岭石等矿物与菱铁矿包裹共生,且脉石矿物易泥化。这种复杂的结构和共生关系导致该矿石选矿难度较大,目前尚未开发利用。

1.3.2.7　硼铁矿石

硼铁矿石是一种含有铁、硼、镁、硅等多元素的共生矿。我国硼铁矿石资源储量丰富,主要分布在辽宁凤城、辽宁宽甸、吉林小东沟和湖南常宁[35~37],仅辽宁地区硼铁矿石储量就达 2.8 亿吨。硼铁矿石不仅是一种重要的铁矿资源,同时也是一种重要的硼矿资源,硼铁矿中的硼约占我国硼矿资源 58%。硼铁矿石类型主要有硼镁石-磁铁矿-蛇纹石型、硼镁铁矿-磁铁矿型、硼镁石-硼镁铁矿-磁铁矿型三种。硼铁矿石矿物组成复杂,共生关系密切,结晶粒度细而不均,采用常规选矿方法难以获得较好的技术经济指标,至今尚未获得很好的工业化开发利用。硼铁矿石主要特点如下[38,39]:

(1)矿物种类多。矿石中已发现的矿物有 60 多种,其中主要有用矿物为磁铁矿、硼镁石和硼镁铁矿,此外还有磁黄铁矿、黄铁矿、变铜铀云母、黄铜矿等;脉石矿物主要是蛇纹石,其次是云母、白云石、方解石、斜硅镁石、角闪石、长石、石英等。

(2)矿石品位低。矿石的 TFe 和 B_2O_3 的平均品位较低,分别为 30.65% 和 7.23%,难以作为单种矿石直接利用。

(3)矿物呈细粒不均匀嵌布。有用矿物嵌布粒度细,属微细粒不均匀嵌布。磁铁矿嵌布粒度一般在 0.01~0.001mm;硼镁铁矿多呈柱状,粒度一般在 0.12~0.05mm;硼镁石多呈纤维状,一般粒度为 0.003~0.06mm。

(4)矿物共生关系极为复杂。磁铁矿、硼镁石、硼镁铁矿紧密共生,与蛇纹石、磁黄铁矿、云母等密切连生,多呈犬牙交错状或不规则状接触。

1.4　铁矿选矿现状与进展

我国绝大部分铁矿石复杂难选,需要经过复杂的选别工艺处理方可获得合格的铁精矿。为实现铁矿资源的高效开发与利用，选矿科技工作者开展了大量的工作，取得了显著成效。近年来，铁矿选矿取得的进展主要体现在新技术开发、新装备研制及新药剂研发等方面。

1.4.1 选矿技术研究现状

1.4.1.1 超级铁精矿制备技术

超级铁精矿是指含铁量高、脉石含量低的铁精矿，主要分为两类：其一指铁品位高于70.5%，二氧化硅及其他杂质含量小于2%的高纯铁精矿，主要用于生产直接还原铁（DRI）；其二是指铁品位高于71.50%，二氧化硅及其他杂质含量（酸不溶物）小于0.20%的超纯铁精矿，是粉末冶金、磁性材料的重要原料，以其为原料生产的优质还原铁粉广泛用于交通、机械、电子、航天、航空及新能源等领域。近年来，随着直接还原、粉末冶金、高端钢材等技术的高速发展，超级铁精矿的需求也日益增多，国内相关科研人员以多地优质铁矿资源为原料开展了超级铁精矿制备技术研究[40]。

李凤久等[41]以河北某铁精矿为原料，采用磨矿—磁选—浮选工艺进行了制备超级铁精矿试验研究，获得了TFe品位72.33%、回收率79.81%、酸不溶物含量0.15%的超级铁精矿。徐彪等[42]以辽宁本溪优质磁铁矿为原料，采用阶段磨矿-弱磁选-磁选柱降硅-反浮选提纯工艺，获得了TFe品位71.25%、回收率65.02%、酸不溶物含量0.10%的超级铁精矿。刘荣祥等[43]以白云鄂博铁矿石为原料进行超级铁精矿制备研究，采用阶段磨矿-弱磁选工艺获得了铁品位70.50%、回收率67.58%、SiO_2含量0.35%的超级铁精矿。东北大学基于铁矿石优质优用的学术思想，以优化铁矿产业结构、延伸铁矿产业链为目标，研究开发了超级铁精矿制备评价体系、铁精矿窄级别磨矿、浮选深度去杂等关键技术，并分别以辽宁、河北、山西、山东等地区低品位磁铁矿为原料开展了系统研究，形成了预先抛尾—阶段磨矿—电磁精选—反浮选脱硅超级铁精矿制备工艺流程，先后建成了多条超级铁精矿工业化生产线，均获得了铁品位大于71.50%、酸不溶物含量小于0.20%的超级铁精矿产品[40,44~47]。

1.4.1.2 含碳酸盐铁矿高效浮选技术

含碳酸盐铁矿石一般是指赤铁矿或磁铁矿矿石中含有菱铁矿和铁白云石等碳酸盐矿物。我国含碳酸盐铁矿石资源丰富，全国储量超过50亿吨，其中辽宁鞍山地区的储量高达10亿吨。该类铁矿资源矿物组成复杂，分选难度较大。鞍钢集团东鞍山烧结厂生产实践表明：随着矿石中碳酸铁含量的增加，阴离子反浮选工艺的选别指标逐渐变差，尤其是当碳酸铁中铁的含量超过4%时，会出现"精尾不分"的严重结果[48]。

为实现含碳酸盐铁矿资源的高效开发利用，鞍钢矿业公司与东北大学开展了系统的研究工作，发现细粒菱铁矿、铁白云石在赤铁矿和石英表面的吸附罩盖是导致含碳酸盐铁矿石难以分选的本质原因。基于菱铁矿、铁白云石、赤铁矿、磁铁矿和石英的可浮性差异，研究人员创造性提出"分步浮选"技术：第一步在中性条件下采用正浮选将容易发生罩盖的细颗粒菱铁矿和铁白云石优先分离，得到含碳酸铁中矿，改善后续分选环境；第二步在强碱性条件下采用反浮选分离赤铁矿、磁铁矿和石英，最终得到合格铁精矿。通过系统的"分步浮选"工艺优化，确定第一步采用正浮选，第二步采用"一粗一精三扫"反浮选，实验室试验获得了铁精矿品位66.34%，铁回收率71.60%的优异指标；通过扩大连续试验形成了含碳酸盐铁矿石"分步浮选"工业化生产技术原型，攻克了含碳酸盐铁矿石无法利用的难题[49]。分步浮选技术在东鞍山烧结厂完成了工业试验，并实现工业应用[50]。工业生产获得了综合精矿铁品位63.03%，浮选作业回收率74.21%的良好指标，且流程结构合理、药剂控制简单、运行稳定可靠，这标志着含碳酸盐铁矿石的资源化利用取得历史性突破。

含碳酸盐铁矿石分步浮选中矿（正浮选泡沫）铁品位在40%左右，主要有用矿物为菱铁矿和赤铁矿，具有较高的回收价值。针对该中矿矿物之间交互影响严重的问题，研究人员提出中矿分散浮选技术，即采用新型分散剂将吸附罩盖在粗颗粒矿物表面的细颗粒菱铁矿解吸，并消除细颗粒矿泥的团聚，恢复粗颗粒矿物的原始表面特性，强化分散与选择性捕收协同作用，实现了中矿分选技术的突破。2013年分散浮选技术实现了工业应用，东鞍山烧结厂选矿总回收率提高5个百分点以上。

1.4.1.3　微细粒磁赤混合铁矿选矿技术

微细粒磁赤混合铁矿在我国储量约60亿吨。此类矿物中铁矿物和脉石矿物种类多、可浮性差异小，选矿难度大，长期得不到工业利用。袁家村铁矿是我国微细粒磁赤混合铁矿的典型代表，铁矿石储量为12亿吨。相对于鞍山式磁赤铁矿，其铁矿物颗粒粒度比鞍山地区的细，需要细磨到 $P_{80} = 0.030mm$ 才能单体解离。同时，部分矿体中的脉石矿物不是单一的石英，还有磁选时容易在精矿中富集浮选难度大的含铁硅酸盐矿物绿泥石、角闪石等。

长沙矿冶研究院根据该矿石的特点，在工艺流程和浮选药剂试验研究的基础上，制定了"阶段磨矿—弱磁强磁—阴离子反浮选"工艺，研发了耐泥、耐低温、高选择性的新型铁矿反浮选捕收剂，完成了实验室试验和扩大连续试验，实现了铁矿物与以斜绿泥石为主的含铁硅酸盐的矿物的高效分离，提高了微细粒铁矿物的回收率。在原矿含铁31.72%、磨矿粒度 $P_{80} = 0.028mm$ 的条件下，取得了铁精矿含铁66.95%、铁回收率72.62%的扩大连选试验指标，形成了微细粒难选磁磁赤混合铁矿高效利用选矿技术[51,52]。基于上述研究，太原钢铁（集团）有限公司建成了年处理原矿石2200万吨的国内最大规模的选矿厂，在最终磨矿粒度$P_{80} \leqslant 0.028mm$的条件下，获得了铁精矿TFe品位65.16%、SiO_2含量3.24%、金属回收率73.04%的优异生产指标[53]。

1.4.1.4 选择性絮凝脱泥—反浮选技术

湖南祁东铁矿为我国典型微细粒赤铁矿资源，矿石储量达5亿吨。祁东铁矿的铁矿物嵌布粒度相对更细，需细磨到$P_{80} = 0.020mm$才能实现单体解离，这就导致磨矿过程中产生大量矿泥。由于矿泥的产生，采用重选、强磁选和浮选等常规选矿工艺处理该类矿石很难取得良好的指标。要想实现该类铁矿资源的高效分选，必须先把微细粒的矿泥脱除，选择性絮凝是脱除矿泥的有效技术。

针对湖南祁东铁矿矿物嵌布粒度微细、性质复杂的矿石特性，长沙矿冶研究院开发了"阶段磨矿—选择性絮凝脱泥—阴（阳）离子反浮选"工艺，并研制出有针对性的SA-2絮凝剂。祁东铁矿采用该技术建成年处理量280万吨的选矿厂，在原矿铁品位28.36%、磨矿粒度$P_{80} = 0.022mm$的条件下，获得了精矿铁品位62.5%、回收率68%的技术指标[9,54,55]。选择性絮凝脱泥-反浮选技术为我国微细粒赤铁矿资源开发利用提供了新途径。刘有才等[56]采用选择性絮凝脱泥—强磁抛尾—阳离子反浮选技术处理永州微细粒贫赤铁矿，获得了精矿铁品位59.8%、回收率75.9%的技术指标。罗俊凯等[57]以湖南石英型微细粒赤褐铁矿为原料，进行了选择性絮凝—强磁选—反浮选试验研究，获得了铁品位56.17%、铁回收率60.12%的铁精矿。杨云等[58]对铁品位45.27%的微细粒铁矿进行了重选、磁选、浮选、选择性絮凝等多种工艺对比试验，最终确定选择性絮凝—阳离子反浮选为最佳工艺，达到了精矿品位59.67%、回收率78.84%的指标。

1.4.1.5 磁化焙烧技术

我国菱铁矿、褐铁矿资源储量丰富，但这类矿石矿物组成复杂、铁矿物可选性差，采用磁选、重选、浮选等方法难以实现有效分离。国内外研究及生产实践表明，磁化焙烧—磁选是处理菱铁矿和褐铁矿最为有效的技术。磁化焙烧是指将铁矿石在一定温度和气氛条件下进行处理，使矿石中弱磁性铁矿物转变为强磁性铁矿物的过程。目前得到工业生产应用的磁化焙烧技术主要有竖炉磁化焙烧、回转窑磁化焙烧和流态化磁化焙烧。

（1）竖炉磁化焙烧。早在1926年我国鞍山地区就采用竖炉对铁矿石进行工业规模的磁化焙烧生产，称之为"鞍山式竖炉"，20世纪60~70年代研究人员对竖炉进行了多次技术改造，形成了单台处理能力10万吨/年的竖炉焙烧技术[59]。20世纪80~90年代鞍山钢铁公司、包头钢铁公司、酒泉钢铁公司共建有磁化焙烧竖炉近 120 座，年处理铁矿石 1300 多万吨[60]。竖炉磁化焙烧主要适合处理粒度 15~75mm 的块矿，无法处理粒度小于 15mm 的矿石，且该技术存在传热效率低、中心易欠烧、表面易过烧等问题，因此焙烧效率低，此外该技术投资大、劳动强度高、处理量小。目前仅酒钢选烧厂采用 44 座 100m³ 竖炉处理铁矿石，焙烧矿经弱磁选可获得 TFe 品位 55%~56%、铁回收率 70%~80% 的铁精矿。

（2）回转窑磁化焙烧。回转窑磁化焙烧一般处理粒度小于 30mm 的铁矿石，磁化焙烧质量及分选指标较竖炉好[59]。苏联克里沃罗格中部采选公司建有 30 条 ϕ3.6m×50m 的回转窑磁化焙烧生产线，每条生产线处理能力 43~48t/h、焙烧温度 800~900℃、铁回收率 84%。我国酒泉钢铁公司曾建有 1 座 ϕ3.6m×50m 的回转窑，处理 10mm 以下的矿石，处理能力为 32t/h，焙烧温度为 700~800℃，铁回收率为 84.6%[60]。罗良飞等[61]采用煤基回转窑磁化焙烧技术处理大西沟菱铁矿，获得了精矿 TFe 品位 59.84%、铁回收率 86.41% 的生产指标。重庆钢铁集团采用回转窑焙烧处理綦江混合型难选铁矿石，取得了焙烧矿品位 51.7%，磁选精矿铁品位 60.7%、回收率 92.5% 的良好指标[62]。虽然回转窑磁化焙烧的焙烧质量及分选指标均优于竖炉磁化焙烧，但回转窑焙烧技术仍存在着生产不稳定、矿石磁化不均匀、能耗高和结圈等问题[63]。

（3）流态化磁化焙烧。流态化磁化焙烧是指矿石颗粒在流体介质作用下呈流体化状态，并于该状态下完成磁化焙烧。流态化磁化焙烧的优点为：

1）颗粒悬浮于气相中，气固接触充分，产品质量均匀稳定；

2）反应速度快，反应过程中的传热、传质效果好，热耗低；

3）温度和气流分布均匀，容易控制，自动化水平高；

4）设备运转部件少，维修费用低，容易调节。

据理论计算，流化状态下相同质量的固体物料与气体的接触面积比回转窑内堆积态下的气固接触面积增加 3000~4000 倍、传热系数提高 10 倍以上，采用流态化技术可极大的强化焙烧过程的传热传质效率。因此，流态化磁化焙烧成为研究的热点。

余永富院士提出了细粒铁矿石在流态化状态下快速完成磁化焙烧即闪速磁化焙烧的新理念，通过对冶金反应过程基础、矿石流化特性、磁化焙烧反应控制、磁化焙烧反应动力学等的研究，建立了闪速磁化焙烧理论技术体系；先后对湖北黄梅铁矿、江西铁坑铁矿、重钢接龙铁矿、陕西大西沟铁矿、昆钢包子铺铁矿、鄂西鲕状赤铁矿等矿样进行了"闪速磁化焙烧—磁选"试验研究，获得了精矿铁品位 57%~65%、铁回收率在 84%~94% 的技术指标，并在湖北黄梅建成了 60 万吨/年的产业化工程项目[26,64~66]。

中国科学院过程工程研究所在复杂难选铁矿石流态化焙烧动力学及循环流化床反应器优化设计等方面开展了大量工作，获得了 H_2 和 CO 气氛下 Fe_2O_3 还原至

设计方案，自主研发了 NEU-280kW 型陶瓷
现工业应用。

Isa 磨机是一种卧式搅拌磨机，由澳大
20 世纪 90 年代合作开发而成。自 1992 年
目前已有 200 多台 Isa 磨机在全世界 100 多
超细磨设备，Isa 磨机产品粒度可以达到 0
伯特角铁矿最后一段磨矿作业采用 Isa 磨机

1.4.2.3 磁选设备

（1）弱磁精选设备。磁选柱是一种磁
力场高效分选设备，是磁铁矿精选作业品
特殊的变换磁场机制，对矿浆进行反复多
物中夹杂的中、贫连生体及单体脉石，提
粒磁铁矿石精选提纯开发的最大规格的磁
达 50~80t/h。磁选柱已在鞍钢、包钢、
矿厂得到广泛应用，在提质降杂、降成增

郑州矿产资源综合利用研究所研制的
的新发展。区别于传统弱磁选机靠磁系直
机利用特设的低弱磁场将矿浆内的磁性矿
脉石连生体沉降速度差和粒度差，同时利
将脉石及连生体分离，使解离的磁铁矿进
石和难分离连生体的缺陷，从而实现了
比，磁场筛选机铁精矿品位普遍提高 2%
用，运行实践表明该设备提质、增产、节

（2）强磁选设备。我国在强磁选设
系列高效强磁选设备，并得到广泛应用。
式强磁选机，在一台设备上实现隔渣一
业，有效地解决了"粗堵"和"磁堵"
有效提高细粒级铁矿回收能力，降低尾矿
司研发的 SLon 立环脉动高梯度磁选机是
力场选矿的新型强磁选工业设备，具有
优点。目前，SLon 立环脉动高梯度磁选
感应强度可达 1.5T。

1.4.2.4 浮选设备

浮选设备种类繁多，差别主要体现在

Fe_3O_4（磁化焙烧）的本征动力学方程[67]，发展了气固移动床/流化床加料及排料技术、低热值反应尾气稳定燃烧技术，建立了料腿负压差孔口排料与出口浓相流化排料的数学模型[68,69]，将基础研究成果与关键技术相结合，形成了复杂难选铁矿流态化磁化焙烧工艺，建成了年处理量 10 万吨的难选铁矿流态化焙烧示范工程，2012 年底进行调试，实现了稳定运行，获得了精矿铁品位 57% 以上、铁回收率 93%~95% 的良好指标[59]。

东北大学提出了复杂难选铁矿石"预氧化—蓄热还原—再氧化"多段磁化焙烧新理念，采用电子探针、穆斯堡尔谱、Fluent 软件模拟等技术对细粒难选铁矿石悬浮焙烧过程中矿物的物相转化、矿石微观结构变化、颗粒的运动状态、悬浮炉内热量的传输等开展研究工作，探明复杂难选铁矿石中赤铁矿、褐铁矿及菱铁矿的化学反应特性差异是常规磁化焙烧效果差的本质原因，开发了悬浮焙烧铁矿物物相转化控制、颗粒悬浮态控制、余热回收等核心技术，发明了复杂难选铁矿石非均质颗粒流态化蓄热还原反应器，研发了 1500t/年、3000t/年、60 万吨/年悬浮磁化焙烧工业装备，完成中国鞍钢、酒钢、辽宁三和、海南矿业和塞拉利昂、阿尔及利亚等多个国家 20 余种矿石试验研究。基于悬浮磁化焙烧技术装备，酒钢集团建成了 165 万吨/年的工业示范工程，2019 年 11 月实现达标连续稳定生产。[70,71]

1.4.2 选矿装备研发现状

我国铁矿资源嵌布粒度细、品位低，选矿生产成本普遍偏高，加之节能降耗减排形势严峻，矿山企业规模化运营的优势越发明显。因此，国内对大型、高效、低耗选矿设备的研究与应用也更加重视，尤其是近十年来，破碎设备、磨矿设备、重选设备、磁选设备、浮选设备等大型化、高效化、自动化的步伐明显加快，有效降低了生产能耗，提高了资源利用率，增加了矿山企业的经济效益。

1.4.2.1 破碎设备

破碎磨矿能耗占整个选矿厂能耗的 50% 以上，而磨矿的能耗又占整个碎磨作业的 70% 以上，因此"多碎少磨"是选矿工作的基本原则。为降低破碎产品粒度以降低生产成本，采用高效破碎设备是关键。

（1）HP 系列圆锥破碎机。美卓（Metso）公司生产的诺德伯格 HP 系列圆锥破碎机是各类矿山广泛使用的中细碎设备，具有破碎力强、破碎比大、产品粒型好、功效高等特点。目前国内许多选矿厂采用 HP 系列破碎机，均取得良好的生产效果。例如鞍钢调军台选矿厂中碎和细碎作业均采用 HP 系列破碎机，最终破碎粒度达到 -12mm 占 95%、-9mm 占 80%。山特维克（Sandvik）公司的 CH 系列圆锥破碎机采用现代液压和高能破碎技术，设备性能良好，例如 CH890 单缸

液压圆锥破碎机最大处理能力可达到2...
铁矿厂中碎和细碎作业均采用山特维克...

（2）高压辊磨机。作为一种矿石超...
能耗低、单位处理能力大、破碎产品粒...
破碎设备，可使球磨给矿粒度由原来的...
度提高生产中球磨机的台时能力，节能...
中的应用开展了大量的研究工作。马钢...
行了高压辊磨机超细碎—湿式分级—粗...
应用于我国铁矿选厂破碎系统，选矿厂...
耗均下降了30%左右[73~75]。高压辊磨机...
机在国内铁矿应用的序幕。此后，河北...
铁矿等几十家铁矿选厂相继选用了高压...

1.4.2.2　磨矿设备

（1）自磨机和半自磨机。与常规...
优点：

1）流程简单（只需一段粗碎或者...
2）厂房占地面积小，基建投资少；
3）操作人员少，劳动成本低；
4）不受矿石水分的影响，可处理含...
5）磨矿产生的游离铁少，单体解离...
6）单系列处理能力高，适于大型矿...
大型自磨机和半自磨机在铁矿选矿厂...
ϕ12.8m×7.6m 短筒型半自磨机生产...
ϕ12.19m×10.97m 自磨机和 ϕ10.37m×5...
使用。

（2）搅拌磨机。随着磨矿粒度要求...
用越来越广泛，主要有立式搅拌磨机和...
防止过磨、节省介质、易于操作、安装...
细磨装备首先在有色金属矿山获得了成...
拌磨机逐渐推广至我国铁矿山细磨作业...
德国爱立许公司 3 台塔磨机用于钒钛磁...
台塔磨机投入生产；2013 年鞍钢矿业公...
拌磨机用于关宝山铁矿选矿厂。2018 年...
高的陶瓷球磨矿介质，提出了小导程、...

方式不同，浮选设备可分为机械搅拌式（浮选机）和无机械搅拌式（浮选柱）两大类。浮选机和浮选柱在铁矿浮选中得到了成功应用。浮选设备发展以大型化和高效化为显著特征。

（1）浮选机。浮选机单槽容积在一定程度上代表浮选设备研究的先进水平。Outotec 公司大型浮选机以 TankCell 机型为代表，最大容积可达 630m³；Wemco 公司浮选机利用流体动力学参数进行比例放大，最大容积可达 660m³；2015 年 FLSidth 公司研制的 660m³ 浮选机投入工业应用。北京矿冶科技集团有限公司在大型浮选装备开发上始终走在国际前列，陆续研发成功了单槽容积 100m³、160m³、200m³、320m³ 大型浮选机，2018 年又成功开发了世界上最大的容积为 680m³ 的浮选机并投入工业应用[79]。

（2）浮选柱。浮选柱是将压缩空气透过多孔介质（充气器）对矿浆进行充气和搅拌的充气式浮选机。与浮选机相比，浮选柱有其自身优点：

1）结构简单，占地面积小；
2）无机械运动部件，安全节能；
3）浮选动力学稳定，气泡相对较小且分布更均匀，气泡-颗粒浮选界面充足，富集比大、回收率高，适合于微细粒级矿物；
4）浮选速度快，可简化浮选流程，有效降低浮选作业次数。

当然，浮选柱也有其自身局限性：

1）设备高度大，冲洗水增加了设备运行成本；
2）不适合粗颗粒矿物的选别，粗颗粒与气泡接触几率小；
3）对化学性质反应敏感，黏度大的矿浆会导致细粒脉石长时间在柱内停留，从而恶化选别效果；
4）主要应用于精选作业，在粗选作业中使用效果不理想[80]。

代表性浮选柱主要有 Erize 公司的 CPT 浮选柱、中国矿业大学的 FCSMC 浮选柱、北京矿冶科技集团的 KYZB 和 KYZE 浮选柱。Erize 公司成功开发了直径 6m、高 14m、容积 400m³ 的世界上最大的浮选柱。目前，浮选柱在铁矿选矿中的应用较少。鞍钢弓长岭选矿厂采用旋流-静态浮选柱进行了规模为 3t/h 的工业分流试验，与浮选机相比，精矿品位提高了 1~1.5 个百分点，回收率提高了 10 个百分点[81]；太钢尖山铁矿采用磁浮选柱进行提质降杂试验，铁品位 64.90% 的精矿经过磁浮选柱一粗一扫流程选别，可获得产率 92.55%、TFe 品位 69.34%、回收率 98.88% 的铁精矿，最终尾矿 TFe 品位为 9.75%[82]。

1.4.3　选矿药剂开发现状

选矿药剂一直是选矿领域的研究重点和热点，我国铁矿选矿药剂的研究在药剂设计新理论研究和新药剂开发应用方面取得了长足的发展。

1.4.3.1 药剂设计新理论

国内外学者围绕浮选药剂结构与性能关系开展了大量工作，揭示了键合原子性质、极性基几何尺寸、非极性基链长、非极性基空间位阻等因素对浮选药剂性能的影响，相继提出了浮选药剂分子设计的溶度积假说、稳定常数假说、同分异构原理、CMC 判据、基团电负性判据等理论和方法，把浮选药剂分子设计带入定量设计阶段。近年来，铁矿选矿药剂在原有分子设计理论基础上，借鉴硫化矿选矿药剂分子设计原理，发展了新的药剂分子设计理论和方法。

（1）镜像对称规则。浮选药剂与矿物界面之间的化学吸附遵循"镜像对称规则"，即矿物表面具有断裂键的金属离子倾向与含有矿物晶体阴离子的浮选药剂发生作用。"镜像对称规则"的本质是系统能量最小及分子轨道匹配原则。金属氧化矿物表面具有断裂键的金属离子 M 容易与含氧的药剂作用，形成 O-M-O 的镜像对称结构。因而，金属氧化矿的浮选捕收剂一般采用键合原子为氧的药剂，如脂肪酸类捕收剂；抑制剂同样采用键合原子为氧的淀粉等。使用"镜像对称规则"设计浮选药剂时，应设计选矿药剂的键合原子或原子团与矿物晶体内的阴离子相同或对称。

（2）氢键耦合多极性基协同理论。浮选药剂氢键耦合多极性基协同设计主要是通过在药剂亲矿物基的 α 位引入易生成氢键的 O—H 或 N—H 基团，增加药剂分子中的极性基数目，利用氢键耦合多极性基协同原理强化捕收剂与矿物表面的吸附，提高捕收剂的选择性。东北大学基于"氢键耦合多极性基协同理论"，以 α 卤代脂肪酸、醚胺、多胺等为原料，进行 α 位的多极性基取代反应，合成了系列铁矿浮选药剂，其中捕收剂 TD-Ⅱ用于菱铁矿和铁白云石的正浮选，多极性基两性捕收剂 HBGT-135 用于反浮选石英，不仅降低了浮选药剂的凝固点，还提高了活性和分散性，取得了良好的铁矿浮选指标。

（3）浮选组合药剂协同效应定量研究。由两种或两种以上的浮选药剂按一定比例进行组合后用于浮选的药剂称为组合药剂，又称混合药剂或联合药剂。浮选药剂的组合使用能够发挥不同药剂之间的协同效应，从而获得更为理想的选别指标。近年来，组合药剂协同效应机理研究取得了显著进展。人们借助量子化学计算、热力学计算、基团电负性计算等方法对组合药剂协同效应进行定量研究发现：药剂碳链长度相差越大，协同效应越明显；药剂碳链不饱和度相差越大，价键特性和疏水性差别越大，协同效应越明显；乳化剂使溶液表面张力下降越大，浮选效果越好，浮选效果与疏水碳链间相互作用强度密切相关。药剂协同效应定量研究为组合药剂的开发奠定了理论基础。

1.4.3.2 新型药剂开发与应用

（1）阴离子捕收剂。我国是世界上最早推广采用阴离子反浮选工艺进行铁矿脱硅的国家，从 20 世纪 50 年代开始我国科技工作者就将阴离子捕收剂用作浮选铁矿，在强碱性介质中采用钙离子活化硅质矿物，采用淀粉抑制铁矿物，使铁矿物与硅质矿物的可浮性差异变大，提高了选择性，不但可获得高质量浮选铁精矿，并且对入浮物料性质的变化具有良好的适应性，目前我国主要铁矿选矿厂使用的主要是阴离子反浮选工艺。常用的阴离子捕收剂主要为脂肪酸类和羟肟酸类。

近年来，脂肪酸类捕收剂的研发方向主要为脂肪酸改性，即在脂肪酸中引入卤素、羟基、氨基、磺酸基，进行硫酸化、氧化、过氧化、乙氧基化等处理，制备如氯代酸、氨基酸、羟基酸、磺化脂肪酸、硫酸化脂肪酸、自由基过氧化脂肪酸、乙氧基脂肪酸等，以提高药剂浮选活性、分散性、选择性以及耐低温等浮选性能。如鞍钢齐大山铁矿、河钢司家营铁矿、太钢袁家村铁矿、湖南祁东铁矿等均采用此类捕收剂[83,84]。

螯合捕收剂是分子中含有两个以上的 O、N、P 等具有螯合基团的捕收剂，如羟肟酸、杂原子有机物等。由于该类捕收剂能与矿物表面的金属离子形成稳定的螯合物，其选择性比脂肪酸类捕收剂明显提高。但此类药剂对水质要求较高，有毒且成本高。东鞍山难选赤铁矿新型螯合类捕收剂 RN-665 浮选试验研究表明，新型螯合类捕收剂用量为 250g/t 时，可获得精矿铁品位 62.05%、回收率 75.18% 的浮选指标[85]。

（2）阳离子捕收剂。我国铁矿阳离子反浮选起步较晚，20 世纪 70 年代才开展相关研究工作。目前，国内选矿厂浮选作业阳离子捕收剂的应用较少，并且阳离子捕收剂种类相对偏少，十二胺等伯胺类捕收剂是工业应用中的主要阳离子捕收剂。近年来，阳离子捕收剂因具有选择性好、耐低温、药剂制度简单、使用方便等特点，逐渐成为浮选药剂领域研究的热点。葛英勇等[86] 设计并合成了新型醚多胺类 GE 系列捕收剂和新型的醚二胺，并应用于铁矿石反浮选；梅光军等[87,88] 设计合成了多种新型阳离子捕收剂，在铁矿石提铁降硅方面取得了良好的效果；朱一民等[89] 研制了酰胺类、醚胺类、复配型 DYP 等阳离子捕收剂，这些捕收剂均可在常温下捕收石英；刘文刚等[90] 设计并合成了 4 种新型的水溶性阳离子捕收剂，并探讨了其在铁矿石反浮选中的应用。尽管人们在新型阳离子捕收剂研发方面开展了大量的工作，但是阳离子捕收剂设计研发及工业化应用依然进展缓慢。目前，仅酒钢选烧厂采用 YG328B 阳离子捕收剂进行弱磁精矿的反浮选提质。

（3）调整剂。调整剂是控制矿物与捕收剂作用的一种辅助浮选药，浮选过程通常都是在捕收剂和调整剂配合下进行。根据在浮选过程中发挥的作用，调整剂可分为抑制剂、活化剂、矿浆 pH 值调整剂、分散剂等。铁矿浮选过程中常用的调整剂主要有 pH 值调整剂、活化剂和抑制剂三类。目前，国内用于铁矿反浮选的 pH 值调整剂主要是 NaOH 和 $NaCO_3$；铁矿反浮选活化剂一般采用石灰，对于高硫铁矿浮选脱硫采用 $CuSO_4$ 作为活化剂；铁矿反浮选抑制剂主要为淀粉及其衍生物，国内铁矿选矿厂通常用 NaOH 苛化的玉米淀粉做抑制剂，而糊精、羧甲基淀粉、磷酸酯淀粉、氧化淀粉等淀粉衍生物仅用于实验室理论研究，尚无工业应用实例；铁矿正浮选工艺中一般选用氟硅酸铵、氟硅酸钠、水玻璃、改性水玻璃、偏磷酸盐类等作为石英、硅酸盐等脉石矿物的抑制剂[91~93]。

1.5 难选铁矿石深度还原概述

1.5.1 深度还原概念

难选铁矿资源加工利用一直是冶金与矿业领域研究的难点和热点，相关学者开展了大量卓有成效的研究工作，在传统选矿工艺开发和磁化焙烧技术研发方面取得了显著成绩，为我国复杂难选铁矿资源的高效开发利用奠定了坚实的基础。然而，随着研究的不断深入，人们逐渐发现我国部分铁矿资源呈现矿物结晶粒度微细、结构及构造复杂、有害元素含量高等矿物学特性，导致其接近或超出了选矿工艺的处理极限，属于极难选或不可选铁矿资源，如鲕状赤铁矿石、羚羊铁矿石等。针对极难选铁矿资源的利用，人们达成共识：只有将矿物加工、冶金工程、地球化学、物理化学等学科深度交叉，研发选冶联合新理论与技术，改变矿石中铁矿物的物相组成与结构，提高与脉石矿物的物化性质差异，才能实现高效分离。

基于上述共识，针对常规选矿方法和磁化焙烧技术也无法利用的难选铁矿资源，东北大学突破选矿—球团—（烧结）—高炉的传统理念，将矿物加工、冶金和冶金物理化学等多学科有机结合，提出了深度还原技术，即以煤粉为还原剂，在低于矿石熔化温度下将矿石中的铁矿物还原为金属铁，并通过调控促使金属铁聚集生长为一定粒度的铁颗粒（见图1-3），还原物料经高效分选或高温熔炼获得炼钢用优质金属铁。

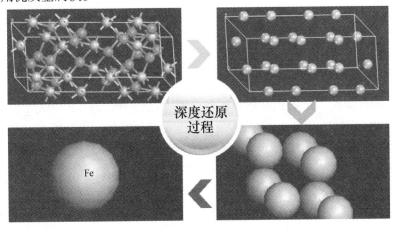

图1-3 铁矿物还原-铁颗粒长大示意图

深度还原是介于"直接还原"和"熔融还原"之间的一种状态，该工艺包含铁氧化物还原和金属铁颗粒长大两个过程，其产品为不同于直接还原产品（DRI）和熔融还原产品（液态铁水）的金属铁粉（见图1-4）。此外，直接还原和熔融还原对原料要求较高，通常是高品位的块矿、铁精矿和氧化球团，故直接还原和熔融还原的主要反应是铁氧化物的还原反应。深度还原的原料是复杂难选铁矿石，原料成分复杂，还原过程不仅包含铁氧化物的还原相变，还存在其他矿物的还原及矿物之间更复杂的反应。因此，深度还原技术与非高炉炼铁中的"直接还原和熔融还原"有本质的区别，应将其视为一个全新的学术概念加以对待。

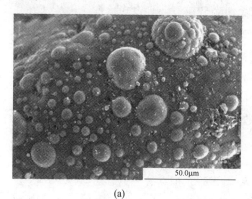
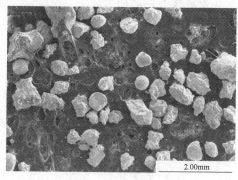

(a)　　　　　　　　　　　　　　　　　(b)

图 1-4　深度还原产品 SEM 图像
（a）还原物料；（b）磁选铁粉

1.5.2　深度还原研究现状

深度还原技术为复杂难选铁矿的开发利用提供了一条新途径，成为近年选矿和冶金领域研究热点之一。东北大学、北京科技大学、中南大学、华北理工大学、广西大学等多家单位围绕深度还原-磁选工艺及理论开展了大量的研究工作。

Chun 等[94]采用深度还原-磁选技术从铁品位 57.40% 的高铝铁矿中回收铁。1050℃还原 80min，还原样品中金属相粒度可达到 100μm，磁选后获得铁品位 92.15%、回收率 92.78%、Al_2O_3 含量 1.29% 的金属铁粉。添加的 Na_2CO_3 可以促进脉石矿物反应形成铝硅酸盐，改善金属颗粒的粒度。Zhang 等[95]对高铝铁矿的还原过程进行了研究。结果表明，还原温度是影响还原度的最关键因素，当温度由 850℃升高到 1050℃时，还原度从 31.03% 增加到 55.01%。还原过程中，氧化钙可以参与固相反应，影响还原样品的矿物组成，对还原度提高有一定促进作用。Srivastava 和 Kawatra[93]对 Minnesota 品位 27.3% 的铁矿石进行了高温还原-磁选试验，获得了铁品位接近96%、回收率大于90%的金属铁，试验结果表明还原-磁选技术与传统炼铁工艺相比，流程步骤简单，金属铁易于实现分离，回收率高。高鹏等[96,97]对包头白云鄂博铁矿进行了深度还原-磁选研究，在适宜条件下还原出金属化率93.63%的还原物料，经磁选获得了铁粉品位92.02%、回收率93.27%、金属化率94.18%的良好指标；利用图像分析技术定性描述了还原工艺对铁颗粒粒度的影响规律。贾岩等[98]利用深度还原技术从拜耳法赤泥中提铁，确定了最佳的还原条件，获得了铁品位91.23%、回收率93.13%的磁选铁粉。林海等[99]针对铁品位为16.25%的稀土尾矿进行了深度还原-磁选试验，在煤粉用量30%、还原温度1300℃、还原时间60min、磨矿粒度-0.074mm占75%、磁场强度118kA/m的条件下，磁选铁粉品位可达80.76%，回收率可达93.24%。

鲕状赤铁矿由于赤铁矿结晶粒度极细（小于10μm）、含磷高等因素，导致其难以分选，而深度还原新技术为从该种矿石中回收铁提供了可能。Li等[100]对河北宣化难选鲕状赤铁矿进行了深度还原-磁选试验研究，在适宜的还原工艺条件下，获得了铁品位为92.53%、回收率为90.78%的深度还原铁粉。东北大学[101]采用深度还原技术对某地高磷鲕状赤铁矿进行了研究。结果表明，在适宜的还原条件下，可以得到金属化率97%左右的还原物料，磁选后铁粉品位达91%以上，铁回收率达92%以上。Yu等[102]研究了原料粒度对某高磷鲕状赤铁矿深度还原-磁选的影响，结果表明：当原料粒度从-4mm降低到-0.1mm时，磁选铁粉的品位和回收率均有所增加，还原剂煤粉粒度的影响效果明显弱于矿样粒度。高磷鲕状赤铁矿深度还原-磁选研究表明，在适宜的还原条件及磁选条件下可以获得品位和回收率均大于90%的磁选铁粉。

然而在研究过程中，人们发现矿石中的磷矿物会被还原为单质磷，并且相当一部分单质磷会迁移进入金属铁相，使得还原铁粉中有害元素磷含量偏高。因此，深度还原过程中磷的控制与走向问题引起了人们的高度重视。针对深度还原过程中磷的走向及调控问题，国内外相关学者开展了许多研究工作，获得了一些具有科学意义和应用价值的研究成果。为了降低还原铁粉中有害元素磷的含量，相关学者尝试采用添加脱磷剂的方法来降低铁粉中磷的含量，效果十分明显。Han等[103]研究了CaO和Na_2CO_3对高磷鲕状赤铁矿高温还原脱磷效果的影响，当CaO和Na_2CO_3的用量均为5%时，磷的脱除率达到了86.75%。Yu等[104]以$Ca(OH)_2$和Na_2CO_3组合作为高磷鲕状赤铁矿深度还原脱磷剂，在$Ca(OH)_2$用量15%和Na_2CO_3用量3%的条件下获得了铁品位93.28%、磷含量0.07%的还原铁粉。Li等[105]研究发现Na_2SO_4和$Na_2B_4O_7 \cdot 10H_2O$脱磷效果较好，在Na_2SO_4用量7.5%和$Na_2B_4O_7 \cdot 10H_2O$用量1.5%的条件下得到了铁品位92.7%、磷含量0.09%的磁选铁粉。Yu等[106]探讨了Na_2SO_4作为深度还原脱磷剂的可行性，认为Na_2SO_4脱磷效果显著，但是金属铁中有害元素S的含量明显增加，不利于后续炼钢作业。徐承焱等[107]在以 Na_2CO_3 为脱磷剂的情况下，研究了还原剂种类对铁磷分离效果的影响，发现褐煤作为还原剂时铁磷分离效果最好，其次为烟煤、焦炭和石煤。脱磷剂（CaO、$Ca(OH)_2$、Na_2CO_3、Na_2SO_4）在高磷鲕状赤铁矿还原过程中的作用机理分析表明，还原过程中加入的脱磷剂与矿石中的 SiO_2 和 Al_2O_3 发生反应，使得 SiO_2 含量减少，进而抑制了磷矿物的还原；添加剂还会促进铁矿物的还原，提高磁选分离效果。

磷是钢材中最主要的有害杂质之一，大部分磷需要在炼钢过程中脱除，使其进入钢渣中[108,109]。有研究表明，高磷铁水可在冶炼过程采用铁水预处理或转炉炼钢技术进行脱磷，高磷铁水生产低磷钢技术的成功应用为高磷铁粉的有效利用提供了广阔的前景[110,111]。因此，东北大学针对高磷鲕状赤铁矿提出了深度还原-富磷工艺，即通过控制深度还原条件，促进磷在金属铁相中富集，通过磁选得到富磷铁粉。在富磷铁粉冶炼过程中进行脱磷，获得合格钢材的同时得到高磷钢渣，高磷钢渣可用于制作磷肥或进一步提取磷的原料[112]。试验还确定了适宜的深度还原-富磷工艺条件，得到了铁品位 93% 以上、金属化率 90% 以上的富磷铁粉，铁粉中磷含量 1.78%、磷回收率达 77.47%。

1.5.3　深度还原理论技术体系

深度还原是以煤粉为还原剂，将不能直接作为高炉原料的复杂难选铁矿石中的铁矿物还原为金属铁，并使金属铁生长为一定粒度的铁颗粒。因此，难选铁矿石深度还原是一个多元多相、化学反应、物相转化、结构演变、元素迁移等因素强烈耦合的高温过程，涉及矿物反应热力学和动力学机制、物相及微观结构演化、金属相形成及聚集生长、磷元素相际迁移等关键科学和技术问题。东北大学围绕上述内容开展了长期的基础研究和技术开发工作，建立了难选铁矿石深度还原基础理论技术体系，为难选铁矿资源的高效开发利用提供了重要的理论与技术支撑。难选铁矿石深度还原基础理论技术体系主要包括以下方面：

（1）难选铁矿石深度还原过程物理化学基础理论。难选铁矿组成复杂，通常含有赤铁矿、磁铁矿、褐铁矿、菱铁矿等铁矿物，还含有石英、绿泥石等脉石矿物，故而在深度还原过程中，不仅包含铁氧化物的还原相变，还存在其他组分的还原反应及各种组分之间的化学反应。此外，矿石中矿物之间嵌布结构也会对矿石还原产生重要影响。故现有的铁矿石还原理论体系难以有效地揭示深度还原过程的热力学和动力学机制、物相转化规律及微观结构演变等物理化学问题。因此，需针对难选铁矿石深度还原体系，构建基于"热力学数据""动力学机制""微观结构演变"三个层面的难选铁矿石深度还原物理化学体系，为深度还原过程优化奠定理论基础。

（2）难选铁矿石深度还原过程中金属相形成及生长机制。深度还原过程中矿石中的铁矿物还原为金属铁，生成的金属铁会逐渐聚集生长。只有当金属铁生长到一定粒度，才能实现金属铁与渣相的良好解离，进而实现金属铁的磁选富集。此外，金属铁颗粒粒度表征对于探明铁颗粒的生长机理、颗粒粒度控制和优化深度还原过程具有重要意义。因此，需要开发铁颗粒粒度定量检测和表征方法，建立铁颗粒粒度与还原条件的数学模型，实现铁颗粒粒度的准确预测，揭示金属铁颗粒生长机制，为难选铁矿石深度还原过程中金属铁颗粒粒度控制提供理论支撑。

（3）难选铁矿石深度还原过程中有害元素磷的迁移调控机理。难选铁矿石组成复杂，部分矿石中磷元素含量相对较高，如高磷鲕状赤铁矿。磷元素在矿石中主要以磷矿物的形式存在，而在高温还原过程中磷矿物会被还原进入金属铁相，导致还原铁粉中有害元素磷含量偏高，严重限制了深度还原技术的发展。因此，需要围绕还原过程中磷矿物的还原反应规律及磷元素的迁移机制等关键科学问题开展工作，从宏观和微观层面阐明磷矿物还原反应行为，揭示磷元素的相际迁移过程及驱动机理，掌握磷富集迁移的调整和干预措施，为深度还原过程中有害元素磷的迁移走向调控提供理论依据。

（4）难选铁矿石深度还原高效利用选冶联合关键技术。难选铁矿石种类繁多，不仅铁品位差异较大，而且部分矿石还含有其他有价金属或有害元素，这就导致不同类型的矿石深度还原过程必然不同，并且深度还原物料特性差异明显。因此，需要结合矿石资源属性特征，开发相适配的深度还原高效利用技术，尤其是金属相和渣相高效分离技术。例如：针对铁含量小于40%的难选铁矿石，应该开发深度还原-高效磁选技术，实现金属铁的高效回收；针对铁含量大于40%的铁矿石或含有其他有价金属的含铁资源，应研发深度还原高温短流程熔炼技术，实现金属铁和其他有价金属元素的高效综合利用；针对磷含量小于0.8%的难选铁矿石，应开发深度还原脱磷技术，获得优质炼钢用金属铁粉；针对磷含量大于0.8%的难选矿石，应研发深度还原富磷-高磷铁粉脱磷技术，实现铁和磷的综合利用。形成难选铁矿石深度还原高效利用选冶联合关键技术体系，为难选铁矿资源的开发利用提供技术支撑。

参 考 文 献

［1］ Johannes Leopold Schenk. Recent status of fluidized bed technologies for producing iron input materials for steelmaking［J］. Particuology, 2011, 9（1）: 14~23.

［2］ 储满生. 钢铁冶金原燃料及辅助材料［M］. 北京: 冶金工业出版社, 2010.

［3］ Srivastava U, Komar Kawatra S. Strategies for processing low-grade iron ore minerals［J］. Mineral Processing and Extractive Metallurgy Review, 2009, 30（4）: 361~371.

[4] 王俊理. 我国金属矿山选矿技术进展及发展方向 [J]. 科技创新与应用, 2014 (12): 295.

[5] 郭华, 张天柱. 中国钢铁与铁矿石资源需求预测 [J]. 金属矿山, 2012 (1): 5~9.

[6] 平海波, 张欢. 我国铁矿资源禀赋特征与地质勘查基本思路 [J]. 研究与探讨, 2008 (1): 44~46.

[7] 印万忠, 侯英, 李闯, 等. 实用铁矿石选矿手册 [M]. 北京: 化学工业出版社, 2016.

[8] 邵厥年, 陶维屏. 矿产资源工业要求手册 (2012 年修订本) [M]. 北京: 地质出版社, 2012.

[9] 陈雯, 张立刚. 复杂难选铁矿石选矿技术现状及发展趋势 [J]. 有色金属 (选矿部分), 2013 (S1): 19~23.

[10] 印万忠, 刘莉君, 刘明宝, 等. 难选铁矿石选矿技术 [M]. 北京: 化学工业出版社, 2014.

[11] 罗立群. 菱铁矿的选矿开发研究与发展前景 [J]. 金属矿山, 2006 (1): 68~72.

[12] 印万忠, 丁亚卓. 铁矿选矿新技术与新设备 [M]. 北京: 冶金工业出版社, 2008.

[13] 姚培慧. 中国铁矿志 [M]. 北京: 冶金工业出版社, 1993.

[14] 陈江安, 曾捷, 龚恩明, 等. 褐铁矿选矿工艺的现状及发展 [J]. 江西理工大学学报, 2010, 31 (5): 5~8, 23.

[15] 朱德庆, 赵强, 邱冠周, 等. 安徽褐铁矿的磁化焙烧——磁选工艺 [J]. 北京科技大学学报, 2010, 32 (6): 713~717.

[16] 刘森. 新疆某褐铁矿浮选试验研究 [D]. 阜新: 辽宁工程技术大学, 2014.

[17] 朱照照. 云南包子铺褐铁矿选矿工艺优化研究 [D]. 昆明: 昆明理工大学, 2010.

[18] Zimmels Y, Weissberger S, Lin I J. Effect of oolite structure on direct reduction of oolitic iron ores [J]. Int. J. Miner. Process. , 1988, 24: 55~71.

[19] Champetier Y, Hamdadou E, Hamdadou M. Examples of biogenic support of mineralization in two oolitic iron ores: Lorraine (France) and Gara Djebilet (Algeria) [J]. Sediment. Geol. , 1987, 51: 249~255.

[20] Abro M I, Pathan A G, Mallah A H. Liberation of oolitic hematite grains from iron ore, Dilband Mines Pakistan [J]. Mehran Univ. Res. J. Eng. Technol. , 2011, 30: 329~338.

[21] Adedeji F A, Sale F R. Characterization and reducibility of Itakpe and Agbaja (Nigerian) iron ores [J], Clay Miner. , 1984, 19: 843~856.

[22] Manieh A A. Oolite liberation of oolitic iron ore, Wadi Fatima, Saudi Arabia [J]. Int. J. Miner. Process. , 1984, 13: 187~192.

[23] Petruk W. Mineralogical characteristics of an oolitic iron deposit in the Peace River District, Alberta [J]. Can. Mineral. , 1977, 15: 3~13.

[24] Song S X, Campos-Toro E F, Zhang Y M, et al. Morphological and mineralogical characterizations of oolitic iron ore in the Exi region, China [J]. Int. J. Min. Met. Mater. , 2013, 20 (2): 113~118.

[25] Wu J, Wen Z J, Cen M J. Development of technologies for high phosphorus oolitic hematite utilization [J]. Steel Res. Int. , 2011, 82: 494~500.

［26］ Yu Y F, Qi C Y. Magnetizing roasting mechanism and effective ore dressing process for oolitic hematite ore ［J］. Journal Wuhan University of Technology, 2011, 26：177～181.

［27］ 郑贵山, 刘炯天. 浅析鲕状赤铁矿提铁脱磷研究方法, 2009 年金属矿产资源高效选冶加工利用和节能减排技术及设备学术研讨与成果推广交流暨设备展示会论文集［C］, 马鞍山：《金属矿山》杂志社, 2009：220～226.

［28］ 韦东. 鄂西高磷鲕状赤铁矿提铁降杂技术研究［J］. 现代矿业, 2011（5）：28～31.

［29］ 王喜庆. 钒钛磁铁矿高炉冶炼［M］. 北京：冶金工业出版社, 1994.

［30］ 杜鹤桂. 高炉冶炼钒钛磁铁矿原理［M］. 北京：科学出版社, 1996.

［31］ 李兴华. 攀枝花钒钛磁铁矿综合利用技术路线图研究［D］. 昆明：昆明理工大学, 2011.

［32］ 王雪峰. 我国钒钛磁铁矿典型矿区资源综合利用潜力评价研究［D］. 北京：中国地质大学（北京）, 2015.

［33］ 李艳军, 王艳玲, 刘杰, 等. 羚羊铁矿石工艺矿物学［J］. 东北大学学报（自然科学版）, 2011, 32（10）：1484～1487.

［34］ 于福家, 王泽红. 吉林羚羊难选铁矿的选矿研究［J］. 矿产保护与利用, 2008（5）：27～30.

［35］ 张斌, 张大伟, 娄雪家. 吉林省硼矿资源特征与利用现状［J］. 吉林地质, 2012, 31（3）：57～59.

［36］ 于长水. 硼铁矿的选矿技术［J］. 辽宁化工, 2014, 43（2）：193～197.

［37］ 张涛, 梁海军, 薛向欣. 辽宁凤城含铀硼铁矿分选研究［J］. 矿产综合利用, 2009（5）：3～7.

［38］ 李艳军, 高太, 韩跃新. 硼铁矿工艺矿物学研究［J］. 有色矿冶, 2016, 22（6）：14～16.

［39］ 李治杭, 韩跃新, 高鹏, 等. 硼铁矿工艺矿物学研究［J］. 东北大学学报（自然科学版）, 2016, 37（2）：258～262.

［40］ 韩跃新, 高鹏, 李艳军, 等. 我国铁矿资源"劣质能用、优质优用"发展战略研究［J］. 金属矿山, 2016（12）：2～8.

［41］ 李凤久, 尚新月, 李国峰, 等. 河北某铁矿铁精矿制备超级铁精矿试验研究［J］. 矿产综合利用, 2019（6）：33～36.

［42］ 徐彪, 李肖, 胡敏捷, 等. 本溪某铁矿制备超级铁精矿试验研究［J］. 矿冶工程, 2019, 39（3）, 67～69.

［43］ 刘荣祥, 李解, 李保卫, 等. 白云鄂博铁矿石阶段磨矿弱磁选工艺生产超级铁精矿试验［J］. 金属矿山, 2018（5）：68～71.

［44］ 唐志东, 李文博, 李艳军, 等. 山东某普通铁精矿制备超级铁精矿的试验研究［J］. 矿产保护与利用, 2017（2）：56～61.

［45］ 孙永升, 曹越, 韩跃新, 李艳军, 刘杰. 基于原料矿物学基因特性的超级铁精矿制备评价体系［J］. 金属矿山, 2018（2）：76-79.

［46］ 宫贵臣, 刘杰, 韩跃新, 等. 超级铁精矿高效制备试验研究［J］. 矿产综合利用. 2018（4）：42～45.

[47] 刘畅，李艳军，孙镇，刘杰，宫贵臣. 河北某铁矿石制备超级铁精矿试验 [J]. 金属矿山，2018（5）：60~63.

[48] 邵安林. 东鞍山含碳酸盐赤铁矿石浮选试验 [J]. 中南大学学报（自然科学版），2013，44（2）：456~460.

[49] 宋保莹，袁立宾，韦思明. 含碳酸盐赤铁矿分步浮选工艺研究及生产实践 [J]. 矿冶工程，2015，35（5）：64~67.

[50] 杨光. 分步浮选工艺处理含碳酸盐赤铁矿石 [J]. 矿业工程，2012，10（6）：30~32.

[51] 王永章，罗良飞. 太钢袁家村难选铁矿石选矿工艺研究 [J]. 矿冶工程，2016，36（5）：53~56.

[52] 王秋林，张立刚，陈雯，等. 太钢袁家村铁矿选矿技术研究及工业应用 [J]. 矿冶工程，2015，35（4）：35~39.

[53] 罗良飞，陈雯，严小虎，等. 太钢袁家村铁矿选矿技术开发及 2200 万吨/年选厂工业实践 [J]. 矿冶工程，2018，38（1）：60~70.

[54] 唐雪峰. 难处理赤铁矿选矿技术研究现状及发展趋势 [J]. 现代矿业，2014（3）：14~19.

[55] 刘志兴. SA-2 絮凝剂在微细粒赤铁矿分选中的应用 [J]. 有色金属（选矿部分），2013（6）：83~85.

[56] 刘有才，林清泉，符剑刚，等. 永州某高泥细粒贫赤铁矿选矿工艺研究 [J]. 矿冶工程，2013，33（6）：42~45.

[57] 罗俊凯，曹杨，焦芬，等. 湖南某石英型赤褐铁矿选矿试验研究 [J]. 矿冶工程，2018，38（6）：82~85.

[58] 杨云，张卫星，赵冠飞，等. 某微细粒难选铁矿选矿试验研究某贫细难选铁矿石选矿工艺研究 [J]. 有色金属科学与工程，2012，3（3）：80~84.

[59] 朱庆山，李洪钟. 难选铁矿流态化磁化焙烧研究进展与发展前景 [J]. 化工学报，2014，65（7）：2437~2442.

[60] 朱俊士. 选矿手册 [M]. 北京：冶金工业出版社，2008.

[61] 罗良飞，陈雯，严小虎，等. 大西沟菱铁矿煤基回转窑磁化焙烧半工业试验 [J]. 矿冶工程，2006（2）：71~73.

[62] 王秋林，陈雯，余永富，等. 綦江混合型铁矿磁化焙烧试验研究 [J]. 矿冶工程，2006，（8）：89~91.

[63] 薛生晖，陈启平，毛拥军. 低品位菱褐铁矿回转窑磁化焙烧工业试验研究 [J]. 矿冶工程，2010，30（增刊）：29~32.

[64] 刘小银，余永富，陈雯，等. 大西沟菱铁矿闪速磁化焙烧-磁选探索试验 [J]. 金属矿山，2009（10）：84~85.

[65] 刘小银，余永富，洪志刚，等. 难选弱磁性铁矿石闪速（流态化）磁化焙烧成套技术开发与应用研究 [J]. 矿冶工程，2017，37（2）：40~45.

[66] 陈雯，余永富，冯志力，等. 60 万 t/a 难选菱（褐）铁矿闪速磁化焙烧成套技术与装备 [J]. 金属矿山，2017（3）：54~58.

[67] Hou Baolin, Zhang Haiying, Li Hongzhong, et al. Study on kinetics of iron oxide reduction by

hydrogen [J]. Chinese Journal of Chemical Engineering, 2012, 20: 10~17.

[68] Tong Hua, Li Hongzhong, Lu Xuesong, et al. Hydrodynamic modeling of the L-valve [J]. Powder Technology, 2003, 129: 8~14.

[69] Li Changjin, Li Hongzhong, Zhu Qingshan. A hydrodynamic model of loop-seal for a circulating fluidized bed [J]. Power Technology, 2014, 252: 14~19.

[70] 韩跃新, 李艳军, 高鹏, 等. 复杂难选铁矿石悬浮磁化焙烧–高效分选技术 [J]. 钢铁研究学报, 2019, 31 (2): 89~94.

[71] 袁帅, 韩跃新, 高鹏, 等. 难选铁矿石悬浮磁化焙烧技术研究现状及进展 [J]. 金属矿山, 2016 (12): 9~12.

[72] 刘建远, 黄瑛彩. 高压辊磨机在矿物加工领域的应用 [J]. 金属矿山, 2010 (6): 1~8.

[73] 刘义云. 近年来我国金属矿山主要碎磨技术发展回顾 [J]. 现代矿业, 2013 (8): 150~152.

[74] 李俊宁. 马钢南山矿区低品位铁矿石利用技术研究 [J]. 现代矿业, 2012 (2): 17~21.

[75] 张韶敏, 丁临冬, 段海瑞, 等. 高压辊磨机在选矿生产中的应用研究 [J]. 矿冶, 2013, 22 (4): 104~108.

[76] 张国旺, 肖骁, 肖守孝, 等. 搅拌磨在难处理金属矿细磨中的应用 [J]. 金属矿山, 2010 (12): 86~89.

[77] 张国旺, 周岳远, 辛业薇, 等. 微细粒铁矿选矿关键装备技术和展望 [J]. 矿山机械, 2012, 40 (11): 1~7.

[78] 高明炜, 李长根, 崔洪山. 细磨和超细磨工艺的最新进展 [J]. 国外金属矿选矿, 2006 (12): 19~23, 11.

[79] 沈政昌, 杨义红, 韩登峰, 等. 680m³ 充气式机械搅拌浮选机关键技术特点及其工业应用 [J]. 有色金属 (选矿部分), 2020 (1): 105~112.

[80] 刘惠林, 杨保东, 向阳春, 等. 浮选柱的研究应用及发展趋势 [J]. 有色金属 (选矿部分), 2011 (S1): 202~207.

[81] 中国有色金属学会. 矿物加工工程学科发展报告 [M]. 北京: 中国科学技术出版社, 2018.

[82] 张德胜. 尖山铁矿磁浮选柱提质降杂试验研究 [J]. 矿业工程, 2016, 14 (6): 30~33.

[83] 冯其明, 席振伟, 张国范, 等. 脂肪酸捕收剂浮选钛铁矿性能研究 [J]. 金属矿山, 2009 (5): 46~49.

[84] 郭文达, 朱一民, 韩跃新, 等. 钙离子对脂肪酸类捕收剂浮选石英的影响机理 [J]. 东北大学学报 (自然科学版), 2018, 39 (3): 409~415.

[85] 刘文刚, 魏德洲, 周东琴, 等. 螯合捕收剂在浮选中的应用 [J]. 国外金属矿选矿, 2006 (7): 4~8, 20.

[86] 葛英勇. 新型捕收剂烷基多胺醚 (GE-609) 的合成及浮选性能研究 [D]. 武汉: 武汉理工大学, 2010.

[87] 朱晓园, 梅光军, 雷哲, 等. 新型酯基季铵盐阳离子捕收剂 M-3 的浮选行为 [J]. 金属矿山, 2015, 44 (9): 49~53.

[88] 郭婷, 梅光军, 李诚, 等. 氢化松香酯基阳离子捕收剂 M-N 的合成及浮选性能 [J]. 工

程科学学报, 2017 (10): 53~58.

[89] Cheng Z Y Y, Zhu Y M, Li Y J, et al. Flotation and adsorption of quartz with the new collector butane-3-heptyloxy-1, 2-diamine [J]. Mineralogy and Petrology, 2019, 113 (2): 207~216.

[90] Liu W B, Liu W G, Wei D Z, et al. Synthesis of N, N-bis (2-hy-droxypropyl) laurylamine and its flotation on quartz [J]. Chemical Engineering Journal, 2017, 309: 63~69.

[91] 任爱军, 孙传尧, 朱阳戈. 磷酸酯淀粉在赤铁矿阳离子反浮选脱硅中的抑制作用及 QCM-D 吸附研究 [J]. 有色金属 (选矿部分), 2019 (4): 99~104.

[92] 刘若华. 不同淀粉对赤铁矿抑制机理及工艺研究 [D]. 长沙: 中南大学, 2012.

[93] 王德志. 铁精矿反浮选高分子抑制剂研究 [D]. 沈阳: 东北大学, 2015.

[94] Chun T J, Long H M, Li J X. Alumina-Iron separation of high alumina iron ore by carbothermic reduction and magnetic separation [J]. Separation Science and Technology, 2015, 50 (5): 760~766.

[95] Zhang Z L, Li Q, Zou Z S. Reduction properties of high alumina iron ore cold bonded pellet with $CO-H_2$ mixtures [J]. Ironmaking and Steelmaking, 2014, 41 (8): 561~567.

[96] 高鹏, 孙永升, 邹春林, 等. 深度还原工艺对铁颗粒粒度影响规律研究 [J]. 中国矿业大学学报, 2012, 41 (5): 817~820.

[97] 高鹏, 韩跃新, 李艳军, 等. 基于数字图像处理的铁矿石深度还原评价方法 [J], 东北大学学报 (自然科学版), 2012, 33 (1): 133~136.

[98] 贾岩, 倪文, 王中杰. 拜耳法赤泥深度还原提铁实验 [J], 北京科技大学学报, 2011, 33 (9): 1059~1064.

[99] 林海, 许晓芳, 董颖博. 深度还原-弱磁选回收稀土尾矿中铁的试验研究 [J], 东北大学学报 (自然科学版), 2013, 34 (7): 1039~1044.

[100] Li K Q, Ni W, Zhu M, et al. Iron extraction from oolitic iron ore by a deep reduction process [J]. J. Iron Steel Res. Int., 2011, 18 (8): 9~13.

[101] 孙永升, 李淑菲, 史广全. 某鲕状赤铁矿深度还原试验研究 [J]. 金属矿山, 2009 (5): 80~83.

[102] Yu W, Sun T C, Liu Z Z, et al. Effects of particle sizes of iron ore and coal on the strength and reduction of high phosphorus oolitic hematite-coal composite briquettes [J]. ISIJ International, 2014, 54 (1): 56~62.

[103] Han H L, Duan D P, Wang X, et al. Innovative method for separating phosphorus and iron from high-phosphorus oolitic hematite by iron nugget process [J]. Metallurgical and Materials Transactions B, 2014, 45 (5): 1634~1643.

[104] Yu W, Sun T C, Kou J, et al. The function of $Ca(OH)_2$ and Na_2CO_3 as additive on the reduction of high-phosphorus oolitic hematite-coal mixed pellets [J]. ISIJ International, 2013, 53 (3): 427~433.

[105] Li G H, Zhang S H, Rao M J, et al. Effects of sodium salts on reduction roasting and Fe-P separation of high-phosphorus oolitic hematite ore [J]. International Journal of Mineral Processing, 2013, 124: 26~34.

[106] Yu W, Sun T C, Cui Qiang. Can sodium sulfate be used as an additive for the reduction roast-

ing of high-phosphorus oolitic hematite ore? [J]. International Journal of Mineral Processing, 2014, 133: 119~122.

[107] 徐承焱, 孙体昌, 寇珏, 等. 还原剂对高磷鲕状赤铁矿还原焙烧铁磷分离的影响 [J]. 工程科学学报, 2016, 38 (1): 26~33.

[108] Diao J, Xie B, Wang Y H, et al. Recovery of phosphorus from dephosphorization slag produced by duplex high phosphorus hot metal refining [J]. ISIJ International, 2012, 52 (6): 955~959.

[109] Kubo H, Yokoyama K M, Nagasaka T. Magnetic separation of phosphorus enriched phase from multiphase dephosphorization slag [J]. ISIJ International, 2010, 50 (1): 59~64.

[110] Basu S, Lahiri A K, Seetharaman S, et al. Change in phosphorus partition during blowing in a commercial BOF [J]. ISIJ International, 2007, 47 (5): 766~768.

[111] Mukherjee T, Chatterjee A. Production of low phosphorus steels from high phosphorus Indian hot metal: Experience at Tata Steel [J]. Bulletin of Materials Science, 1996, 19 (6): 893~903.

[112] Sun Y S, Han Y X, Gao P, et al. Distribution behavior of phosphorus in the coal-based reduction of high-phosphorus-content oolitic iron ore [J]. International Journal of Minerals, Metallurgy and Materials, 2014, 21 (4): 331~338.

2 难选铁矿石深度还原热力学基础

将化学反应用于生产实践首先要了解反应进行的方向和最大限度。一个化学反应在指定条件下能否朝着预定方向进行？温度、压力、浓度等外界条件对反应有什么影响？如何控制外界条件使我们设计的新的反应途径能按所预定的方向进行？对于一个给定的反应，能量的变化关系怎样？这一类问题的研究属于热力学的范畴，它主要解决反应的方向性问题，以及与平衡有关的一些问题，同时也为设计新的反应、新的反应路线提供理论上的支持。

热力学的主要内容是根据热力学第一定律来计算变化中的热效应，根据热力学第二定律来解决反应的方向和限度问题。热力学第三定律是一个关于低温现象的定律，主要是阐明规定熵的数值。热力学第零定律是热平衡的互通性，并为温度建立了严格的科学定义。热力学四大定律，特别是热力学第二定律是高温冶金热力学的基础。它研究冶金反应在一定条件下进行的可能性、方向及限度，进而能够控制或创造条件，使之达到我们所要求的方向及进行的程度。

根据难选铁矿石性质可知，采用传统的选矿工艺难以实现铁矿物的有效富集，而深度还原新技术是实现矿石中铁元素高效回收的最优途径。复杂难选铁矿不仅含有铁矿物，还有石英、绿泥石、胶磷矿等多种脉石矿物，因此矿石在高温还原过程中不仅包含铁氧化物的还原，还存在其他组分的还原反应及各种组分之间的反应。难选铁矿深度还原是多相多元的复杂体系，对其进行系统的热力学分析，明确还原过程中可能发生的化学反应，以及计算一定条件下平衡相的组成，对于优化还原条件、促进铁矿物还原、调控有害元素富集具有重要意义。

2.1 热力学基本理论

热力学基本内容形成于19世纪中叶。焦耳（James Prescott Joule）在1850年左右建立了能量守恒定律，即热力学第一定律。开尔文（Lord Kelvin）和克劳修斯（Rudolf Clausius）分别于1848年和1850年建立了热力学第二定律。热力学第一定律和热力学第二定律组成了系统完整的热力学，是热力学的理论基础。20世纪初，能斯特（Walther Hermann Nernst）建立了热力学第三定律。20世纪30年代，福勒（Ralph Fowler）提出了热力学第零定律。至此，热力学更加严密和完整。

2.1.1 热力学第零定律

如果两个系统分别和处于确定状态的第三个系统达到热平衡，则这两个系统也必定处于热平衡。这个热平衡规律称为热力学第零定律（Zeroth Law of Thermodynamics）。这个定律是福勒在大量实验事实基础上于 1931 年提出的，当时热力学第一定律和热力学第二定律早已建立并为公众所接受，而为了表明逻辑上这个定律应该排在前面，所以称之为热力学第零定律。

温度的科学定义是由第零定律导出的。当两个系统相互接触时，描述系统性质的状态函数将自动调整变化，直到达到平衡，这就意味着两个系统必定有一个共同的宏观物理特征，这一特征是由这些互为平衡系统的状态所决定的一个数值相等的状态函数，这个状态函数被定义为温度。

热力学第零定律的实质是指出了温度这个状态函数的存在，并且给出了温度的比较方法。在比较各系统温度时，不需要将各系统直接接触，只需要将一个第三系统作为标准分别与各系统相互接触达到热平衡即可，这个作为标准的第三系统就是温度计。

2.1.2 热力学基本概念

（1）系统与环境。客观世界是由众多物质构成的，而进行科学研究时必须确定要研究的对象，这就需要把部分物质与其余物质分开（可以是实际的，也可以是想象的），这种被划定的研究对象就称为系统。系统以外，与系统密切相关且影响所能及的部分称为环境。根据系统与环境之间的关系，系统分为以下三类：

1）敞开系统：与环境之间既可以物质交换又可以能量交换的系统，又称为开放系统。

2）封闭系统：与环境之间没有物质交换，但可以有能量交换的系统。热力学中主要讨论封闭系统。

3）隔离系统：与环境之间既没有物质交换也没有能量交换的系统，也称为孤立系统。

（2）状态函数与状态方程。系统的状态是指用来描述系统的压力 p、体积 V、温度 T、质量 m 和组成等各种宏观性质的综合表现。用来描述系统状态的物理量称为状态函数，例如 p、V、T、热力学能 U、焓 H、熵 S、吉布斯函数 G 等均是状态函数。系统状态函数之间的定量关系式称为状态方程，例如 $pV=nRT$ 就是理想气体的状态方程。

（3）过程与途径。系统发生由始态到终态的变化，称系统发生了一个热力学过程，简称为过程。系统由始态到终态的变化可以经由一个或多个不同的步骤来完成，这种具体的步骤称为途径。过程根据环境条件可分为：

1）等温过程：系统状态发生变化过程中，环境温度恒定不变，并且等于系统始态和终态的温度。

2）等压过程：系统状态发生变化过程中，环境压力恒定不变，并且等于系统始态和终态的压力。

3）等容过程：系统状态发生变化过程中，系统的体积恒定不变。

4）绝热过程：系统状态发生变化过程中与环境之间没有热量交换，或者由于有绝热壁的存在，或者由于变化太快而与环境之间来不及热交换，或者热交换量极少可近似看作是绝热过程。

5）循环过程：系统从始态出发，经过一系列变化后又回到这一始态的变化过程，又称为环状过程。

依据是否对环境产生影响过程还可分为热力学可逆过程和不可逆过程。系统经过某过程状态发生变化，当系统经该过程的逆过程回到原状态时，如果原来过程对还原产生的一切影响同时被消除，则这一过程称为可逆过程，反之称为不可逆过程。客观世界中，过程实际都是不可逆过程，可逆过程是一种理想过程。

（4）热与功。热与功是系统状态发生变化时，系统与环境之间进行能量交换的两种形式。系统和环境之间由于温度差存在而引起交换或传递的能量被称为热，用符号 Q 表示。系统放热时，Q 取负值，即 $Q<0$；系统吸热时，Q 取正值，即 $Q>0$。热力学中，把除热之外的以其他各种形式传递的能量定义为功，用符号 W 表示。系统对环境做功时，W 取负值，即 $W<0$；系统从环境得到功时，W 取正值，即 $W>0$。各种形式的功通常都可以看作由膨胀功 W_e 和除膨胀功以外所有其他形式的功 W_f 组成。热和功都是被传递的能量，单位都是 J（焦耳）。

（5）热力学能。系统内所有能量的总和称为系统的热力学能，用 U 表示，包含系统内物质分子的位能、振动能、转动能、平动能、电子的动能以及核能等。热力学能是系统的状态函数，系统状态一定时，其热力学能就有一个确定的数值。系统发生变化时，热力学能发生改变，其改变量只决定于系统的始态和终态，与变化途径无关。热力学能是系统的量度性质，具有加和性。

（6）标准状态。对于物质的标准状态，热力学上有严格的规定：气相物质的标准状态为其分压等于 100kPa；固体或液体纯相的标准状态是摩尔分数为 1；溶液中物质 A 的标准状态为 $m_A = 1mol/kg$，常近似为 $c_A = 1mol/L$。标准状态经常简称为标准态。

2.1.3　热力学第一定律

2.1.3.1　热力学第一定律的表述

能量既不能被创造，也不能被消灭，只能从一种形式转化成另一种形式，而在转化过程中能量的总值保持不变，这就是能量守恒定律。将能量守恒定律用于热力学中即称为热力学第一定律。

假设系统由状态 1（热力学能为 U_1）变到状态 2（U_2），变化过程中系统与环境交换的热为 Q，与环境交换的功为 W，则系统的热力学能变化为：

$$\Delta U = U_2 - U_1 = Q + W \tag{2-1}$$

式（2-1）就是热力学第一定律的数学表达式，既说明了热力学能、热和功的可以相互转化，又表述了转化时的定量关系，是能量守恒定律在热力学领域的特殊形式。

2.1.3.2 焓

假设系统在变化过程中只做膨胀功而不做其他功，由热力学第一定律可得：

$$\Delta U = U_2 - U_1 = Q + W_e \tag{2-2}$$

如果系统变化是等压过程，则 $W_e = -p(V_2 - V_1)$，式（2-2）可转化为：

$$\Delta U = U_2 - U_1 = Q_p - p(V_2 - V_1) \tag{2-3}$$

移项整理可得：

$$Q_p = (U_2 + pV_2) - (U_1 + pV_1) \tag{2-4}$$

热力学上把 $U+pV$ 定义为焓，并用符号 H 表示。因为 U、p、V 均为状态函数，所以 H 也是状态函数，是体系的一种属性。焓的引出借助于等压过程，但这并不意味着只有等压过程才有焓。

2.1.4 热力学第二定律

2.1.4.1 热力学第二定律的表述

热力学第一定律指出了能量的守恒和转化，以及转化过程中各种能量之间的相互关系，但是却不能指出变化的方向和变化进行的程度。反应的方向性和限度这两个问题的解决有赖于热力学第二定律。热力学第二定律的表述方法很多，其中比较典型的为克劳修斯和开尔文的表述。

克劳修斯的表述是：不可能把热从低温物体传到高温物体，而不引进其他变化。

开尔文的表述是：不可能从单一热源吸取热使之完全变成功，而不发生其他变化。

克劳修斯和开尔文关于热力学第二定律的表述都是指出某种自发过程的逆过程是不能自动进行的。克劳修斯的表述指明了热传导的不可逆性，开尔文的表述指明了功转化为热的过程的不可逆性，两种表述方式实质上是等效的。

2.1.4.2　熵

对于任意的可逆循环过程，物质在各温度所吸收的热与该温度之比的总和等于零。假设某系统可逆循环过程由两条途径构成。系统由状态 A 经可逆途径 R_1 变化到状态 B，然后再由状态 B 经另一可逆途径 R_2 变回到状态 A，则有：

$$\int_A^B \left(\frac{\delta Q}{T}\right)_{R_1} + \int_B^A \left(\frac{\delta Q}{T}\right)_{R_2} = 0 \qquad (2-5)$$

移项整理后得：

$$\int_A^B \left(\frac{\delta Q}{T}\right)_{R_1} = -\int_B^A \left(\frac{\delta Q}{T}\right)_{R_2} = \int_A^B \left(\frac{\delta Q}{T}\right)_{R_2} \qquad (2-6)$$

由式（2-6）可知，系统由状态 A 到达状态 B 经两个不同的可逆过程，每个可逆过程的热温商总和相等。这就表明，热温商总和数值只决定于系统的始末状态，而与状态变化经历的途径无关，具有状态函数的特点。克劳修斯据此定义了一个状态函数称为熵，并用符号 S 表示。如令 S_A 和 S_B 分别表示始态和末态的熵，则有：

$$\Delta S = S_B - S_A = \int_A^B \left(\frac{\delta Q}{T}\right)_R \quad \text{或} \quad \Delta S = \sum_i \left(\frac{\delta Q_i}{T_i}\right)_R \qquad (2-7)$$

若系统 A 和 B 两个平衡状态非常接近，则可写作微分的形式：

$$dS = \left(\frac{\delta Q}{T}\right)_R \qquad (2-8)$$

式（2-7）和式（2-8）就是熵的定义式，可见熵的单位是 J/K。

2.1.4.3　热力学第二定律基本公式

对于不可逆循环过程，假设系统经过不可逆途径由状态 A 变化为状态 B，然后再经另一不可逆途径由状态 B 回到状态 A，则根据 Carnot 定理可推导出：

$$\left(\sum_i \frac{\delta Q_i}{T_i}\right)_{A \to B} + \left(\sum_i \frac{\delta Q_i}{T_i}\right)_{B \to A} < 0 \qquad (2-9)$$

根据熵的定义有 $\left(\sum_i \dfrac{\delta Q_i}{T_i}\right)_{B \to A} = S_A - S_B$，所以式（2-9）可转化为

$$S_B - S_A > \left(\sum_i \frac{\delta Q_i}{T_i}\right)_{A \to B} \quad \text{或} \quad \Delta S_{A \to B} - \left(\sum_i \frac{\delta Q_i}{T_i}\right)_{A \to B} > 0 \qquad (2-10)$$

由式（2-10）可知，系统从状态 A 经不可逆途径变到状态 B，过程中热温商的总和小于系统的熵变 ΔS。熵是状态函数，当始末状态一定时，ΔS 数值固定，可以由可逆过程的热温商求得。对于不可逆过程，熵变也有定值，但是过程中的热温商不能用以计算 ΔS。

将可逆过程和不可逆过程中热温商与熵值关系式合并，即将式（2-7）和式（2-10）合并，可得：

$$\Delta S_{A \to B} - \sum_{A}^{B} \frac{\delta Q}{T} \geqslant 0 \tag{2-11}$$

式（2-11）称为克劳修斯不等式，也是热力学第二定律的一种数学表达形式。δQ 为系统实际过程的热效应，T 是环境的温度。对于可逆过程用等号，对于不可逆过程用大于号。对于微小的过程，基于式（2-11）则可得到：

$$\mathrm{d}S_B - \frac{\delta Q}{T} \geqslant 0 \quad \text{或} \quad \mathrm{d}S_B \geqslant \frac{\delta Q}{T} \tag{2-12}$$

式（2-12）是热力学第二定律的基本公式。

2.1.4.4 热力学基本方程

系统在可逆过程中所吸收的热为 δQ_R，过程的熵变为 $\mathrm{d}S = \delta Q_R / T$。根据热力学第一定律有：

$$\mathrm{d}U = \delta Q_R + \delta W = T\mathrm{d}S - p\mathrm{d}V \tag{2-13}$$

移项整理得：

$$T\mathrm{d}S = \mathrm{d}U + p\mathrm{d}V \tag{2-14}$$

式（2-14）不仅包含了热力学第一定律，而且包含了由热力学第二定律导出的状态函数熵，把热力学第一定律和热力学第二定律引入的两个状态函数 U 和 S 联系了起来，因而是热力学第一定律和热力学第二定律的联合公式，也是平衡热力学中最基本的方程，称为热力学基本方程。

2.1.4.5 Gibbs 自由能

假设系统从温度为 T_{sur} 的热源吸收热量 δQ，将热力学第一定律的公式 $\delta Q = \mathrm{d}U - \delta W$ 代入热力学第二定律基本公式（2-12），整理可得：

$$-\delta W \leqslant -(\mathrm{d}U - T_{\mathrm{sur}}\mathrm{d}S) \tag{2-15}$$

式（2-15）中的 W 表示一切功，可分为膨胀功 W_{e} 和除膨胀功以外所有其他形式的功 W_{f}。因此，在等温条件下，由式（2-15）可得：

$$-\delta W_{\mathrm{e}} - \delta W_{\mathrm{f}} \leqslant -(\mathrm{d}U - T\mathrm{d}S) \tag{2-16}$$

若系统处于等压条件下，则式（2-16）可写作：

$$-p\mathrm{d}V - \delta W_{\mathrm{f}} \leqslant -(\mathrm{d}U - T\mathrm{d}S) \tag{2-17}$$

移项整理可得：

$$-\delta W_{\mathrm{f}} \leqslant -\mathrm{d}(U + pV - TS) \tag{2-18}$$

或

$$-\delta W_{\mathrm{f}} \leqslant -\mathrm{d}(H - TS) \tag{2-19}$$

定义

$$G = H - TS \tag{2-20}$$

则有　　　　　　　　　　　　$-\delta W_f \leqslant -dG$　　或　　$dG \leqslant \delta W_f$　　　　　　（2-21）

　　G 称为 Gibbs 自由能，也称为 Gibbs 函数。式（2-21）表明：在等温和等压条件下，封闭系统所能做的最大非膨胀功等于其 Gibbs 自由能的减少。对于不可逆过程，所做的非膨胀功小于系统的 Gibbs 自由能的减少。Gibbs 自由能是系统的性质，是状态函数，ΔG 的值只决定于系统的始态和末态，与变化的途径无关。

　　在一定条件下可以利用式（2-21）判别自发变化的方向。系统在等温、等压且不做其他功的条件下，有

$$\Delta G \leqslant 0 \qquad\qquad\qquad (2-22)$$

　　式（2-22）中的等号适用于可逆过程，小于号适用于自发的不可逆过程。在上述条件下，若对系统任其自然，则自动变化总是向着 Gibbs 自由能减少的方向进行，直到达到平衡为止。由于通常化学反应大都是在等温、等压下进行的，故式（2-22）广泛用于判断热力学中化学反应的方向。

　　对于标准状态下化学反应的 Gibbs 自由能变化成为标准 Gibbs 自由能变化，用符号 $\Delta G^{\ominus}$ 表示。ΔG 和 $\Delta G^{\ominus}$ 之间的关系符合热力学等温方程，可以表示为：

$$\Delta G = \Delta G^{\ominus} + RT\ln J_a \qquad\qquad (2-23)$$

其中　　　　　　　　　　　　$\Delta G^{\ominus} = -RT\ln K_a$　　　　　　　　　（2-24）

式中，J_a 是实际条件下化学反应产物组分与反应物组分的广义活度比，K_a 为平衡常数。式（2-23）和式（2-24）经常用于冶金过程中化学反应方向和限度的判断。

2.1.5　热力学第三定律

　　1902 年 T. W. Richard 研究了低温电池反应的 ΔH 和 ΔG 与温度的关系，发现温度逐渐降低时，ΔH 和 ΔG 有逐渐趋于相等的趋势，用公式表示可写为：

$$\lim_{T \to 0}(\Delta G - \Delta H) = 0 \qquad\qquad (2-25)$$

　　1906 年能斯特系统地研究了低温下凝聚系统的化学反应，提出假定：当温度趋于 0K 时，在等温过程中凝聚态反应系统的熵不变。即

$$\lim_{T \to 0}\left(-\frac{\partial \Delta G}{\partial T}\right)_p = \lim_{T \to 0}(\Delta S)_T = 0 \qquad (2-26)$$

　　式（2-26）通常被称为 Nernst 热定理，文字表述为：在温度趋于热力温度 0K 时的等温过程中，系统的熵值不变。但是能斯特并没有明确提出 0K 时纯物质的熵的绝对值是多少。

　　1912 年 M. Planck 把 Nernst 热定理推进了一步，假定 0K 时，纯凝聚态的熵值等于零，即

$$\lim_{T \to 0} S = 0 \tag{2-27}$$

1920 年 Lewis 和 Gibson 重新做了界定，指出式（2-27）的假定适用于完整晶体。完整晶体是指晶体中的原子或分子只有一种有序排列形式。至此，热力学第三定律形成，可以表示为：在 0K 时，任何完整晶体的熵等于零。1912 年能斯特根据热定理，提出了绝对零度不可能达到原理，这被认为是热力学第三定律的另一种表述方法。

2.2 氧化物还原的基本原理

对于氧化物生成反应 $i + O_2 = iO_2$，反应的标准 Gibbs 自由能变 $\Delta G_m^{\ominus} = \Delta G_{iO_2}^{\ominus}$，$\Delta G_{iO_2}^{\ominus}$ 称为氧化物的氧势，其大小在数值上等于 1mol O_2 与元素化合时反应的标准 Gibbs 自由能变化。$|\Delta G_{iO_2}^{\ominus}|$ 愈大，表明元素 i 与氧结合的能力愈强。

任一氧化物被还原剂还原的化学反应通常可表示为：

$$MO + B = M + BO$$

$$\Delta_r G_m^{\ominus} = \frac{1}{2} \Delta G_{BO}^{\ominus} - \frac{1}{2} \Delta G_{MO}^{\ominus} \tag{2-28}$$

式中，MO 表示被还原的氧化物；B 表示还原剂；M 表示氧化物被还原得到的产物；BO 表示还原剂夺取氧化物中的氧后被氧化得到的产物；$\Delta_r G_m^{\ominus}$ 为反应式（2-28）的标准 Gibbs 自由能变化；$\Delta G_{BO}^{\ominus}$ 为 BO 的氧势；$\Delta G_{MO}^{\ominus}$ 为 MO 的氧势。

BO 和 MO 的形成-分解反应在体系中同时进行。当 $\Delta_r G_m^{\ominus} \leqslant 0$，即 $\Delta G_{BO}^{\ominus} \leqslant \Delta G_{MO}^{\ominus}$ 时，还原剂 B 夺取 MO 中的氧，形成 BO，氧化物 MO 被还原；$\Delta_r G_m^{\ominus} = 0$ 所对应的温度称为还原剂 B 还原氧化物 MO 的开始温度，它即是氧势图中该两种氧化物的氧势线相交的温度。因此，根据某氧化物的氧势线与还原剂的氧势线的相对位置，即可判断标准状态下该氧化物被该还原剂还原的可能性和还原的起始温度。标准状态下氧化物 MO 能被还原剂 B 还原的热力学条件是 $\Delta G^{\ominus} < 0$ 或 $\Delta G_{BO}^{\ominus} < \Delta G_{MO}^{\ominus}$，这反映在氧势图中就是下面氧化物对应的元素能作为还原剂去还原上面的氧化物。

图 2-1 给出了各种氧化物的氧势与温度的关系，即 Ellingham 图。由图可以发现 CO 和 CO_2 的氧势线斜率为负值，而绝大多数氧化物的氧势线斜率都是正值。因此，只要温度足够高，绝大多数氧化物的氧势线必然与 CO 的氧势线相交，交点所对应的温度就是碳还原该氧化物的温度，这表明碳可以还原绝大多数氧化物。

上面仅是从标准状态下的还原反应得出的热力学条件。实际上，还原反应并不一定是在标准状态下进行的，被还原的物质和还原出来的单质也并非纯态，而是与其他物质形成的复杂化合物。在这种情况下，需利用化学反应的等温方程来

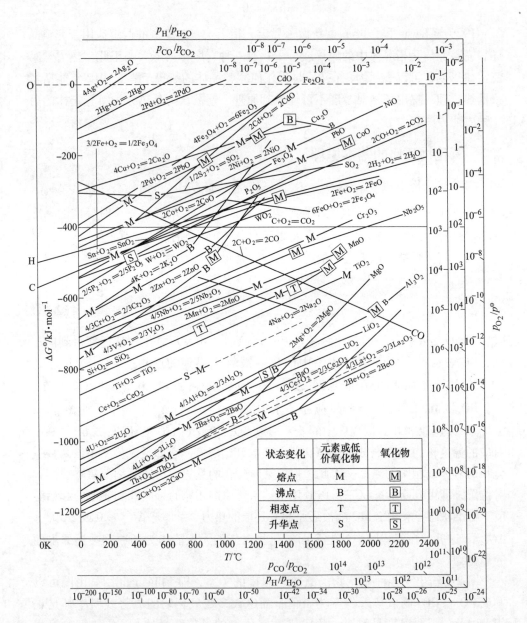

图 2-1　Ellingham 图

确定还原的温度条件。需要指出的是，非标准状态下的热力学分析非常复杂，同时矿石深度还原体系也极其复杂，若在非标准状态下对矿石深度还原进行热力学分析难以进行，故我们假定难选铁矿石深度还原在标准状态下发生，在此基础上对其进行热力学分析。

2.3 深度还原过程热力学分析

2.3.1 碳的气化反应

难选铁矿石深度还原使用的还原剂为普通煤粉，煤含有固定碳、挥发分、灰分和水分，其中固定碳为主要成分。煤粉受热时，挥发分和水分迅速呈气态逸出。因此，我们只考虑固定碳参与的还原反应；而挥发分中的甲烷、氢及其他碳氢化合物均不予考虑。碳与氧体系可能存在的化学反应如下：

$$C(s) + O_2 === CO_2(g) \tag{2-29}$$
$$2C(s) + O_2 === 2CO(g) \tag{2-30}$$
$$C(s) + CO_2(g) === 2CO(g) \tag{2-31}$$

当氧过剩时，O_2 和 CO_2 是气相中的主要成分。而当碳过剩时，气相平衡成分受反应式（2-31）控制。式（2-31）称为碳的气化反应，在有固体碳参加的还原过程起着重要作用。

采用热力学软件 HSC Chemistry 6.0 中的 Reaction Equation 模块对以上反应的标准 Gibbs 自由能变化进行计算，结果如图 2-2 所示。由图可知，随着温度的升高，反应式（2-29）~式（2-31）的 $\Delta G^{\ominus}$ 逐渐减下，说明温度越高上述反应发生的趋势越大。在 400~1600K 温度范围内，反应式（2-29）和式（2-30）的 $\Delta G^{\ominus}<0$，表明反应可以进行。当温度高于 850K 时，反应式（2-31）的 Gibbs 自由能变化开始小于 0，故碳的气化反应发生所需的条件是温度高于 850K。从图 2-2 还可以看出，低温下（850K 以下）煤粉中的碳主要氧化为 CO_2，高温下（850K 以上）碳主要氧化为 CO。

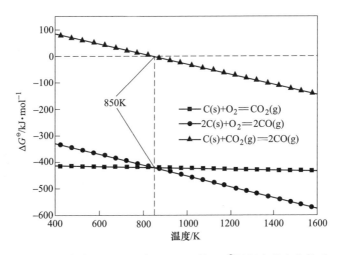

图 2-2 反应式（2-29）~式（2-31）的 $\Delta G^{\ominus}$ 随温度的变化关系

　　难选铁矿石深度还原的温度一般要高于 1273K，并且还原过程中碳处于过量状态，因此碳的气化反应在还原过程中发挥着重要作用。根据软件计算得出的反应平衡常数，计算出标准状态下碳的气化反应平衡曲线如图 2-3 所示。由图可以发现，平衡曲线把图面分为两个区域，曲线的左侧为 CO 的分解区域，反应式（2-31）向 CO 分解方向进行，曲线的右侧为 CO 的形成区域，反应式（2-31）向生成 CO 的方向进行。温度对碳的气化反应影响显著，温度越高，气相中 CO 的浓度越大。在 873~1173K 温度范围内，温度对碳的气化影响最为剧烈，当温度高于 1273K 时，气相中 CO 的浓度接近 100%。由此可知，矿石深度还原过程中，CO 作为一种气体还原剂参与了矿物的还原。同时，可以通过适当地提高还原温度来增强还原气氛，实现促进铁矿物还原的目的。

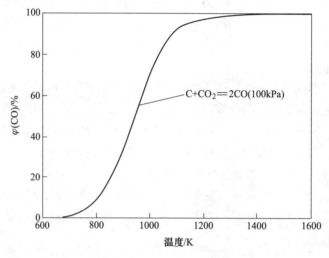

图 2-3　碳的气化反应平衡曲线

2.3.2　铁矿物的还原

　　由难选铁矿矿石的性质可知，铁矿石中的铁矿物主要为赤铁矿、褐铁矿、磁铁矿和菱铁矿。高温下菱铁矿发生热分解，转化为铁的氧化物。因此，矿石中铁矿物的还原即是铁氧化物的还原。铁氧化物及碳氧化物的标准生成 Gibbs 自由能变化随温度的变化关系如图 2-4 所示。由图可知，Fe_2O_3、Fe_3O_4 和 FeO 被固体碳还原的最低起始温度分别为 928K、993K 和 995K。铁氧化物的标准生成 Gibbs 自由能变化随着温度的升高逐渐变大，这表明温度越高，铁氧化物越容易被还原。

　　实际上，将铁矿石中的铁氧化物还原是相当复杂的，尤其是以煤粉作为还原剂。还原过程中不仅包括矿石颗粒和煤粉颗粒接触面上发生的固-固相反应（直接还原），还包括 CO 与铁氧化物之间发生的气-固相反应（间接还原）。整个还

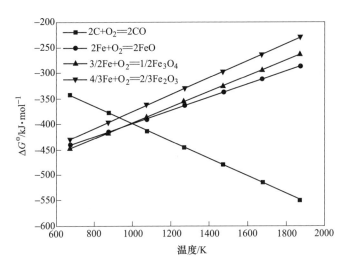

图 2-4　铁和碳的氧化物标准生成 Gibbs 自由能变化

原过程中以间接反应为主要反应。在实际生产中，高温下还原反应进行得相当剧烈，这也证明了气-固相反应为主要反应。

　　理论和实践均已表明，铁氧化物的还原是由高价氧化物向低价氧化物逐级进行的。当温度低于 843K 时，铁氧化物以 $Fe_2O_3 \rightarrow Fe_3O_4 \rightarrow Fe$ 的顺序被还原；当温度高于 843K 时，铁氧化物按照 $Fe_2O_3 \rightarrow Fe_3O_4 \rightarrow FeO \rightarrow Fe$ 的顺序被还原。深度还原的温度在 1273K 以上，矿石中的铁主要以氧化物 Fe_2O_3 的形式存在，故利用碳的燃烧反应和铁氧化物的生成反应组合，得出深度还原过程中各级铁氧化物可能发生的还原反应如下：

$$3Fe_2O_3(s) + C(s) =\!=\!= 2Fe_3O_4(s) + CO(g) \tag{2-32}$$

$$Fe_3O_4(s) + C(s) =\!=\!= 3FeO(s) + CO(g) \tag{2-33}$$

$$FeO(s) + C(s) =\!=\!= Fe(s) + CO(g) \tag{2-34}$$

$$3Fe_2O_3(s) + CO(g) =\!=\!= 2Fe_3O_4(s) + CO_2(g) \tag{2-35}$$

$$Fe_3O_4(s) + CO(g) =\!=\!= 3FeO(s) + CO_2(g) \tag{2-36}$$

$$FeO(s) + CO(g) =\!=\!= Fe(s) + CO_2(g) \tag{2-37}$$

　　利用 HSC Chemistry 6.0 软件对上述反应的标准 Gibbs 自由能变化进行计算，结果如图 2-5 所示。由图 2-5 可知，在深度还原温度范围内反应式（2-32）~式（2-36）的 $\Delta G^{\ominus} < 0$，故反应式（2-32）~式（2-36）可以发生。然而，反应式（2-37）的 $\Delta G^{\ominus} > 0$，表明在标准状态下反应式（2-37）不能发生。但是在实际还原过程中，判断反应能否正向进行应利用化学反应的等温方程，即反应式（2-37）的 Gibbs 自由能变化通过下式进行计算：

$$\Delta G = \Delta G^{\ominus} + RT\ln\left(\frac{p_{CO_2}}{p_{CO}}\right) \tag{2-38}$$

式中，ΔG 为反应式（2-37）实际条件下的 Gibbs 自由能变化；$\Delta G^{\ominus}$ 为标准 Gibbs 自由能变化；R 为气体常数；T 为绝对温度；p_{CO_2} 为 CO_2 的分压；p_{CO} 为 CO 的分压。由此可知，反应式（2-37）能否发生不单由 $\Delta G^{\ominus}$ 大小决定，还与体系内 CO 与 CO_2 的比例有关。

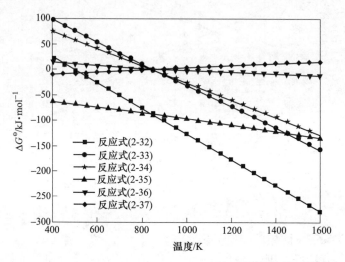

图 2-5　反应式（2-32）~式（2-37）的 $\Delta G^{\ominus}$ 随温度的变化关系

　　如前所述，难选铁矿石深度还原过程中，固体碳和 CO 均参与铁矿物的还原反应，碳的气化反应发挥着重要作用。故此，根据热力学软件计算得到的反应式（2-29）~式（2-37）的平衡常数及平衡常数与气相成分的关系，可以绘制出铁氧化物还原的平衡图，如图 2-6 所示。

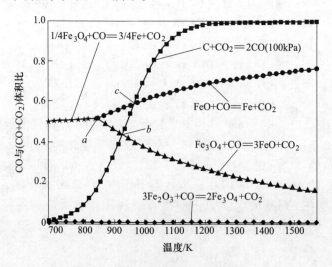

图 2-6　铁氧化物还原的平衡图

由图 2-6 可以看到，反应 $Fe_2O_3+CO = 2Fe_3O_4+CO_2$ 的曲线非常接近横轴，这表明微量 CO 即可使 Fe_2O_3 还原为 Fe_3O_4，该反应非常容易发生。反应 $1/4Fe_3O_4+CO = 3/4Fe+CO_2$、$Fe_3O_4+CO = 3Fe+CO_2$ 和 $FeO+CO = Fe+CO_2$ 的曲线在 843K 处相交于 a 点，说明温度低于 843K 时，铁氧化物还原不经过 FeO 阶段，而当温度高于 843K 时，铁氧化物还原经过 FeO 阶段，这一结果与前文分析一致。碳的气化曲线分别与两个间接还原反应的曲线交于 b、c 两点。b 点的坐标为 $\varphi(CO)/\varphi(CO+CO_2) \approx 0.42$，$T \approx 950K$，950K 是反应式（2-36）的起始温度；$c$ 点的坐标为 $\varphi(CO)/\varphi(CO+CO_2) \approx 0.62$，$T \approx 992 \sim 1010K$，992 ~ 1010K 是反应式（2-37）的起始温度。深度还原的温度在 c 点对应的温度以上，由于有过量碳存在，体系的 $CO/(CO+CO_2)$（体积比）高于 0.62，因此铁氧化物将发生 $Fe_2O_3 \rightarrow Fe_3O_4 \rightarrow FeO \rightarrow Fe$ 的转变，当体系达到平衡时，在这一温度区间内最终稳定存在的是金属铁。

根据铁矿物深度还原热力学分析可知，固体碳和 CO 均参与了还原反应，碳的气化发挥着重要作用，即实际还原过程中间接还原发挥着主要作用，这就为深度还原创造了良好的动力学条件。铁氧化物按照 $Fe_2O_3 \rightarrow Fe_3O_4 \rightarrow FeO \rightarrow Fe$ 的顺序逐级被还原，要想得到稳定的金属铁产物，还原温度必须高于 1000K。

2.3.3 非铁氧化物的还原

难选铁矿石中非铁矿物主要有石英、鲕绿泥石、白云石、长石和黑云母，这些矿物的主要化学成分为 SiO_2、Al_2O_3、CaO 和 MgO。由于实际矿物的热力学数据相对匮乏，难以对其进行热力学计算，因此需要对矿物进行简化。在高温过程中，上述矿物有些会发生分解，生成相应的氧化物。因此，为了便于分析，在热力学计算过程中将上述矿物看作 SiO_2、Al_2O_3、CaO 和 MgO 单体氧化物来处理。

碳和 CO 还原 SiO_2、Al_2O_3、CaO、MgO 可能发生的反应如下：

$$SiO_2(s) + 2C(s) = Si(s) + 2CO(g) \tag{2-39}$$

$$SiO_2(s) + 2CO(g) = Si(s) + 2CO_2(g) \tag{2-40}$$

$$Al_2O_3(s) + 3C(s) = 2Al(s) + 3CO(g) \tag{2-41}$$

$$Al_2O_3(s) + 3CO(g) = 2Al(s) + 3CO_2(g) \tag{2-42}$$

$$CaO(s) + C(s) = Ca(s) + CO(g) \tag{2-43}$$

$$CaO(s) + CO(g) = Ca(s) + CO_2(g) \tag{2-44}$$

$$MgO(s) + C(s) = Mg(s) + CO(g) \tag{2-45}$$

$$MgO(s) + CO(g) = Mg(s) + CO_2(g) \tag{2-46}$$

利用 HSC Chemistry 6.0 软件对上述反应的标准 Gibbs 自由能变化进行计算，结果如图 2-7 所示。从图 2-7 可以发现，当温度低于 1600K 时，反应式（2-39）~式（2-46）的标准 Gibbs 自由能变化均明显地大于零，这表明标准状态下反应式（2-39）~式（2-46）均不能自发进行。由此可见，CaO、MgO、SiO_2、Al_2O_3

在铁矿石深度还原过程中（1273~1573K）均不可能被碳或 CO 还原成对应的单质。

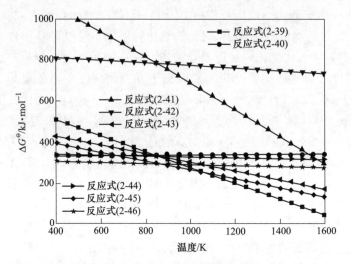

图 2-7　反应式（2-39）~式（2-46）的 $\Delta G^{\ominus}$ 随温度的变化关系

2.3.4　铁复杂化合物的生成与还原

根据铁矿物的还原热力学分析可知，深度还原过程中，铁氧化物还原必须经过 FeO 阶段。在高温还原气氛下 FeO 具有较高的活性，所以可以推测，在还原过程中，铁矿物及其还原中间产物还可能与矿中的 SiO_2、Al_2O_3、CaO 等氧化物发生固相反应，生成铁橄榄石（$2FeO \cdot SiO_2$）、铁尖晶石（$FeO \cdot Al_2O_3$）、铁酸钙（$2CaO \cdot Fe_2O_3$）等铁复杂化合物。可能发生的反应如下：

$$2CaO(s) + Fe_2O_3(s) =\!=\!= 2CaO \cdot Fe_2O_3(s) \qquad (2-47)$$

$$CaO(s) + Fe_2O_3(s) =\!=\!= CaO \cdot Fe_2O_3(s) \qquad (2-48)$$

$$2FeO(s) + SiO_2(s) =\!=\!= 2FeO \cdot SiO_2(s) \qquad (2-49)$$

$$FeO(s) + SiO_2(s) =\!=\!= FeSiO_3(s) \qquad (2-50)$$

$$FeO(s) + Al_2O_3(s) =\!=\!= FeO \cdot Al_2O_3(s) \qquad (2-51)$$

反应式（2-47）~式（2-51）的标准 Gibbs 自由能变化与温度的关系如图 2-8 所示。由图可知，在深度还原温度范围内（1273~1573K），上述反应的 $\Delta G^{\ominus}$ 都小于零，这表明在深度还原过程中上述反应都有可能发生。然而，实际上矿石中 CaO 和 Al_2O_3 含量较低，SiO_2 含量较高，因此推断还原过程中主要形成铁橄榄石。

由于深度还原过程中，还原体系始终处于还原气氛，所以到达一定还原时间后，还原过程中生成的铁复杂化合物将有可能被还原。因此针对深度还原过程

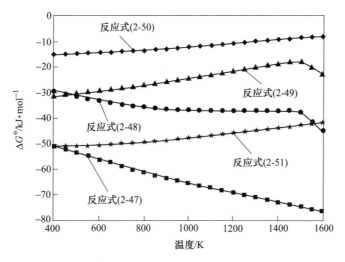

图 2-8 反应式（2-47）~式（2-51）的 $\Delta G^{\ominus}$ 随温度的变化关系

中，固相反应生成的铁复杂化合物，对其还原进行热力学分析，可能发生的化学反应如下：

$$2FeO \cdot SiO_2(s) + 2CO(g) = 2Fe(s) + SiO_2(s) + 2CO_2(g) \qquad (2\text{-}52)$$

$$FeSiO_3(s) + CO(g) = Fe(s) + SiO_2(s) + CO_2(g) \qquad (2\text{-}53)$$

$$FeO \cdot Al_2O_3(s) + CO(g) = Fe(s) + Al_2O_3(s) + CO_2(g) \qquad (2\text{-}54)$$

$$2CaO \cdot Fe_2O_3(s) + 3CO(g) = 2Fe(s) + 2CaO(s) + 3CO_2(g) \qquad (2\text{-}55)$$

$$CaO \cdot Fe_2O_3(s) + 3CO(g) = 2Fe(s) + CaO(s) + 3CO_2(g) \qquad (2\text{-}56)$$

$$2FeO \cdot SiO_2(s) + 2C(s) = 2Fe(s) + SiO_2(s) + 2CO(g) \qquad (2\text{-}57)$$

$$FeSiO_3(s) + C(s) = Fe(s) + SiO_2(s) + CO(g) \qquad (2\text{-}58)$$

$$FeO \cdot Al_2O_3(s) + C(s) = Fe(s) + Al_2O_3(s) + CO(g) \qquad (2\text{-}59)$$

$$2CaO \cdot Fe_2O_3(s) + 3C(s) = 2Fe(s) + 2CaO(s) + 3CO(g) \qquad (2\text{-}60)$$

$$CaO \cdot Fe_2O_3(s) + 3C(s) = 2Fe(s) + CaO(s) + 3CO(g) \qquad (2\text{-}61)$$

深度还原过程中生成的铁复杂化物被进一步还原反应的标准 Gibbs 自由能变化与温度的关系如图 2-9 所示。由图可以看到，在 1273~1600K 温度范围内，用 CO 还原生成的 $2FeO \cdot SiO_2$、$FeSiO_3$、$FeO \cdot Al_2O_3$、$2CaO \cdot Fe_2O_3$ 和 $CaO \cdot Fe_2O_3$ 的反应的 $\Delta G^{\ominus}$ 均为正值，说明反应式（2-52）~式（2-56）在深度还原过程中是不可能发生的。然而，碳还原上述复杂化合物的反应的 $\Delta G^{\ominus}$ 小于零，这表明反应式（2-57）~式（2-61）是可以正向进行的，并且随着温度的升高，还原反应式（2-57）~式（2-61）的 $\Delta G^{\ominus}$ 逐渐降低，这说明温度越高这些反应发生的趋势越大。从图中还可以看出，在深度还原温度范围内，反应式（2-57）~式（2-61）的 $\Delta G^{\ominus}$ 的由小到大依次为 $CaO \cdot Fe_2O_3$、$2CaO \cdot Fe_2O_3$、$2FeO \cdot SiO_2$、$FeSiO_3$、

$FeO \cdot Al_2O_3$。据此可以推断，铁复杂化合物被碳还原的优先顺序为 $CaO \cdot Fe_2O_3$、$2CaO \cdot Fe_2O_3$、$2FeO \cdot SiO_2$、$FeSiO_3$、$FeO \cdot Al_2O_3$。

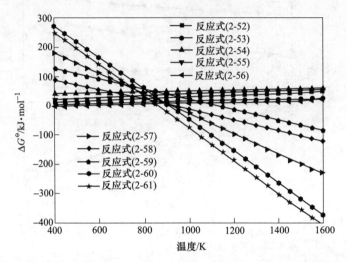

图 2-9　反应式（2-52）~ 式（2-61）的 $\Delta G^{\ominus}$ 与温度的关系

2.3.5　磷矿物的还原

难选铁资源中部分铁矿石有害元素磷的含量往往偏高。磷元素在铁矿石中通常以磷灰石类矿物的形式存在，主要有氟磷灰石、羟基磷灰石、氯磷灰石、碳磷灰石等。这些磷灰石是磷酸钙 $Ca_3(PO_4)_2$ 和 CaF_2、$CaCl_2$、$Ca(OH)_2$ 等形成的复盐，其主要成分均为 $Ca_3(PO_4)_2$。因此，还原过程中将磷矿物视为 $Ca_3(PO_4)_2$ 进行热力学分析。由 Ellingham 图（见图 2-1）可以发现，$4/5P + O_2 = 2/5P_2O_5$ 和 $2Fe + O_2 = 2FeO$ 的氧势线比较接近，因此高炉炼铁时，原料中的磷几乎全部被还原进入铁水。

磷酸盐在 1473~1773K 时就可以被碳还原，生成单质磷。由于 SiO_2 的存在，磷酸盐的反应可以加速，磷酸盐被矿石中的 SiO_2 置换出自由态的 P_2O_5，然后 P_2O_5 再被固体碳还原为磷单质溶入铁粉。利用 C 的燃烧反应和磷酸盐、硅酸钙生成反应组合，得出 C 还原磷酸盐的反应如下：

$$Ca_3(PO_4)_2(s) + 5C(s) === 3CaO(s) + P_2(g) + 5CO(g) \qquad (2-62)$$

$$Ca_3(PO_4)_2(s) + 3SiO_2(s) + 5C(s) === 3(CaO \cdot SiO_2)(s) + P_2(g) + 5CO(g)$$
$$(2-63)$$

$$Ca_3(PO_4)_2(s) + 2SiO_2(s) + 5C(s) === 3CaO \cdot 2SiO_2(s) + P_2(g) + 5CO(g)$$
$$(2-64)$$

$$2Ca_3(PO_4)_2(s) + 3SiO_2(s) + 10C(s) \Longrightarrow 3(2CaO \cdot SiO_2)(s) + 2P_2(g) + 10CO(g)$$

$$(2-65)$$

反应式（2-62）~式（2-65）的标准 Gibbs 自由能变化与温度的关系如图 2-10 所示。由图 2-10 可知，反应式（2-62）~式（2-65）发生的起始温度分别为 1616K、1503K、1526K 和 1569K。这些反应的标准 Gibbs 自由能变化随着温度的升高迅速降低，这表明温度越高越有利于磷酸钙的还原。高磷鲕状赤铁矿石的自然碱度为 5.03，从 CaO-SiO$_2$ 系二元相图上讲，磷酸盐的反应产物应为 CaO·SiO$_2$。实际上，由于矿石中矿物分布不均导致各处碱度不同，因此上述各个反应均可能发生。具体磷矿物的还原以何种方式进行，需通过试验验证。深度还原温度范围为 1273~1573K，接近或超过反应式（2-62）~式（2-65）的起始温度，所以在深度还原过程中，部分胶磷矿会被还原为磷单质。

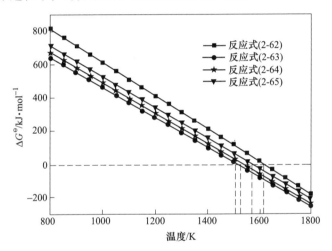

图 2-10 反应式（2-62）~式（2-65）的 $\Delta G^{\ominus}$ 与温度的关系

2.3.6 脉石矿物之间的反应行为

难选铁矿石深度还原过程中，不仅脉石矿物与铁氧化物发生反应生成复杂化合物，而且脉石矿物本身之间也可能发生反应。同样，为了便于分析，根据脉石矿物的主要成分，将脉石矿物简化为 SiO$_2$、Al$_2$O$_3$、CaO。将上述三种氧化物组合，得出深度还原体系中脉石矿物之间可能发生的反应如下：

$$CaO(s) + SiO_2(s) \Longrightarrow CaO \cdot SiO_2(s) \tag{2-66}$$

$$2CaO(s) + SiO_2(s) \Longrightarrow 2CaO \cdot SiO_2(s) \tag{2-67}$$

$$3CaO(s) + SiO_2(s) \Longrightarrow 3CaO \cdot SiO_2(s) \tag{2-68}$$

$$3CaO(s) + 2SiO_2(s) \Longrightarrow 3CaO \cdot 2SiO_2(s) \tag{2-69}$$

$$3CaO(s) + Al_2O_3(s) \Longrightarrow 3CaO \cdot Al_2O_3(s) \tag{2-70}$$

$$CaO(s) + Al_2O_3(s) \Longrightarrow CaO \cdot Al_2O_3(s) \tag{2-71}$$

$$CaO(s) + 2Al_2O_3(s) \Longrightarrow CaO \cdot 2Al_2O_3(s) \tag{2-72}$$

$$CaO(s) + 6Al_2O_3(s) \Longrightarrow CaO \cdot 6Al_2O_3(s) \tag{2-73}$$

$$Al_2O_3 + SiO_2(s) \Longrightarrow Al_2O_3 \cdot SiO_2(s) \tag{2-74}$$

$$3Al_2O_3 + 2SiO_2(s) \Longrightarrow 3Al_2O_3 \cdot 2SiO_2(s) \tag{2-75}$$

$$Al_2O_3(s) + 2SiO_2(s) \Longrightarrow Al_2O_3 \cdot 2SiO_2(s) \tag{2-76}$$

$$CaO(s) + Al_2O_3(s) + SiO_2(s) \Longrightarrow CaO \cdot Al_2O_3 \cdot SiO_2(s) \tag{2-77}$$

$$CaO(s) + Al_2O_3(s) + 2SiO_2(s) \Longrightarrow CaO \cdot Al_2O_3 \cdot 2SiO_2(s) \tag{2-78}$$

$$2CaO(s) + Al_2O_3(s) + SiO_2(s) \Longrightarrow 2CaO \cdot Al_2O_3 \cdot SiO_2(s) \tag{2-79}$$

图 2-11 给出了上述反应的标准 Gibbs 自由能变化与温度的关系。由图 2-11 可知，在深度还原温度范围内，除去反应式（2-76）的 $\Delta G^{\ominus}$ 为正值外，其余反应的 $\Delta G^{\ominus}$ 均小于零，这表明这些反应在还原过程中均有可能发生。然而，由于深度还原的物料为矿石，而矿石中各种矿物之间的分布不一定是均匀的，因此各种矿物之间虽然理论上能够发生反应，但实际上可能由于未相互接触而没有发生反应。所以，深度还原过程中究竟发生了上述哪些反应需要通过试验进一步验证。

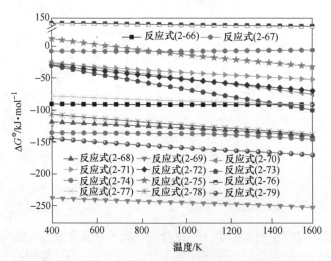

图 2-11　反应式（2-66）~式（2-79）的 $\Delta G^{\ominus}$ 与温度的关系

2.4　难选铁矿深度还原体系平衡组成模拟

　　近年来，计算机模拟在冶金领域中的应用越来越多，如果试验过程可以通过计算机进行计算和模拟，那么将起到事半功倍的效果。HSC Chemistry 和 FactSage 为化学热力学领域中应用广泛的两个计算软件。尽管采用热力学软件进行模拟计算存在误差，但是计算结果仍然可以从热力学角度为试验设计提供指导。

FactSage 创立于 2001 年，是加拿大 Thermfact/CRCT 和德国 GTT-Technologies 超过 20 年合作的结晶，已成为化学热力学领域中世界上集成数据库最大的计算系统之一。FactSage 数据库内容丰富，包含数千种纯物质数据库，以及优化过的数百种金属溶液、氧化物液相与固相溶液、硫、熔盐、水溶液等溶液数据库。FactSage 计算功能强大，用户不仅可以进行多种约束条件下的多元多相平衡计算，还可进行相图、优势区图、电位-pH 图的计算与绘制。目前，FactSage 已经拥有数百个工业、政府和学术领域的用户，应用范围包括材料科学、火法冶金、湿法冶金、电冶金、腐蚀、玻璃工业、燃烧、陶瓷、地质等。

HSC Chemistry 热力学软件由芬兰 Outokumpu 研发中心开发研制，该软件包含 22 个模拟计算模块，拥有超过 2 万种无机物的详细热力学性质，其热力学数据主要参考 Barner 手册。HSC Chemistry 热力学软件中的 Equilibrium Composition 模块的计算依据是最小 Gibbs 自由能原理，具体为，首先拟合出体系中各相的热力学性质表达式，在满足产物平衡方程的前提下使恒温、恒压体系的 Gibbs 自由能最小，从而得到体系的平衡相组成。只要将原始物质的种类、数量、状态以及在随后变化过程中可能出现的相输入软件，就可以获得在一定压力和温度条件下的平衡相组成。当然，HSC Chemistry 软件不是完美的，其缺点在于只包含了热力学计算而不考虑动力学因素，以及把反应物质都简化成理想的状态，这就造成计算结果与实际情况有一定偏差。

难选铁矿石中主要铁矿物为赤铁矿、褐铁矿、菱铁矿、磁铁矿，主要脉石矿物为石英、绿泥石、磷灰石和白云石。采用 HSC Chemistry 6.0 热力学软件对难选铁矿石深度还原体系平衡组成进行模拟计算，以期为深度还原过程优化提供依据。由于难选铁矿石中主要铁矿物为赤铁矿、褐铁矿、菱铁矿、磁铁矿，主要脉石矿物为石英、绿泥石、磷灰石和白云石，故计算过程中将上述物质的化学成分简化为 Fe_2O_3、SiO_2、Al_2O_3。基于从易到难、由简单到复杂的思路，依次对 Fe_2O_3-C、Fe_2O_3-SiO_2-C、Fe_2O_3-SiO_2-Al_2O_3-C、Fe_2O_3-SiO_2-Al_2O_3-CaO-C、Fe_2O_3-SiO_2-Al_2O_3-CaO-$Ca_3(PO_4)_2$-C 五个体系的热力学物相平衡组成进行计算。计算条件为：系统平衡总压力 100kPa，计算温度区间 873~1573K、C/O 摩尔比 1.5。

2.4.1 Fe_2O_3-C 体系

图 2-12 给出了 Fe_2O_3-C 体系在 873~1573K 温度范围内的平衡组成。由图 2-12 可以看出，当计算温度为 873K 时，Fe_2O_3 和 C 反应生成 Fe_3O_4、FeO 和金属铁；随着温度升高，Fe_3O_4 和 FeO 含量逐渐减少，金属铁含量逐渐增加，表明铁氧化物逐渐被还原为金属铁。873~1273K 之间，随温度升高，CO_2 的含量明显减少，CO 的生成量则迅速增加，同时这个区间也是金属铁大量生成的阶段。由此

可推断，在 873~1273K 之间，铁氧化物的还原剂主要是 CO。温度高于 1273K 后，物质组成逐渐趋于平衡，不再随温度升高发生改变，铁氧化物全部被还原为金属铁。因此，深度还原温度应该高于 1273K。由图 2-12 还可以得出，还原过程中铁氧化物的还原历程为 $Fe_2O_3 \rightarrow Fe_3O_4 \rightarrow FeO \rightarrow Fe$。

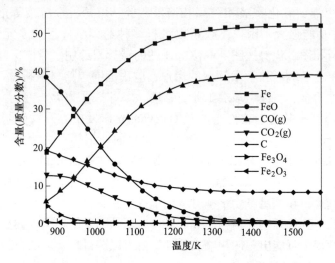

图 2-12　Fe_2O_3-C 体系平衡组成与温度关系

2.4.2　Fe_2O_3-SiO_2-C 体系

Fe_2O_3-SiO_2-C 体系在 873~1573K 温度范围内的平衡组成模拟计算结果如图 2-13 所示。由图 2-13 可知，在 Fe_2O_3-SiO_2-C 体系中，赤铁矿与石英和碳反应生

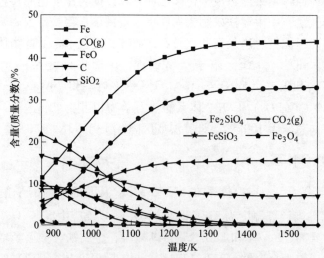

图 2-13　Fe_2O_3-SiO_2-C 体系平衡组成与温度关系

成的主要物质有 CO、CO_2、$2FeO \cdot SiO_2$、$FeSiO_3$ 和金属铁，这表明还原过程中，新生成的 FeO 与 SiO_2 发生反应生成了 $2FeO \cdot SiO_2$ 和 $FeSiO_3$；随着反应温度升高，$2FeO \cdot SiO_2$ 和 $FeSiO_3$ 的含量开始减少，SiO_2 的含量开始增加，这表明生成的 $2FeO \cdot SiO_2$ 和 $FeSiO_3$ 又被还原为金属铁和 SiO_2，并且温度越高，还原效果越好。上述结果与前文铁橄榄石生成与还原热力学分析一节的结果相吻合。当温度升高至 1323K 后，反应平衡组成不再随着温度升高而发生变化，这说明铁氧化物已反应完全。

2.4.3 Fe_2O_3-SiO_2-Al_2O_3-C 体系

图 2-14 显示了 Fe_2O_3-SiO_2-Al_2O_3-C 体系在 873~1573K 温度范围内的平衡组成。由图 2-14 可以发现，与 Fe_2O_3-SiO_2-C 体系相比（见图 2-12），Fe_2O_3-SiO_2-Al_2O_3-C 体系的差异表现在：在 873~1373K 温度区间，体系内生成了 $Fe_2Al_2O_4$，这表明铁氧化物还原的中间产物 FeO 会与 Al_2O_3 发生反应。当温度升高至 1073K 时，$Fe_2Al_2O_4$ 的含量开始减少，说明 $Fe_2Al_2O_4$ 开始被还原为金属铁和 Al_2O_3。同时可知，$Fe_2Al_2O_4$ 被还原的温度高于 $2FeO \cdot SiO_2$ 和 $FeSiO_3$，这表明铁尖晶石比铁橄榄石较难还原。上述结果与前文铁复杂化合物生成与还原热力学分析一节的结果相一致。由图 2-14 还可以发现，当温度升高到 1400K 之后，反应平衡组成趋于稳定，不再随温度升高而改变。

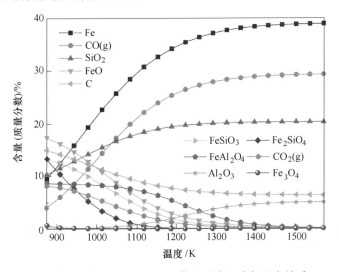

图 2-14 Fe_2O_3-SiO_2-Al_2O_3-C 体系平衡组成与温度关系

2.4.4 Fe_2O_3-SiO_2-Al_2O_3-CaO-C 体系

Fe_2O_3-SiO_2-Al_2O_3-CaO-C 体系在 873~1573K 温度范围内的平衡组成如图2-15

所示。由图 2-15 可以看到，和 Fe_2O_3-SiO_2-Al_2O_3-C 体系相比，Fe_2O_3-SiO_2-Al_2O_3-
CaO-C 体系产物中出现了 $CaSiO_3$ 和 $CaFe_2O_4$，表明体系中 CaO 和 SiO_2 发生反应
生成了 $CaSiO_3$，同时 CaO 与 Fe_2O_3 反应形成了 $CaFe_2O_4$。由图 2-15 还可以发现，
随着温度升高，$CaFe_2O_4$ 的含量逐渐减少，这表明 $CaFe_2O_4$ 被进一步还原为了金
属铁。此外，当温度高于 1425K 后，反应平衡组成基本不再随温度升高而发生
变化。

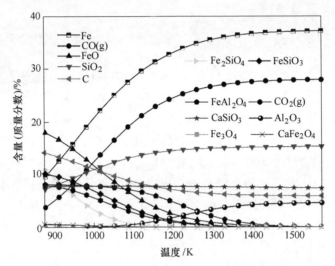

图 2-15　Fe_2O_3-SiO_2-Al_2O_3-CaO-C 体系平衡组成与温度关系

2.4.5　Fe_2O_3-SiO_2-Al_2O_3-CaO-$Ca_3(PO_4)_2$-C 体系

图 2-16 给出了 Fe_2O_3-SiO_2-Al_2O_3-CaO-$Ca_3(PO_4)_2$-C 体系的平衡组成模拟计算
结果。由图 2-16 可知，当温度高于 1223K 时，随着温度的升高，反应达到平衡
时 $Ca_3(PO_4)_2$ 的含量逐渐降低，同时金属铁含量开始减少，新出现了 Fe_3P、
Fe_2P 和 FeP 相，并且含量呈现逐渐升高趋势，$CaSiO_3$ 的含量也开始增加。上述
结果表明还原过程中，磷酸盐被还原为单质磷，还原生成的磷会在金属铁中富
集，形成铁-磷相。平衡相组成模拟计算 $Ca_3(PO_4)_2$ 开始还原的温度为 1223K，
明显低于热力学分析得出的温度 1503K。这可能是由于还原过程中，在
$Ca_3(PO_4)_2$ 开始还原之前体系内已有金属铁存在，而金属铁与磷单质极易发生反
应，从而促进了 $Ca_3(PO_4)_2$ 的还原。由图 2-16 还可以发现，当温度高于 1450K
后，各物质平衡组成基本不再随温度升高而改变。

纵向对比分析 Fe_2O_3-C、Fe_2O_3-SiO_2-C、Fe_2O_3-SiO_2-Al_2O_3-C、Fe_2O_3-SiO_2-
Al_2O_3-CaO-C、Fe_2O_3-SiO_2-Al_2O_3-CaO-$Ca_3(PO_4)_2$-C 五个体系的热力学物相平衡组
成模拟计算结果，可以得出：体系组分越多，反应平衡时的物相组成越复杂；随

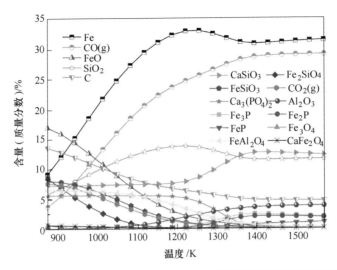

图 2-16 Fe_2O_3-SiO_2-Al_2O_3-CaO-$Ca_3(PO_4)_2$-C 体系平衡组成与温度关系

着组分数目增加，反应达到平衡时所需的最低温度逐渐升高，依次为 1273K、1323K、1400K、1425K、1450K。由此可以推断，难选铁矿石深度还原是一个极其复杂的过程，还原过程中不仅发生铁矿物的还原，而且脉石矿物之间也发生一系列的化学反应，矿石深度还原达到平衡所需的温度会更高。

2.5 磷矿物深度还原体系平衡组成模拟

深度还原过程中含磷矿物体系的反应平衡组成对于磷矿物还原反应的调控具有良好的指导意义。因此，采用 FactSage 热力学软件中的 Equilib 模块，对 $Ca_{10}(PO_4)_6F_2$-C、$Ca_{10}(PO_4)_6F_2$-CaO-C、$Ca_{10}(PO_4)_6F_2$-Al_2O_3-C、$Ca_{10}(PO_4)_6F_2$-SiO_2-C、$Ca_{10}(PO_4)_6F_2$-Fe_2O_3-C、$Ca_{10}(PO_4)_6F_2$-Al_2O_3-Fe_2O_3-C 和 $Ca_{10}(PO_4)_6F_2$-SiO_2-Fe_2O_3-C 七个体系的平衡相组成进行计算，计算选用 FToxid 和 FactPS 两个数据库，计算体系的压力为 1 个标准大气压。

2.5.1 $Ca_{10}(PO_4)_6F_2$-C 体系

图 2-17 给出了 $Ca_{10}(PO_4)_6F_2$-C 体系在 1273～1873K 温度范围内的平衡相组成。由图 2-17 可以看出，温度升高到 1448K 左右时，达到氟磷灰石分解所需的温度，当反应达到平衡时，氟磷灰石发生脱氟反应完全分解生成磷酸钙与氟化钙，在该过程中没有发生还原反应；当温度达到 1698K 左右时，氟磷灰石与体系中的碳反应生成氧化钙、氟化钙和磷单质，碳被氧化生成一氧化碳。

2.5.2 $Ca_{10}(PO_4)_6F_2$-CaO-C 体系

$Ca_{10}(PO_4)_6F_2$-CaO-C 体系在 1273～1873K 温度范围内的平衡组成模拟计算结

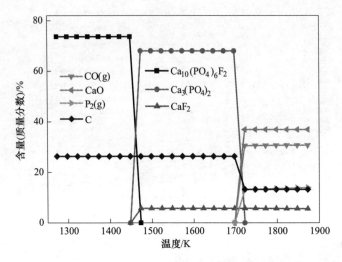

图 2-17　$Ca_{10}(PO_4)_6F_2$-C 体系平衡组成与温度关系

果如图 2-18 所示。对比图 2-17 与图 2-18 可发现，CaO 对氟磷灰石的还原没有影响，且随着温度升高 CaO 不会与体系中任何物质发生化学反应。有学者研究了 CaO 对高磷鲕状赤铁矿碳热还原脱磷的影响，结果表明 CaO 的加入能抑制高磷鲕状赤铁矿中磷矿物的还原，这是由于 CaO 会与高磷鲕状赤铁矿中的 SiO_2 反应生成硅酸钙，减少了体系中 SiO_2 的含量，而 SiO_2 能促进磷矿物的还原，因此 CaO 的加入间接影响磷矿物还原。而在 $Ca_{10}(PO_4)_6F_2$-CaO-C 模拟体系中没有 SiO_2 存在，因此在该体系中的 CaO 不能影响磷灰石的还原。

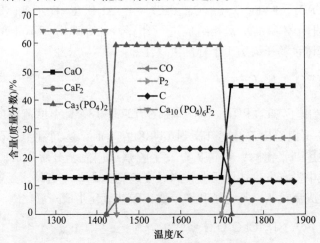

图 2-18　$Ca_{10}(PO_4)_6F_2$-CaO-C 体系平衡组成与温度关系

2.5.3 $Ca_{10}(PO_4)_6F_2$-Al_2O_3-C 体系

$Ca_{10}(PO_4)_6F_2$-Al_2O_3-C 体系在 1273~1873K 温度范围内的平衡组成模拟计算结果如图 2-19 所示。与图 2-17 对比可知，在氧化铝的作用下，氟磷灰石发生脱氟反应的起始温度不变，而发生还原反应的温度下降至 1498K 左右。在该体系中，当氟磷灰石被碳还原时，氟磷灰石与氧化铝和碳反应生成的主要物质有 CaF_2、CO、P_2 和铝酸钙，且随着温度的升高，不同形式铝酸钙生成的顺序为：$CaAl_{12}O_{19}$、$CaAl_4O_7$、$CaAl_2O_4$、$Ca_3Al_2O_6$。当计算温度达到 1823K 时，平衡相组成中铝酸钙消失，液相渣出现，该液相渣由 43%CaO 和 57%Al_2O_3 组成。

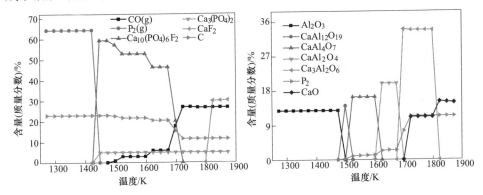

图 2-19 $Ca_{10}(PO_4)_6F_2$-Al_2O_3-C 体系平衡组成与温度关系

2.5.4 $Ca_{10}(PO_4)_6F_2$-SiO_2-C 体系

在二氧化硅作用下，氟磷灰石在 1273~1873K 温度范围内碳热还原的平衡相组成模拟计算结果如图 2-20 所示。在计算温度为 1473K 时，平衡相中已有磷单质和一氧化碳存在，这说明此时有部分氟磷灰石被碳还原。硅酸钙的生成降低了氟磷灰石的起始还原温度，且该体系比 $Ca_{10}(PO_4)_6F_2$-Al_2O_3-C 体系下氟磷灰石的起始还原温度更低，这表明二氧化硅比氧化铝对氟磷灰石还原的促进作用更显著。随着计算温度升高，被还原的氟磷灰石总量增加，生成的氟化钙和单质磷含量不断上升，且不同形式硅酸钙生成的顺序为：$CaSiO_3$、$Ca_3Si_2O_7$、Ca_2SiO_4、Ca_3SiO_5，其中 $Ca_3Si_2O_7$ 易与氟磷灰石的还原产物 CaF_2 反应生成 $Ca_4Si_2F_2O_7$。

2.5.5 $Ca_{10}(PO_4)_6F_2$-Fe_2O_3-C 体系

图 2-21 给出了 $Ca_{10}(PO_4)_6F_2$-Fe_2O_3-C 体系的深度还原平衡组成模拟计算结果。由图 2-21 可知，计算温度 1273~1873K 范围内，当体系达到平衡态时 Fe_2O_3

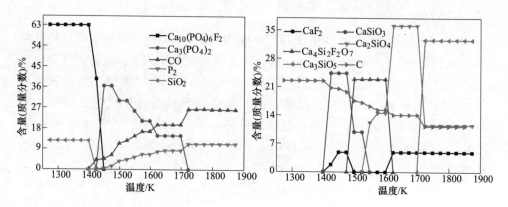

图 2-20　$Ca_{10}(PO_4)_6F_2$-SiO_2-C 体系平衡组成与温度关系

已被还原为铁单质，并与体系中多余的碳发生渗碳反应，生成 Fe_3C。当计算温度高于 1573K 时，在单质铁的促进下，氟磷灰石发生还原反应，生成 P_2 气体，而 P_2 极易与单质铁结合生成不同形式的磷化铁。随着计算温度升高，氟磷灰石的还原度上升，铁和磷化合生成不同形式磷化铁的顺序为：Fe_3P、Fe_2P、FeP_2。对比 $Ca_{10}(PO_4)_6F_2$-C 体系可知，单质铁能有效促进氟磷灰石的还原。

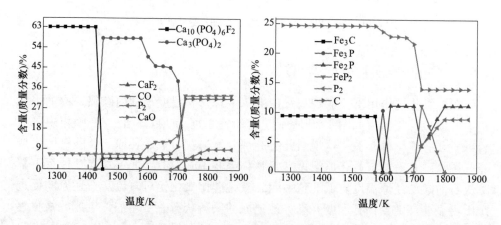

图 2-21　$Ca_{10}(PO_4)_6F_2$-Fe_2O_3-C 体系平衡组成与温度关系

2.5.6　$Ca_{10}(PO_4)_6F_2$-Al_2O_3-Fe_2O_3-C 体系

$Ca_{10}(PO_4)_6F_2$-Al_2O_3-Fe_2O_3-C 体系的深度还原平衡组成模拟计算结果如图 2-22 所示。由图 2-22 可知，在同时含有氧化铝和氧化铁的体系中，当温度低于氟磷灰石发生脱氟反应所需的温度 1448K 时，已有少量的氟磷灰石被还原，并有

$CaAl_{12}O_{19}$ 和 Fe_3P 生成。随着温度增加，氟磷灰石与氧化铝和金属铁的反应产物主要为 $CaAl_2O_4$ 和 Fe_xP。当温度高于 1673K 时，体系中有大量液相渣生成，液相渣主要由 Al_2O_3 和 CaO 组成。

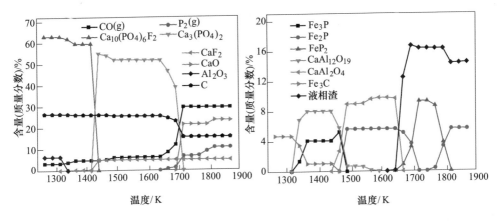

图 2-22　$Ca_{10}(PO_4)_6F_2$-Al_2O_3-Fe_2O_3-C 体系平衡组成与温度关系

2.5.7　$Ca_{10}(PO_4)_6F_2$-SiO_2-Fe_2O_3-C 体系

$Ca_{10}(PO_4)_6F_2$-SiO_2-Fe_2O_3-C 体系的深度还原平衡组成模拟计算结果如图 2-23 所示。由图 2-23 可知，当计算温度为 1273K 时，在二氧化硅与铁单质的促进下，当反应达到平衡时，该体系中已有氟磷灰石被还原并生成硅灰石（$CaSiO_3$）和 Fe_3P 等产物。随着温度升高，生成不同形式硅酸钙的顺序为：$CaSiO_3$、$Ca_4Si_2F_2O_7$、Ca_2SiO_4、Ca_3SiO_5。

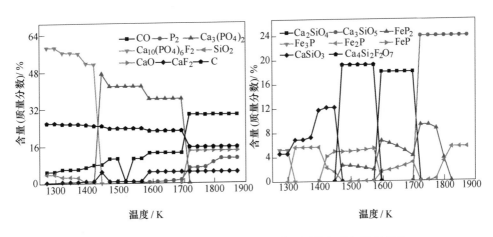

图 2-23　$Ca_{10}(PO_4)_6F_2$-SiO_2-Fe_2O_3-C 体系平衡组成与温度关系

参 考 文 献

[1] 傅献彩，沈文霞，姚天扬，等．物理化学［M].3 版．北京：高等教育出版社，2012.

[2] 黄希祜．钢铁冶金原理［M]．北京：冶金工业出版社，2011.

[3] 傅献彩，沈文霞，姚天扬，等．物理化学［M].5 版．北京：高等教育出版社，2017.

[4] 曹锡章，宋天佑，王杏乔．无机化学［M].3 版．北京：高等教育出版社，2016.

[5] Saint-Jean S J, Jons E, Lundgaard N, et al. Chlorellestadite in the preheater system of cement kilns as an indicator of HCl formation [J]. Cement and Concrete Research, 2005, 35 (3): 431~437.

[6] Barner H E, Scheurman R V. Handbook of Thermochemical Data for Compounds and Aqueous Species [M]. New York: John Wiley & Sons Inc. , 1978.

[7] 张光明，冯可芹，邓伟林，等．钒钛磁铁矿碳热合成铁基复合材料的热力学分析［J].四川大学学报（工程科学版），2012, 44 (4): 191~196.

[8] Roine A. HSC 2. 0 Chemical Reaction and Equilibrium Softwore with Extensive Thermochemical Database. Pori: Outokumpu Research，1994.

3 难选铁矿石深度还原动力学

将化学反应用于生产实践主要涉及两方面的问题:一是了解反应进行的方向、最大限度以及外界条件对平衡的影响;二是知道反应进行速率和反应的历程(即反应机理)。前者属于化学热力学的研究范围,后者属于化学动力学的研究范围。利用热力学原理能够确定反应过程进行的方向和限度,但不能确定反应的速率。某些反应热力学的可能性很大,但反应速率却很低,反应可能进行,然而实际上并不一定能发生,这就存在一个反应进行的速率及历程(即机理)的问题。要了解反应的速率、各种因素对反应速率的影响、反应过程的限制环节和反应的历程就必须进行反应的动力学研究。

铁氧化物还原动力学是提取冶金领域研究的主题之一,科研工作者对其开展了大量的研究工作。El-Geassy、Kim、Hou 和 Piotrowski 详细地研究了铁氧化物在 CO、H_2、CO-H_2 气氛下的还原动力学[1~4]。El-Geassy、Nasr、Khedr 和 Hessein 考察了添加剂(CaO、MgO、SiO_2、Al_2O_3、MnO、NiO、Cr_2O_3)对 Fe_2O_3 还原动力学的影响[5~9]。El-Geassy、Strezov、Liu、Sun 和 Park 研究了以碳(木炭、煤炭、焦炭)为还原剂的铁氧化物的还原动力学[10~14]。Park 和 Sahajwalla 从 Boudouard 反应和颗粒表面积变化着手,建立了描述铁氧化物碳还原机理的反应模型[14]。Sun 和 Lu 建立了铁矿石煤基还原的非等温动力学数学模型,该模型包含 19 个方程组[15]。Huang 和 Dutta 研究得出碳的气化在铁矿石还原过程中发挥着至关重要的作用[16,17]。El-Geassy 和 Sun 发现还原过程中,铁氧化物还原的机理发生改变,尤其是当以碳为还原剂时[10,18]。文献表明铁氧化物还原动力学及机理的研究非常广泛和深入。然而,铁氧化物还原动力学研究使用的试验原料多为高纯度的 Fe_2O_3 或高品位铁矿石。与 Fe_2O_3 或高品位铁矿石不同,难选铁矿石含有赤铁矿、褐铁矿、菱铁矿、石英、绿泥石、白云石等多种矿物,矿物组成及结构非常复杂,这就导致其还原过程更为复杂。因此,现有的动力学研究结果并不完全适于描述难选铁矿石深度还原过程,需要针对难选铁矿石深度还原过程开展深入系统的动力学研究工作。

3.1 化学反应动力学基础

3.1.1 动力学基本术语

(1)反应速率。在反应体系中,当反应开始后,反应物的数量随着时间延长不断减少，生成物的数量不断增加。因此，人们用单位时间内反应物浓度的减少或生成物浓度的增加来表示反应速率，通常用 r 表示，对于反应物 $r = -dc/dt$，对于生成物 $r = dc/dt$。

在大多数化学反应体系中，反应物的浓度随时间的变化往往不是线性关系；开始时反应物浓度大，反应速率较快；而到了反应后期，反应物浓度减小，反应速率较慢。但是也有些反应，在开始时需要有一定的诱导时间，此时反应速率极低，然后不断增加，达到最大值后因反应物的消耗而逐渐降低。

（2）基元反应和非基元反应。如果一个化学反应只有一个简单步骤（简单步骤是指在一次化学行为中就能完成反应），则称该反应为基元反应，也称为元反应。如果一个化学反应包含若干个简单反应步骤，则这种反应称为非基元反应。简言之，基元反应就是一步能完成的反应；非基元反应是许多基元反应的总和，亦称为总反应。

（3）反应速率方程。表示反应速率与浓度等参数之间的关系，或表示浓度等参数与时间关系的方程称为化学反应的速率方程，也称为动力学方程。反应速率方程可表示为微分式或积分式，具体形式必须通过实验来确定。

（4）活化能。Arrhenevis 在大量实验结果的基础上，提出了活化能的概念，并建立了反应速率与温度之间的关系，即

$$k(T) = A e^{\frac{-E_a}{RT}} \tag{3-1}$$

式中，$k(T)$ 是温度为 T 时的反应速率常数；R 为摩尔气体常数；A 为指前因子；E_a 为表观活化能，通常简称活化能。式（3-1）称为 Arrhenevis 公式。

Arrhenevis 认为，并不是反应分子之间的任何一次直接碰撞都能发生反应，只有那些能量足够高的分子之间的直接碰撞才能发生反应。这些能量高到能发生反应的分子称为活化分子。由非活化分子变成活化分子所需要的能量称为活化能。需要注意的是：在 Arrhenevis 公式中，把 E_a 看作是与温度无关的常数，这在一定的温度范围内与实验结果是相符的；但是对于实验温度范围过宽或对于较复杂的反应，Arrhenevis 公式并不适用。因此，在开展等温动力学研究时，应合理选择温度的区间。

3.1.2　常用动力学分析方法

动力学研究的目的主要有两个：一是了解反应的速率以及各因素对反应速率的影响，从而调控化学反应按人们所希望的速率进行；二是研究反应过程，找出决定反应速率的关键所在。动力学研究常用的研究手段主要有等温法和非等温法，两种方法的实质均是运用活化能、指前因子和机理函数对反应的动力过程进行描述。因此，活化能、指前因子和机理函数通常被称为动力学三因子。动力学研究也就是求解动力学三因子的过程。

3.1.2.1 等温法

等温条件下，均相或非均相化学反应的动力学方程可表示为：

$$r = \frac{\mathrm{d}\alpha}{\mathrm{d}t} = k(T)f(\alpha) \tag{3-2}$$

式中，$k(T)$ 为反应速率常数，是反应温度的函数，$\min^{-1}$；$f(\alpha)$ 为反应机理函数，描述反应过程的机理。如前文所述，难选铁矿石深度还原动力学研究未见报道，因此适用于难选铁矿石深度还原的动力学机理函数有待确定。

Vyazovkin 等[19]对等温热分析动力学数据计算进行了概括，指出积分法最适合用于热重数据处理。因此，我们采用积分法对难选铁矿石深度还原等温动力学数据进行分析。对式（3-2）排列积分可得式（3-3）：

$$G(\alpha) = \int_0^\alpha \frac{\mathrm{d}\alpha}{f(\alpha)} = \int_0^t k(T)\,\mathrm{d}t = k(T)t \tag{3-3}$$

式中，$G(\alpha)$ 为机理函数的积分形式。

由式（3-3）可知，机理函数可以通过考察 $G(\alpha)$ 与还原时间的线性关系得以确定。线性相关度最高的 $G(\alpha)$ 对应的 $f(\alpha)$ 即为深度还原的最佳机理函数，回归直线的斜率即为表观速率常数 $k(T)$。迄今为止，众多学者建立了许多不同的机理函数用于描述化学反应，这些函数可概括为 Avrami-Erofeev 方程、扩散模型、幂函数法则、收缩核模型和化学反应模型五大类[20~26]。我们选用 30 种常用的动力学机理函数对深度还原动力学数据进行分析。表 3-1 给出了 30 种常用的动力学机理函数的微分形式和积分形式。

表 3-1 常用的动力学机理函数的微分和积分形式

代码	反应模型	微分式 $f(\alpha)$	积分式 $G(\alpha)$
A_m	Avrami-Erofeev 方程	$m(1-\alpha)[-\ln(1-\alpha)]^{(m-1)/m}$	$[-\ln(1-\alpha)]^{1/m}$
A_1	$m=1$	$1-\alpha$	$-\ln(1-\alpha)$
A_2	$m=2$	$2(1-\alpha)[-\ln(1-\alpha)]^{1/2}$	$[-\ln(1-\alpha)]^{1/2}$
A_3	$m=3$	$3(1-\alpha)[-\ln(1-\alpha)]^{2/3}$	$[-\ln(1-\alpha)]^{1/3}$
A_4	$m=4$	$4(1-\alpha)[-\ln(1-\alpha)]^{3/4}$	$[-\ln(1-\alpha)]^{1/4}$
$A_{3/2}$	$m=3/2$	$\frac{3}{2}(1-\alpha)[-\ln(1-\alpha)]^{1/3}$	$[-\ln(1-\alpha)]^{2/3}$
$A_{1/4}$	$m=1/4$	$\frac{1}{4}(1-\alpha)[-\ln(1-\alpha)]^{-3}$	$[-\ln(1-\alpha)]^{4}$
$A_{1/3}$	$m=1/3$	$\frac{1}{3}(1-\alpha)[-\ln(1-\alpha)]^{-2}$	$[-\ln(1-\alpha)]^{3}$
$A_{1/2}$	$m=1/2$	$\frac{1}{2}(1-\alpha)[-\ln(1-\alpha)]^{-1}$	$[-\ln(1-\alpha)]^{2}$

代码	反应模型	微分式 $f(\alpha)$	积分式 $G(\alpha)$
R_m	收缩核模型	$m(1-\alpha)^{(m-1)/m}$	$1-(1-\alpha)^{1/m}$
$R_{1/2}$	$m=1/2$	$\dfrac{1}{2}(1-\alpha)^{-1}$	$1-(1-\alpha)^2$
$R_{1/3}$	$m=1/3$	$\dfrac{1}{3}(1-\alpha)^{-2}$	$1-(1-\alpha)^3$
$R_{1/4}$	$m=1/4$	$\dfrac{1}{4}(1-\alpha)^{-3}$	$1-(1-\alpha)^4$
R_2	$m=2$	$2(1-\alpha)^{1/2}$	$1-(1-\alpha)^{1/2}$
R_3	$m=3$	$3(1-\alpha)^{2/3}$	$1-(1-\alpha)^{1/3}$
R_4	$m=4$	$4(1-\alpha)^{3/4}$	$1-(1-\alpha)^{1/4}$
D_m	扩散模型	—	—
D_1	一维扩散	$\dfrac{1}{2}\alpha^{-1}$	α^2
D_2	2-D 扩散（Valensi）	$[-\ln(1-\alpha)]^{-1}$	$\alpha+(1-\alpha)\ln(1-\alpha)$
D_3	2-D 扩散（Jander）	$(1-\alpha)^{1/2}[1-(1-\alpha)^{1/2}]^{-1}$	$[1-(1-\alpha)^{1/2}]^2$
D_4	3-D 扩散（anti-Jander）	$\dfrac{3}{2}(1+\alpha)^{2/3}[(1+\alpha)^{1/3}-1]^{-1}$	$[(1+\alpha)^{1/3}-1]^2$
D_5	3-D 扩散（Z-L-T）	$\dfrac{3}{2}(1-\alpha)^{4/3}[(1-\alpha)^{-1/3}-1]^{-1}$	$[(1-\alpha)^{-1/3}-1]^2$
D_6	3-D 扩散（Jander, $n=2$）	$\dfrac{3}{2}(1-\alpha)^{2/3}[1-(1-\alpha)^{1/3}]^{-1}$	$[1-(1-\alpha)^{1/3}]^2$
D_7	3-D 扩散（Jander, $n=1/2$）	$6(1-\alpha)^{2/3}[1-(1-\alpha)^{1/3}]^{1/2}$	$[1-(1-\alpha)^{1/3}]^{1/2}$
D_8	3-D 扩散（G-B）	$\dfrac{3}{2}[(1-\alpha)^{-1/3}-1]^{-1}$	$1-\dfrac{2}{3}\alpha-(1-\alpha)^{2/3}$
P_m	幂函数法则	$m\alpha^{(m-1)/m}$	$\alpha^{1/m}$
P_4	$m=4$	$4\alpha^{3/4}$	$\alpha^{1/4}$
P_3	$m=3$	$3\alpha^{2/3}$	$\alpha^{1/3}$
P_2	$m=2$	$2\alpha^{1/2}$	$\alpha^{1/2}$
P_1	$m=1$	1	α
$P_{3/2}$	$m=2/3$	$\dfrac{2}{3}\alpha^{-1/2}$	$\alpha^{3/2}$
C_m	化学反应模型	—	—
C_1	反应级数（$n=2$）	$(1-\alpha)^2$	$(1-\alpha)^{-1}-1$
C_2	反应级数（$n=3/2$）	$2(1-\alpha)^{3/2}$	$(1-\alpha)^{-1/2}$
C_3	反应级数（$n=3$）	$\dfrac{1}{2}(1-\alpha)^3$	$(1-\alpha)^{-2}$

反应速率常数与还原温度 T 之间的关系可用 Arrhenevis 公式表示，对其取对数可得：

$$\ln k(T) = \ln A - \frac{E_a}{RT} \qquad (3-4)$$

根据式 (3-4)，以 $\ln k(T)$ 对 $1/T$ 作图，如果二者呈线性关系，则表示试验温度范围内 Arrhenevis 公式适用，由拟合直线的斜率和截距可分别求得 E_a 和 A。根据确定的机理函数、E_a 和 A，可得到反应的动力学方程。

3.1.2.2 非等温法

升温速率恒定的非等温条件下，多相反应的反应速度通常可以用式 (3-5) 进行描述。[27~31]

$$\frac{d\alpha}{dt} = \beta \frac{d\alpha}{dT} = A\exp\left(\frac{-E}{RT}\right)f(\alpha) \qquad (3-5)$$

式中，β 为升温速率，K/min；T 为反应温度，K；t 为反应时间，min；A 为指前因子，min^{-1}；E 为活化能，J/mol；$f(\alpha)$ 为机理函数的微分形式；R 为气体常数，J/(mol·K)。

对式 (3-5) 进行排列积分可得到机理函数的积分形式 $G(\alpha)$，如式 (3-6) 所示。

$$G(\alpha) = \int_0^\alpha \frac{d\alpha}{f(\alpha)} = \frac{A}{\beta}\int_{T_0}^T \exp\left(\frac{-E}{RT}\right)dT \qquad (3-6)$$

人们提出了大量的分析方法用于计算获得非等温动力学参数。作为研究动力学的多种非等温多升温速率方法之一，等转化率法通常被用于计算反应的活化能。在等转化率法中，Ozawa-Flynn-Wall 法应用最为广泛。我们采用 Ozawa-Flynn-Wall 法对鲕状赤铁矿石非等温还原的活化能进行计算。Ozawa-Flynn-Wall 法由 Ozawa、Flynn 和 Wall 提出，其形式如式 (3-7) 所示。[32~34]

$$\lg(\beta) = \lg\left(\frac{AE}{RG(\alpha)}\right) - 2.315 - 0.4567\frac{E}{RT} \qquad (3-7)$$

由式 (3-7) 可知，一旦获得不同升温速率条件下相同还原度所对应的温度值，活化能即可通过 $\lg\beta$ 与 $1/T$ 线性回归直线的斜率计算得到。

Šatava-Šesták 积分法通常被用于确定非等温反应的动力学机理函数[35]，其形式为：

$$\lg G(\alpha) = \lg\left(\frac{AE_s}{R\beta}\right) - 2.315 - 0.4567\frac{E_s}{RT} \qquad (3-8)$$

采用最小二乘法对 $\lg G(\alpha)$ 和 $1/T$ 线性拟合，可以计算出 E_s、$\ln A$ 和相关系数 R。我们采用 30 种常用动力学机理函数（见表 3-1）对非等温试验数据进行拟合分析。最佳的机理函数可以通过分析 $\lg G(\alpha)$ 和 $1/T$ 之间的线性关系确定。如果仅有一个 $G(\alpha)$ 的线性关系最好，这一 $G(\alpha)$ 即为最佳机理函数；如果几个 $G(\alpha)$ 均具有良好的线性关系，则活化能（E_s）与 Ozawa-Flynn-Wall 法计算的活化能最为接近的 $G(\alpha)$ 即是最佳的机理函数。根据确定的机理函数可以建立反应的动力学模型。

3.2　深度还原动力学研究方法

3.2.1　试验装置

　　热重分析作为一种能够直接测量反应过程中质量变化的测试手段被广泛应用于化学反应动力学研究。因此，可以选用恒温和程序升温两种热重技术，即等温法和非等温法，对难选铁矿石深度还原反应动力学进行研究。目前，通用的热分析仪器测试过程中对试验样品用量要求比较严苛，最多仅能达到数十毫克。然而，铁矿石本身组成复杂，如果试验过程中样品用量只能为数十毫克，则难以保证样品的代表性，进而造成试验数据可靠性变差。

　　为了提高动力学试验数据的准确性，我们自行设计制作了难选铁矿石深度还原热失重分析试验装置，如图 3-1 所示。试验装置主要由立式管式炉和精度 1mg 的电子天平组成。管式炉以 $MoSi_2$ 作为加热体，可以在炉管内部产生高度为 120mm 的恒温带。反应区温度由 PID 控制器进行调节控制，通过精度 ±1K 的 Pt·30%Rh-Pt·6%Rh 热电偶测定。炉管内排出气体中 CO 和 CO_2 浓度由精度 0.01%

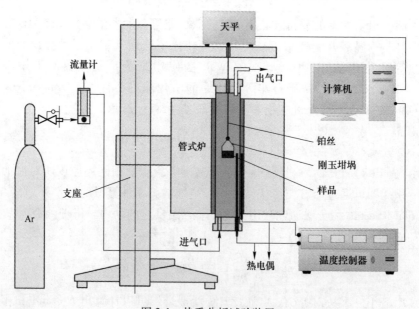

图 3-1　热重分析试验装置

的 Gasboard-3100 非分光红外气体分析仪测定。天平、温度控制器和气体分析仪与计算机连接，试验数据采用自行开发的软件进行记录。试验过程中纯度99.99%的氮气作为热天平的保护气体，气体流量由气体流量计控制，其流速为0.5L/min，炉管内的压力保持在100kPa。

3.2.2 试验过程

试验中称取破碎烘干的铁矿石或铁矿物矿样 15g，按照 C 与 O 的摩尔比（煤粉中固定碳与矿样中铁键合氧的摩尔比）1.5、2.0、2.5 和 3.0 称取相应质量的煤粉，将矿样与煤粉充分混合均匀。将混合样品置于刚玉坩埚内，同时在样品顶部均匀铺一层约 2mm 厚的煤粉（2g）用于保证坩埚内的还原气氛。我们采用等温和非等温两种方法对难选铁矿石深度还原进行动力学分析。

等温法确定的试验温度为 1423K、1473K、1523K 和 1573K，试验程序如图 3-2（a）所示。首先将炉温以 10K/min 的速率升温至预设值，待温度稳定 20min 后，采用直径 1mm 的铁铬铝丝将装有样品的坩埚迅速悬挂于炉管中央的反应区内，务必保证坩埚不接触炉管壁。还原过程中，计算机通过软件每隔 5s 读取并记录一次样品的质量变化，并将数据以 Excel 形式存储于硬盘中。试验过程中保护气体氮气流速控制为 0.5L/min。当计算机采集的样品质量不再发生变化时，试验停止。

研究证明，还原温度低于 843K 时，铁氧化物按照 $Fe_2O_3 \rightarrow Fe_3O_4 \rightarrow Fe$ 的顺序还原为金属铁；还原温度高于 843K 时，铁氧化物的还原则按照 $Fe_2O_3 \rightarrow Fe_3O_4 \rightarrow FeO \rightarrow Fe$ 的顺序进行[3,36~40]。深度还原温度通常介于 1273~1573K，因此非等温动力学试验确定的温度区间为 873~1573K。设定的升温速率为 5K/min、10K/min、15K/min 和 20K/min，试验程序如图 3-2（b）所示。首先将还原炉在氮气气氛下以 10K/min 的速率升温至 873K，在该温度下稳定 20min，而后迅速将装有

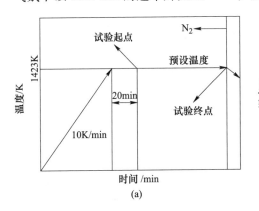
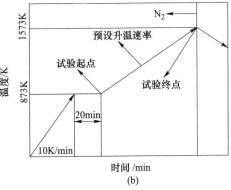

图 3-2　试验程序设定图

（a）等温；（b）非等温

样品的坩埚悬挂于炉管恒温带处，然后以试验设定的升温速率开始升温。试验过程中，计算机每隔 15s 同时记录一次样品质量损失、炉内温度和排出气体中 CO 和 CO_2 浓度。当还原温度升高至 1573K 时，试验停止。

3.2.3　还原度与还原速率计算

铁矿石深度还原的还原度 α 被定义为任意还原时间 t 时刻损失的可还原氧与样品中可还原氧总量的质量比，可按式（3-9）计算。

$$\alpha_t = \frac{\Delta m_O^t}{m_O^0} \tag{3-9}$$

式中，α_t 为还原时间 t 时的还原度；Δm_O^t 为还原时间 t 时可还原氧的质量损失，g；m_O^0 为样品中可还原氧总量，m_O^0 经计算为 0.17611m_0（m_0 为矿样的初始质量），g。

根据深度还原热力学分析可知，还原过程中矿石中的磷矿物也会被还原为单质磷。由于矿石中磷矿物的含量较少，因此深度还原动力学分析不考虑磷矿物的影响。

与气基还原不同，深度还原采用的还原剂是煤粉，因此还原过程中产生的质量损失不仅包含氧的损失，还有碳和挥发分的损失以及矿石的热损失。因此，为了获得实际损失的还原氧，同一还原条件下设计了 A、B 和 C 三组样品的平行试验（见图 3-3）。样品 A 为难选铁矿石（或铁矿物）与煤粉混合物；样品 B 为难选铁矿石或铁矿物（质量与样品 A 中矿石质量相同）；样品 C 为煤粉和 Al_2O_3 的混合物（煤粉、Al_2O_3 质量分别与样品 A 中煤粉、矿石质量相同）。故而，还原氧和固定碳的质量损失可通过式（3-10）计算获得。

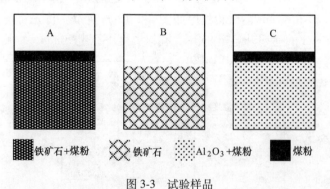

图 3-3　试验样品

$$\Delta m_t = \Delta m_A^t - \Delta m_B^t - \Delta m_C^t \tag{3-10}$$

式中，Δm_t 为 t 时刻还原氧和固定碳的质量损失，g；Δm_A^t 为 t 时刻样品 A 的质量损失，g；Δm_B^t 为 t 时刻样品 B 的质量损失，g；Δm_C^t 为 t 时刻样品 C 的质量损失，g。

由碳的气化曲线（见图 2-3）可知，当温度高于 1373K 时还原过程中 CO_2 含量极低，可以忽略不计。因此，等温还原过程中，还原氧和固定碳以 CO 的形式从坩埚中溢出。所以，还原时间 t 时失去的还原氧质量计算式为：

$$\Delta m_O^t = \frac{16}{28} \Delta m_t \tag{3-11}$$

式中，16 为 O 的相对原子质量；28 为 CO 的相对分子质量。

将式（3-10）和式（3-11）代入式（3-9）得到难选铁矿石深度还原等温法还原度计算公式为：

$$\alpha_t = \frac{\frac{16}{28}(\Delta m_A^t - \Delta m_B^t - \Delta m_C^t)}{0.17611 m_0} \tag{3-12}$$

与等温法不同，在非等温试验过程中还原氧和固定碳以 CO 和 CO_2 两种形式损失，尤其是当温度较低时。因此，非等温试验的还原度计算需要结合气体分析仪测定的炉管内排出气体中 CO 和 CO_2 的浓度进行计算。同样，非等温试验同一还原条件也需要进行三组样品的平行试验。某一时间间隔内还原氧和碳的质量损失计算公式为：

$$\Delta m_{C+O}^i = \Delta m_\Sigma^i - \Delta m_{LOI}^i - \Delta m_V^i \tag{3-13}$$

式中，Δm_{C+O}^i 为时间间隔 i 内还原氧和碳的质量损失，g；i 为测量时间间隔，s；Δm_Σ^i 为时间间隔 i 内样品 A 的质量损失，g；Δm_{LOI}^i 为时间间隔 i 内样品 B 的质量损失，g；Δm_V^i 为时间间隔 i 内样品 C 的质量损失，g。

某一时间间隔内 CO 和 CO_2 气体的浓度可近似认为对应时刻气体分析仪测量的数据，故任一时间间隔内还原氧的质量损失可由式（3-14）计算获得。

$$\Delta m_O^i = \Delta m_{C+O}^i \frac{16 x_{CO}^i + 32 x_{CO_2}^i}{28 x_{CO}^i + 44 x_{CO_2}^i} \tag{3-14}$$

式中，x_{CO}^i 为时间间隔 i 内 CO 的体积浓度，%；$x_{CO_2}^i$ 为时间间隔 i 内 CO_2 的体积浓度，%。以 C 与 O 摩尔比 1.5 和升温速率 5K/min 还原条件下时间间隔内还原氧质量损失计算为例，计算结果如图 3-4 和图 3-5 所示。

还原时间 t 时刻还原氧的质量损失（Δm_O^t）可以通过累积时间间隔内还原氧的质量损失（Δm_O^i）得到，计算公式为：

$$\Delta m_O^t = \sum_{i=0}^t \Delta m_O^i \tag{3-15}$$

将式（3-13）~式（3-15）与式（3-9）合并整理得到难选铁矿石深度还原非等温法还原度计算公式为：

$$\alpha_t = \frac{\sum_{i=0}^t (\Delta m_\Sigma^i - \Delta m_{LOI}^i - \Delta m_V^i) \frac{16 x_{CO}^i + 32 x_{CO_2}^i}{28 x_{CO}^i + 44 x_{CO_2}^i}}{m_O^0} \tag{3-16}$$

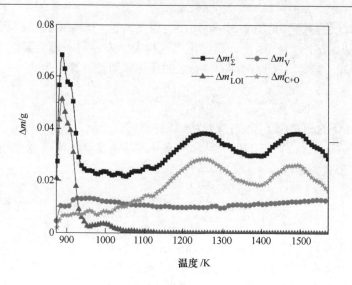

图 3-4　时间间隔内试验样品的质量损失计算

（C 与 O 摩尔比为 1.5，升温速率为 5K/min）

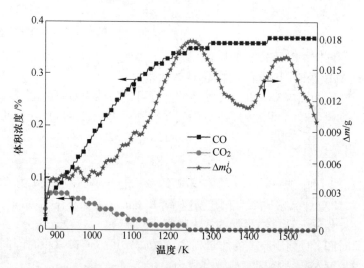

图 3-5　排出气体中 CO 和 CO$_2$ 的体积浓度和还原氧质量损失计算

（C 与 O 摩尔比为 1.5，升温速率为 5K/min）

由以上可以发现，还原度的取值在 0~1 之间。还原度对还原时间取导数可以得到还原速率 r，如式（3-17）所示。采用 MATLAB 7.14 数学软件中的 DIFF 函数对还原度随时间的变化曲线求导计算获得还原速率。

$$r = \frac{d\alpha}{dt}$$

（3-17）

3.3 杂质组分对深度还原动力学的影响

为了探究主要脉石矿物对难选铁矿石深度还原过程的影响，我们以赤铁矿纯矿物为基础，依次配入 SiO_2、Al_2O_3、$CaCO_3$，形成 Fe_2O_3、Fe_2O_3-SiO_2、Fe_2O_3-SiO_2-Al_2O_3 和 Fe_2O_3-SiO_2-Al_2O_3-$CaCO_3$ 四个体系，采用等温法分别对四个体系进行深度还原动力学研究，并进行对比分析。

3.3.1 Fe_2O_3 体系深度还原过程动力学

3.3.1.1 还原度和还原速率分析

Fe_2O_3 在 1423K、1473K、1523K 和 1573K 条件下分别进行深度还原反应，计算出相应的还原度和还原速率，如图 3-6 所示。由图 3-6（a）可以看出，不同温度条件下，Fe_2O_3 深度还原过程的还原度曲线呈现相同的变化趋势。还原温度越高，Fe_2O_3 深度还原反应完成时所需的时间越短，并且反应完成时的还原度数值越大，即还原程度越高。当还原温度由 1423K 升高到 1573K 时，还原完成所需要的时间从 42min 减少到 19min，还原度则从 0.8392 增加到 0.9455。

由图 3-6（b）可以看出，不同温度条件下，Fe_2O_3 还原速率呈现先明显增加后快速减小的变化趋势。还原温度对 Fe_2O_3 深度还原过程还原速率影响显著。随着还原温度的升高，还原速率的峰值呈不断增加的趋势。温度为 1423K，Fe_2O_3 深度还原反应进行约 8min 时达到最大还原速率；而温度为 1573K 时，反应进行约 4min 时即达到最大还原速率。随着温度的变化，最大还原速率也发生了较大的变化，由 1423K 时的 $0.051min^{-1}$ 增大到 1573K 时的 $0.162min^{-1}$。上述结果表明，在一定范围内升高还原温度，有利于 Fe_2O_3 深度还原反应在较短的时间内即可达到较大的还原速率，缩短反应完成所需要的时间。

3.3.1.2 动力学参数的求解

将还原温度为 1423K、1473K、1523K 和 1573K 条件下得到的还原度 α 值代入常用的动力学方程 $G(\alpha)$ 中，并分别与还原时间 t 进行线性拟合，选取线性相关系数最佳的 $G(\alpha)$ 作为机理函数，所得直线的斜率为反应速率常数 k。经确定 Fe_2O_3 深度还原过程的机理函数为 $G(\alpha) = [-\ln(1-\alpha)]^{3/2}$，结果见表 3-2。依据 Arrhenius 公式，对 $\ln k$ 与 $1/T$ 进行线性拟合，如图 3-7 所示。由图 3-7 可知，$\ln k$ 与 $1/T$ 之间线性关系良好，经拟合直线斜率和截距计算可得 Fe_2O_3 深度还原反应的活化能为 192.48kJ/mol，指前因子为 $9.47×10^5min^{-1}$，反应符合 Avrami-Erofeev 方程，成核及长大是限制环节。

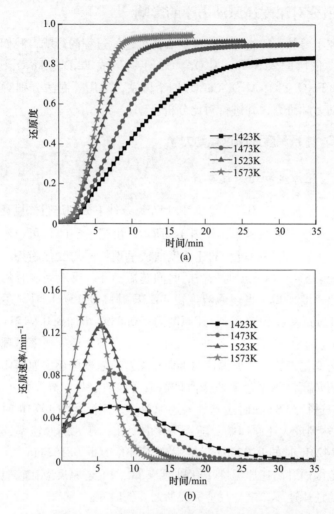

图 3-6　Fe$_2$O$_3$ 体系深度还原过程的还原度和还原速率曲线

(a) 还原度; (b) 还原速率

表 3-2　Fe$_2$O$_3$ 体系深度还原反应动力学参数

温度/K	机理函数 $G(\alpha)$	k	线性相关系数 R
1423		0.0731	0.9648
1473		0.1675	0.9790
1523	$[-\ln(1-\alpha)]^{3/2}$	0.2369	0.9618
1573		0.3623	0.9710

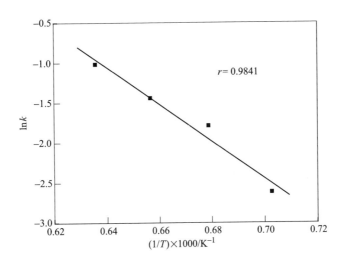

图 3-7　$\ln k$ 与 $(1/T)\times 1000$ 线性拟合

3.3.2　Fe₂O₃-SiO₂ 体系深度还原过程动力学

3.3.2.1　还原度和还原速率分析

Fe₂O₃-SiO₂ 体系深度还原过程的还原度和还原速率如图 3-8 所示。由图 3-8（a）可知，还原温度对 Fe₂O₃-SiO₂ 体系深度还原的还原度影响较大。随着温度升高，Fe₂O₃-SiO₂ 体系深度还原反应达到平衡所需的时间逐渐减少，同时还原度不断增加。当还原温度由 1423K 升高到 1573K 时，达到平衡所需的时间从 44min 减少到 28min，还原度从 0.7173 增加到 0.8887。此外，在各温度条件下，Fe₂O₃-SiO₂ 体系深度还原反应达平衡时的还原度均低于 Fe₂O₃ 体系的还原度。这是因为：一方面，由于 SiO₂ 的存在，Fe₂O₃ 与还原剂的接触面积减小，反应难度增大，因此部分 Fe₂O₃ 未能发生还原反应或未反应完全，仍然以铁氧化物的形式存在于还原产品中；另一方面，还原过程中铁氧化物与 SiO₂ 发生反应，生成复杂化合物，这部分参加反应的铁氧化物未被还原。由图 3-8（b）可以看出，随着还原温度的升高，Fe₂O₃-SiO₂ 体系深度还原反应达到最大还原速率的时间逐渐减少，由 1423K 时的 6.5min 减少到 1573K 时的 4.5min。随着温度的变化，最大还原速率也发生较大的变化，由 1423K 时的 0.039min⁻¹ 增大到 1573K 时的 0.129min⁻¹。

3.3.2.2　动力学参数求解

将不同还原温度条件下的还原度 α 值代入常用的动力学方程 $G(\alpha)$ 中，并与

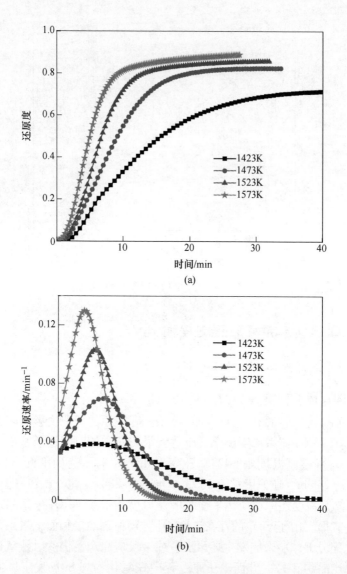

图 3-8　Fe_2O_3-SiO_2 体系深度还原过程的还原度和还原速率曲线

(a) 还原度；(b) 还原速率

还原时间 t 进行线性拟合，经确定 Fe_2O_3-SiO_2 深度还原过程的机理函数为 $G(\alpha) =$ $[-\ln(1-\alpha)]^3$，结果见表 3-3。基于 Arrhenius 公式，$\ln k$ 与 $1/T$ 的线性拟合结果如图 3-9 所示。由图 3-9 可知，$\ln k$ 与 $1/T$ 线性关系良好，Fe_2O_3-SiO_2 体系深度还原反应的活化能为 235.33kJ/mol，指前因子为 $3.22 \times 10^7 min^{-1}$，反应符合 Avrami-Erofeev 方程，成核及长大是限制环节。

表 3-3 Fe₂O₃-SiO₂ 体系深度还原反应动力学参数

温度/K	机理函数 $G(\alpha)$	k	线性相关系数 R
1423		0.0604	0.9809
1473	$[-\ln(1-\alpha)]^3$	0.1948	0.9563
1523		0.2905	0.9625
1573		0.4280	0.9766

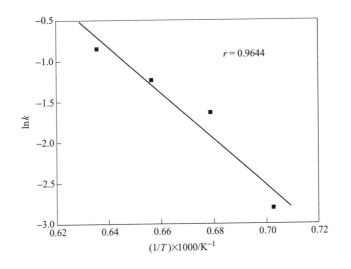

图 3-9 ln$k$ 与 $(1/T) \times 1000$ 线性拟合

3.3.3 Fe₂O₃-SiO₂-Al₂O₃ 体系深度还原过程动力学

3.3.3.1 还原度和还原速率分析

Fe₂O₃-SiO₂-Al₂O₃ 体系深度还原反应的还原度和还原速率如图 3-10 所示，由图可见还原温度对 Fe₂O₃-SiO₂-Al₂O₃ 体系深度还原影响显著。由图 3-10 （a）可知，随着还原温度的升高，Fe₂O₃-SiO₂-Al₂O₃ 体系深度还原反应完成时所需的时间逐渐缩短，由 1423K 时的 50min 缩短到 1573K 时的 32min；同时，还原度不断增加，由 1423K 时的 0.6658 增加到 1573K 时的 0.8236。并且各温度条件下，Fe₂O₃-SiO₂-Al₂O₃ 体系深度还原反应达平衡时的还原度均低于 Fe₂O₃-SiO₂ 体系的还原度。这是因为：一方面，由于 Al₂O₃ 的配入，Fe₂O₃ 被覆盖的程度进一步加大，Fe₂O₃ 与还原剂接触面积再次减小，反应难度更大，因此 Fe₂O₃ 未能发生还原反应或未反应完全的数量增多；另一方面，还原过程中，除部分铁氧化物与 SiO₂ 发生反应生成复杂化合物外，还有部分铁氧化物与 SiO₂ 和 Al₂O₃ 共同反应生成复杂化合物，导致铁氧化物未被还原。由图 3-10（b）可知，随着还原温度的升高，Fe_2O_3-SiO_2-Al_2O_3 体系深度还原反应所达到的最大还原速率呈不断增加的趋势，由 1423K 时的 0.035min^{-1} 增大到 1523K 时的 0.117min^{-1}。

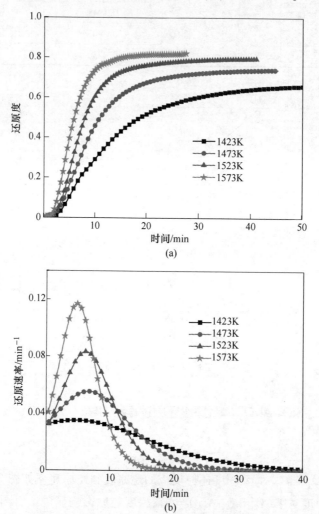

图 3-10 Fe_2O_3-SiO_2-Al_2O_3 体系深度还原过程的还原度和还原速率

(a) 还原度；(b) 还原速率

3.3.3.2   动力学参数求解

将不同还原温度条件下得到的还原度 α 值分别代入常用的动力学方程 $G(\alpha)$ 中，并与还原时间 t 进行线性拟合，选取线性关系最佳的 $G(\alpha)$ 作为动力学机理函数。经确定 Fe_2O_3-SiO_2-Al_2O_3 体系深度还原等温动力学机理函数为 $G(\alpha) =$

$[-\ln(1-\alpha)]^3$，结果见表 3-4。依据 Arrhenius 公式，对 $\ln k$ 与 $1/T$ 进行线性拟合，结果如图 3-11 所示，可见 $\ln k$ 与 $1/T$ 呈现良好的线性关系。经计算 Fe_2O_3-SiO_2-Al_2O_3 体系深度还原反应的活化能为 248.23kJ/mol，指前因子为 $4.02 \times 10^7 min^{-1}$，反应符合 Avrami-Erofeev 方程，成核及长大是限制环节。

表 3-4　Fe_2O_3-SiO_2-Al_2O_3 体系深度还原反应动力学参数

温度/K	机理函数 $G(\alpha)$	k	线性相关系数 R
1423		0.0304	0.9890
1473	$[-\ln(1-\alpha)]^3$	0.0680	0.9709
1523		0.1186	0.9530
1573		0.2329	0.9526

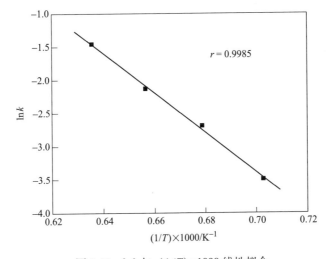

图 3-11　$\ln k$ 与 $(1/T) \times 1000$ 线性拟合

3.3.4　Fe_2O_3-SiO_2-Al_2O_3-$CaCO_3$ 体系深度还原过程动力学

3.3.4.1　还原度和还原速率分析

Fe_2O_3-SiO_2-Al_2O_3-$CaCO_3$ 体系深度还原反应的还原度和还原速率如图 3-12 所示，由图可见还原温度对 Fe_2O_3-SiO_2-Al_2O_3-$CaCO_3$ 体系深度还原影响显著。由图 3-12（a）可知，随着还原温度升高，Fe_2O_3-SiO_2-Al_2O_3-$CaCO_3$ 体系深度还原反应完成所需的时间逐渐减少，由 1423K 时的 50min 减少到 1573K 时的 26min；同时，还原度不断增加，由 1423K 时的 0.6637 增加到 1573K 时的 0.8532。当各还原温度条件下 Fe_2O_3-SiO_2-Al_2O_3-$CaCO_3$ 体系深度还原反应达平衡时，还原度均略

高于 Fe_2O_3-SiO_2-Al_2O_3 体系。这是因为：一方面，还原过程中 $CaCO_3$ 可分解生成 CaO 和 CO_2，CO_2 与还原剂煤粉反应生成 CO，增加了 CO 与 Fe_2O_3 的接触面积，进而促进了铁氧化物的还原；另一方面，CaO 可以将生成的复杂化合物中的 FeO 置换出来，之后 FeO 被还原为金属铁。由图 3-12 (b) 可以看出，随着还原温度的升高，Fe_2O_3-SiO_2-Al_2O_3-$CaCO_3$ 体系的深度还原反应达到最大还原速率的时间逐渐减少，由 1423K 时 6.5min 减少到 1573K 时的 5min；并且最大还原速率也明显增大，由 1423K 时的 $0.042min^{-1}$ 增大到 1573K 时的 $0.128min^{-1}$。

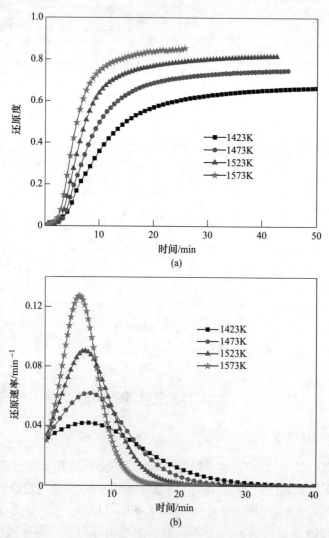

图 3-12　Fe_2O_3-SiO_2-Al_2O_3-$CaCO_3$ 体系深度还原过程的还原度和还原速率

（a）还原度；（b）还原速率

3.3.4.2 动力学参数求解

将不同还原温度条件下得到的还原度 α 值分别代入常用的动力学方程 $G(\alpha)$ 中，并与还原时间 t 进行线性拟合，选取线性关系最佳的 $G(\alpha)$ 作为动力学机理函数。经确定 Fe_2O_3-SiO_2-Al_2O_3-$CaCO_3$ 体系深度还原等温动力学机理函数为 $G(\alpha)=\left[-\ln(1-\alpha)\right]^3$，结果见表3-5。依据 Arrhenius 公式，对 $\ln k$ 与 $1/T$ 进行线性拟合，结果如图3-13所示，可见 $\ln k$ 与 $1/T$ 呈现良好的线性关系。经计算 Fe_2O_3-SiO_2-Al_2O_3-$CaCO_3$ 体系深度还原反应的活化能为 288.21kJ/mol，指前因子为 $1.15×10^9 min^{-1}$，反应符合 Avrami-Erofeev 方程，成核及长大是限制环节。

表3-5 Fe_2O_3-SiO_2-Al_2O_3-$CaCO_3$ 体系深度还原反应动力学参数

温度/K	机理函数 $G(\alpha)$	k	线性相关系数 R
1423		0.0314	0.9815
1473	$\left[-\ln(1-\alpha)\right]^3$	0.0699	0.9715
1523		0.1339	0.9705
1573		0.3351	0.9836

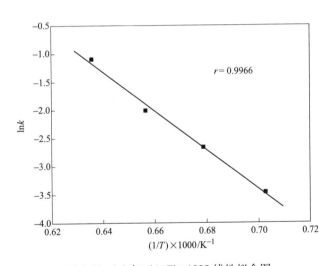

图3-13 $\ln k$ 与 $(1/T)×1000$ 线性拟合图

3.3.5 不同成分对深度还原过程还原度的影响

3.3.5.1 还原度分析

在还原温度分别为 1423K、1473K、1523K 和 1573K 的条件下，Fe_2O_3、Fe_2O_3-SiO_2、Fe_2O_3-SiO_2-Al_2O_3 和 Fe_2O_3-SiO_2-Al_2O_3-$CaCO_3$ 体系深度还原过程的还

原度如图 3-14 所示。对比四个体系深度还原反应的还原度曲线可以发现，配入 SiO_2 和 Al_2O_3 后，反应达到平衡所需的时间不断增加，还原度不断减小；配入 $CaCO_3$ 后，反应达到平衡时的还原度略有增加，见表 3-6。由表 3-6 可以看出，SiO_2 和 Al_2O_3 均对 Fe_2O_3 深度还原过程还原度产生较大影响。相对而言，SiO_2 对反应达到平衡时间的影响较小，但大幅较低了 Fe_2O_3 深度还原反应的还原度；Al_2O_3 大幅度延长了反应达平衡的时间，同时也降低了 Fe_2O_3 深度还原反应的还原度；$CaCO_3$ 略微提高了 Fe_2O_3 深度还原反应的还原度。

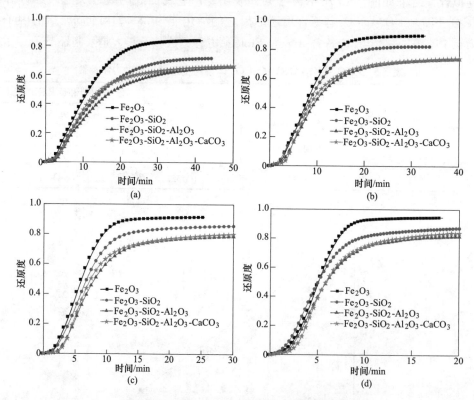

图 3-14　不同体系深度还原反应的还原度曲线

（a）1423K；（b）1473K；（c）1523K；（d）1573K

表 3-6　不同体系深度还原反应完成时的所需时间及还原度

温度/K	Fe_2O_3		Fe_2O_3-SiO_2		Fe_2O_3-SiO_2-Al_2O_3		Fe_2O_3-SiO_2-Al_2O_3-$CaCO_3$	
	时间/min	还原度	时间/min	还原度	时间/min	还原度	时间/min	还原度
1423	42	83.92	44	71.73	50	65.84	50	66.37
1473	33	90.03	34	82.44	45	74.01	45	74.61
1523	30	91.91	32	85.87	41	79.52	41	81.48
1573	19	94.55	28	88.87	28	82.36	26	85.32

3.3.5.2 还原速率分析

在还原温度分别为 1423K、1473K、1523K 和 1573K 的条件下，Fe_2O_3、Fe_2O_3-SiO_2、Fe_2O_3-SiO_2-Al_2O_3 和 Fe_2O_3-SiO_2-Al_2O_3-$CaCO_3$ 体系深度还原过程的还原速率曲线如图 3-15 所示。对比分析 Fe_2O_3、Fe_2O_3-SiO_2 和 Fe_2O_3-SiO_2-Al_2O_3 体系的还原速率曲线可以发现，配入 SiO_2 和 Al_2O_3 后，三个体系的最大还原速率呈减小趋势；对比 Fe_2O_3-SiO_2-Al_2O_3 和 Fe_2O_3-SiO_2-Al_2O_3-$CaCO_3$ 两个体系可以发现，配入 $CaCO_3$ 后，反应的最大还原速率有较大幅度的增加，见表 3-7。由表 3-7 可以看出，SiO_2 和 Al_2O_3 均对 Fe_2O_3 深度还原过程中的最大还原速率产生较大影响。相对而言，SiO_2 的影响大于 Al_2O_3 的影响。在深度还原反应前期，$CaCO_3$ 可以提高 Fe_2O_3 深度还原反应的还原速率；而在反应后期该体系的还原速率下降较快。这是因为：在深度还原反应前期 $CaCO_3$ 分解生成 CaO 和 CO_2，CO_2 与还原剂煤粉反应生成 CO，进而促进了铁氧化物的还原。

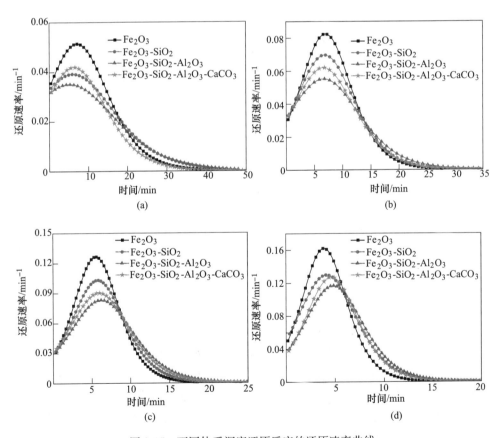

图 3-15 不同体系深度还原反应的还原速率曲线

(a) 1423K；(b) 1473K；(c) 1523K；(d) 1573K

表 3-7　不同体系深度还原反应的最大还原速率

温度/K	最大还原速率/min⁻¹			
	Fe_2O_3	Fe_2O_3-SiO_2	Fe_2O_3-SiO_2-Al_2O_3	Fe_2O_3-SiO_2-Al_2O_3-$CaCO_3$
1423	0.051	0.039	0.035	0.042
1473	0.082	0.070	0.055	0.062
1523	0.126	0.103	0.083	0.090
1573	0.162	0.130	0.117	0.127

3.3.5.3　动力学参数分析

Fe_2O_3、Fe_2O_3-SiO_2、Fe_2O_3-SiO_2-Al_2O_3 和 Fe_2O_3-SiO_2-Al_2O_3-$CaCO_3$ 体系深度还原反应的动力学参数（活化能和指前因子）差别较大，见表 3-8。由表 3-8 可知，Fe_2O_3、Fe_2O_3-SiO_2 和 Fe_2O_3-SiO_2-Al_2O_3 体系的活化能呈不断增加的趋势。活化能的本质为每摩尔普通分子变为活化分子所需要的能量，因此活化能越大，反应的阻力越大。Fe_2O_3-SiO_2-Al_2O_3-$CaCO_3$ 体系深度还原过程中，不仅有铁氧化物的还原反应，还有 $CaCO_3$ 的分解反应，$CaCO_3$ 的分解需要吸收能量。已有研究结果表明 $CaCO_3$ 分解的活化能介于 40.6~192.698kJ/mol 之间，因此该体系深度还原反应的活化能高于 Fe_2O_3-SiO_2-Al_2O_3 体系反应的活化能。

表 3-8　不同体系等温深度还原反应的动力学参数

体系	Fe_2O_3	Fe_2O_3-SiO_2	Fe_2O_3-SiO_2-Al_2O_3	Fe_2O_3-SiO_2-Al_2O_3-$CaCO_3$
$E/kJ \cdot mol^{-1}$	192.48	235.33	248.23	288.21
A/min^{-1}	$9.47×10^5$	$3.22×10^7$	$4.02×10^7$	$1.15×10^9$

3.3.6　杂质成分对深度还原影响机理分析

本节采用铁化学物相和 SEM-EDS 检测技术，对还原温度为 1573K 条件下的还原样品进行分析，探讨 SiO_2、Al_2O_3 和 $CaCO_3$ 成分对深度还原的影响。还原样品铁化学物相分析结果如图 3-16 所示，Fe_2O_3-SiO_2 体系深度还原样品的 SEM 图像和 EDS 能谱如图 3-17 所示，Fe_2O_3-SiO_2-Al_2O_3 体系深度还原样品的 SEM 图像和 EDS 能谱如图 3-18 所示。

由图 3-16 可以看出，深度还原样品中的铁主要以金属铁的形式存在，这说明深度还原过程中大部分铁氧化物被还原为金属铁。还原产品中铁氧化物和铁硅酸盐含量较高，是导致还原度降低的主要原因。此外，还原产品中含有微量的铁硫酸盐，这是因为还原剂煤粉中的有害元素 S 参与反应造成的。

由图 3-17 可以发现，Fe_2O_3-SiO_2 体系深度还原样品中存在着 Fe、Si 和 O 的化合物，这说明还原过程中的 FeO 与 SiO_2 反应生成铁橄榄石。铁橄榄石中的 FeO 难以还原，导致还原度降低。

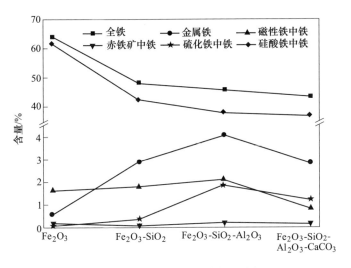

图 3-16 还原产品的铁物相分析

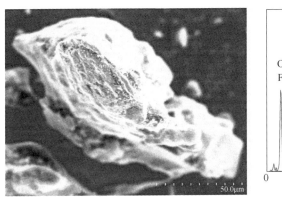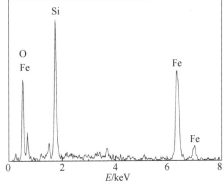

图 3-17 Fe_2O_3-SiO_2 体系还原样品的 SEM 图像及 EDS 能谱

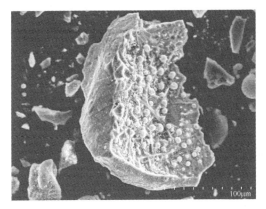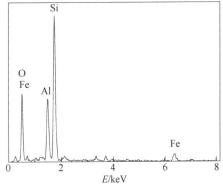

图 3-18 Fe_2O_3-SiO_2-Al_2O_3 体系还原样品的 SEM 图像及 EDS 能谱

由图 3-18 可知，Fe_2O_3-SiO_2-Al_2O_3 体系深度还原样品中存在着 Fe、Si、Al 和 O 的复杂化合物，这说明还原过程中 FeO 与 SiO_2、Al_2O_3 发生反应生成铁复杂化合物。这部分铁复杂化合物难以还原，导致还原度降低。

3.4　难选铁矿石深度还原动力学分析

为了探究难选铁矿石深度还原过程的动力学，我们选取典型的鲕状赤铁矿石这一难选铁矿石为原料，采用等温法和非等温法分别开展了深度还原动力学研究，并对还原过程机理进行了分析。

3.4.1　等温动力学分析

3.4.1.1　还原度及还原速率

图 3-19 给出了不同还原温度和 C 与 O 摩尔比条件下鲕状赤铁矿石深度还原的还原度随时间变化曲线。由图可以发现还原温度对还原度影响显著。相同 C 与

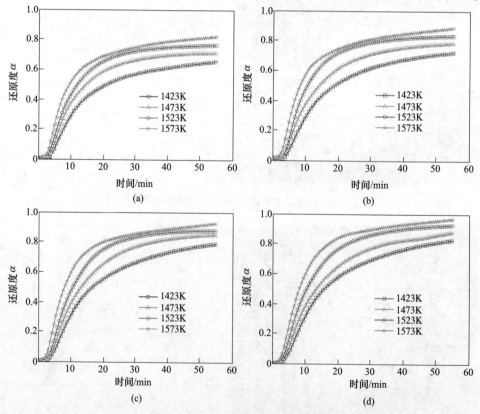

图 3-19　不同还原条件下还原度曲线

(a) C 与 O 摩尔比为 1.5；(b) C 与 O 摩尔比为 2.0；(c) C 与 O 摩尔比为 2.5；(d) C 与 O 摩尔比为 3.0

O 摩尔比条件下，同一还原时间的还原度随着还原温度升高而增加，还原时间越长增加趋势越明显。C 与 O 摩尔比为 1.5，还原温度由 1423K 升高到 1573K 时，还原时间为 5min 时的还原度由 0.074 增加到 0.239；还原时间为 15min 时的还原度则从 0.415 增加到 0.631。不同还原条件下还原度随还原时间呈现出了相同的变化趋势。根据还原度曲线形状，还原过程可分为初期、中期和后期三个阶段。还原初期，还原度增加极为缓慢，表明该阶段属于感应期；还原中期，还原度迅速增加，说明该阶段属于加速期；还原后期，还原度逐渐趋于平稳，表明该阶段为稳定期。对于任意给定 C 与 O 摩尔比，随着还原温度升高，还原感应期逐渐缩短，同时还原中期和后期的还原度明显增加。

对还原度曲线取导数计算出不同试验条件下的即时还原速率，结果如图 3-20 所示。由图可以看出，在同一 C 与 O 摩尔比条件下，还原速率的峰值随着还原温度的升高显著地增加，还原速率峰值出现的时间明显变短。例如，C 与 O 摩尔比为 1.5、还原温度为 1423K 时，还原速率峰值和到达峰值所需时间分别为

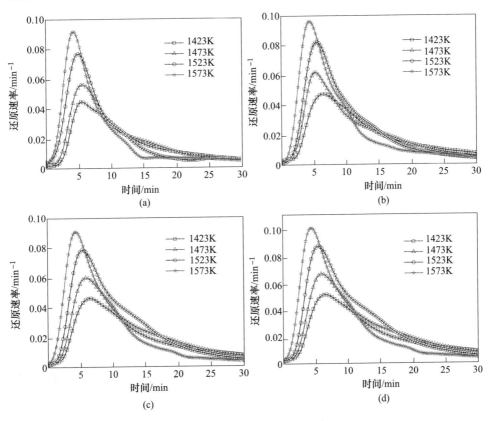

图 3-20 不同还原条件下还原速率曲线

(a) C 与 O 摩尔比为 1.5；(b) C 与 O 摩尔比为 2.0；(c) C 与 O 摩尔比为 2.5；(d) C 与 O 摩尔比为 3.0

0.044min^{-1}和 5.75min；在相同的 C 与 O 摩尔比条件下，还原温度升高到 1572K 时，还原速率峰值和到达峰值所需时间分别为 0.091min^{-1}和 4.50min。碳的气化在铁氧化物碳热还原过程中发挥着至关重要的作用。碳的气化生成的 CO 气体为还原过程中最为重要的还原剂。还原前期，还原速率由碳的气化速率决定。还原温度升高促进了煤的气化反应，使得反应体系中 CO 含量增加，煤的气化速率达到峰值所需时间缩短。因此，随着还原温度升高，还原速率峰值增大，达到峰值所需时间缩短。

对比图 3-19 和图 3-20 可以看出，C 与 O 摩尔比对鲕状赤铁矿石深度还原有明显的影响作用。在相同的还原时间和还原温度条件下，随着 C 与 O 摩尔比的增加，还原度逐渐增加，并且完成还原初始阶段所需的时间减小。例如，在还原温度为 1423K 的条件下，C 与 O 摩尔比为 1.5 时还原初始阶段时长为 4.17min，而 C 与 O 摩尔比为 3.0 时的仅有 2.67min（见图 3-19）。在还原温度一定的情况下，还原速率峰值和达到峰值所需时间均随着 C 与 O 摩尔比的增加而增加。在还原温度为 1523K 的条件下，C 与 O 摩尔比为 1.5 时的还原速率峰值为 0.076min^{-1}，达到峰值所需时间为 5.16min；而 C 与 O 摩尔比为 3.0 时的还原速率峰值增加到 0.090min^{-1}，到达峰值所需时间增加到 5.50min（见图 3-20）。C 与 O 摩尔比的增加使得矿石与煤粉的接触面积增加，同时反应容器内 CO 的浓度增加，这就为铁氧化物的还原提供了更多的活性位点和更强的化学驱动力。因此，还原速率峰值随着 C 与 O 摩尔比增加而升高。另外，煤粉用量的增加导致煤粉气化速率达到最大值所需的时间必然延长，这就使得还原速率到达峰值所需的时间增加。

同时，我们还发现即使在试验终点，鲕状赤铁矿石的还原度也都小于 1.0，这一现象表明矿石中铁矿物没有 100% 还原为金属铁（见图 3-19）。尽管还原温度和 C 与 O 摩尔比均对还原过程有影响，但是还原温度的影响效果明显强于 C 与 O 摩尔比（见图 3-19、图 3-20）。

3.4.1.2　等温动力学模型建立

建立反应动力学模型的目的是用简单的方程预测反应的动力学特征。在动力学模型建立过程中，机理函数的确定是一个非常重要的问题。我们基于现有的动力学机理函数，采用积分法对不同条件下的动力学数据分别进行拟合，选出最优的动力学机理函数。

表 3-9 给出了计算获得的 30 种常用动力学机理函数的相关系数。从表 3-9 中的数据可以发现不同机理函数的相关系数差异较大。C 与 O 摩尔比为 1.5 和 2.0 时，$A_{1/3}$ 模型的相关度优于其他模型；当 C 与 O 摩尔比为 2.5 和 3.0 时，$A_{1/2}$ 模型的相关系数略高于其他模型。因此，Avrami-Erofeev 方程 $f(\alpha) = \dfrac{1}{3}(1 - \alpha)$

$[-\ln(1-\alpha)]^{-2}$ 和 $f(\alpha) = \dfrac{1}{2}(1-\alpha)[-\ln(1-\alpha)]^{-1}$ 为鲕状赤铁矿石等温还原的适宜机理函数。

表 3-9 积分法计算得到的 30 种常用的动力学机理函数的相关系数

代码	试验条件															
	1.5				2.0				2.5				3.0			
	1423	1473	1523	1573	1423	1473	1523	1573	1423	1473	1523	1573	1423	1473	1523	1573
	相关系数 $R^2/\times 10^{-4}$															
A_m	Avrami-Erofeev 方程，$f(\alpha) = m(1-x)[-\ln(1-x)]^{(m-1)/m}$															
A_1	8874	8254	8071	8591	9270	8932	8299	8900	9567	9262	8638	9080	9669	9563	9299	9514
A_2	7451	6962	6783	7039	8014	7628	7007	7481	8370	8111	7477	7646	8506	8402	8109	8219
A_3	6681	6308	6112	6246	7295	6864	6344	6791	7634	7432	6838	6881	7737	7658	7367	7427
A_4	6233	5935	5718	5787	6862	6395	5963	6408	7184	7022	6458	6435	7256	7198	6901	6942
$A_{1/4}$	9730	9679	9675	9843	9471	9696	9732	9635	9054	9508	9602	9291	8815	8976	9487	8519
$A_{1/3}$	9906	9594	9528	9968	9797	9817	9657	9930	9575	9750	9618	9777	9426	9543	9769	9316
$A_{1/2}$	9809	9272	9136	9756	9914	9724	9330	9898	9942	9825	9631	9926	9906	9914	9868	9886
R_m	收缩核模型，$f(x) = m(1-x)^{(m-1)/m}$															
$R_{1/2}$	6844	5961	5451	4990	7031	6203	5177	4688	6907	6101	5232	4410	6831	6213	5198	4345
$R_{1/3}$	5872	4973	4432	3819	5955	5055	4155	3541	5699	4910	4177	3355	5607	4967	4070	3349
$R_{1/4}$	5081	4238	3730	3120	5119	4251	3527	2920	4839	4149	3551	2804	4776	4186	3436	2834
R_2	8414	7714	7437	7700	8793	8323	7517	7834	9035	8573	7806	7829	9115	8864	8316	8122
R_3	8575	7901	7656	8012	8962	8540	7790	8214	9231	8825	8102	8281	9326	9128	8679	8655
R_4	8653	7992	7763	8165	9044	8643	7921	8396	9324	8943	8243	8497	9421	9249	8851	8904
D_m	扩散模型															
D_1	9214	8405	8032	8316	9409	8870	7966	8201	9526	8926	8055	7937	9537	9181	8409	7917
D_2	9450	8720	8422	8870	9639	9210	8455	8889	9777	9320	8567	8752	9803	9577	9021	8845
D_3	9569	8892	8643	9178	9748	9390	8742	9279	9880	9526	8876	9251	9906	9767	9386	9442
D_4	8972	8131	7730	7916	9183	8595	7639	7776	9293	8647	7748	7513	9292	8900	8073	7505
D_5	9902	9461	9384	9942	9730	9833	9586	9976	9819	9841	9626	9821	9696	9722	9837	9208
D_6	9661	9031	8823	9409	9823	9524	8962	9549	9934	9661	9097	9577	9950	9872	9616	9773
D_7	9530	8834	8569	9076	9712	9330	8643	9149	9849	9458	8770	9084	9876	9708	9264	9245
P_m	幂函数法则，$f(x) = mx^{(m-1)/m}$															
P_4	5395	5013	4647	4368	5849	5181	4687	4673	5921	5549	4927	4385	5874	5579	4914	4412
P_3	5776	5316	4963	4702	6224	5570	4967	4925	6301	5874	5209	4668	6276	5944	5258	4710
P_2	6463	5874	5528	5314	6879	6246	5488	5410	6972	6464	5723	5196	6977	6600	5864	5256

代码	试验条件															
	1.5				2.0				2.5				3.0			
	1423	1473	1523	1573	1423	1473	1523	1573	1423	1473	1523	1573	1423	1473	1523	1573
	相关系数 $R^2/\times10^{-4}$															
C_m	化学反应模型															
C_1	9567	9088	9044	9744	9862	9708	9388	9757	9594	9819	9586	9886	9759	9528	9930	9201
C_2	9262	8716	8616	9293	9631	9399	8938	9635	9890	9708	9243	9811	9756	9728	9647	9688
C_3	9716	9557	9571	9785	9761	9706	9787	9673	9663	9730	9702	8815	9355	9134	9339	6912

　　图 3-21 给出了适宜的机理函数 $G(\alpha)$ 与时间的线性回归分析曲线。尽管我们试图确定鲕状赤铁矿石等温还原最佳的机理函数，然而确定的机理函数 $G(\alpha)$ 随时间的线性关系并不十分良好，相关系数的平均值仅有 0.9817，尤其是在还原的

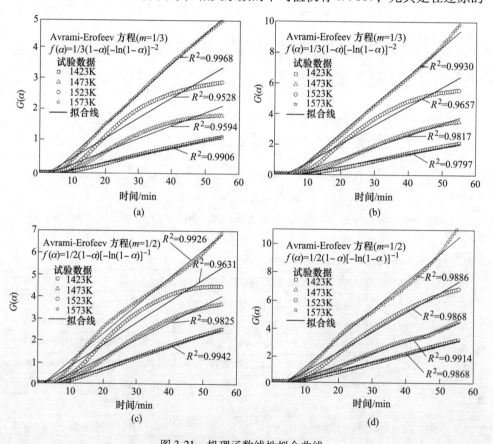

图 3-21　机理函数线性拟合曲线

（a）C 与 O 摩尔比 1.5；（b）C 与 O 摩尔比 2.0；（c）C 与 O 摩尔比 2.5；（d）C 与 O 摩尔比 3.0

初期和后期阶段。这一现象表明鲕状赤铁矿石在不同的还原阶段其还原机理不同，深度还原过程难以使用同一个机理函数进行良好的表征，需要进行分段处理。因此，我们根据前文还原度随着还原时间的变化趋势，将还原过程分为初期、中期、后期三个阶段分别进行分析，确定每个阶段的最佳机理函数。

表 3-10~表 3-12 给出了还原初期、中期和后期三个阶段确定的最佳机理函数及其相应的线性相关系数。从表中结果可以看到不同阶段确定的最佳机理函数的相关系数 R^2 值非常接近于 1.0，这表明 $G(\alpha)$ 与还原时间之间线性相关度非常好。鲕状赤铁矿石深度还原初期和后期阶段最佳的动力学机理函数分别为 Avrami-Erofeev 方程 $f(\alpha) = 4(1-\alpha)[-\ln(1-\alpha)]^{3/4}$ 和三维扩散 Z-L-T 模型 $f(\alpha) = \frac{3}{2}(1-\alpha)^{4/3}[(1-\alpha)^{-1/3}-1]^{-1}$。在深度还原中期阶段，C 与 O 摩尔比为 1.5 和 2.0 时，最佳机理函数为化学反应模型 $f(\alpha) = (1-\alpha)^2$；C 与 O 摩尔比为 2.5 和 3.0 时，最佳机理函数为化学反应模型 $f(\alpha) = 2(1-\alpha)^{3/2}$。还原初期、中期和后期三个阶段的机理函数各不相同，说明随着还原反应的进行控制机理发生改变。

表 3-10 还原初期阶段机理函数、相关系数及表观速率常数

试验条件		范围		机理函数 $f(\alpha)$	相关系数 R^2	表观速率常数 $k(T)/\text{min}^{-1}$
C 与 O 摩尔比	还原温度 /K	还原时间 /min	α			
1.5	1423	0.00~4.17	0.000~0.034	Avrami-Erofeev 方程 $(m=4)$, $f(\alpha)=$ $4(1-\alpha)[-\ln(1-\alpha)]^{3/4}$	0.9927	0.0788
	1473	0.00~3.67	0.000~0.039		0.9978	0.1087
	1523	0.00~3.25	0.000~0.037		0.9974	0.1156
	1573	0.00~2.67	0.000~0.040		0.9987	0.1447
2.0	1423	0.00~3.92	0.000~0.034	Avrami-Erofeev 方程 $(m=4)$, $f(\alpha)=$ $4(1-\alpha)[-\ln(1-\alpha)]^{3/4}$	0.9916	0.0812
	1473	0.00~3.50	0.000~0.036		0.9971	0.0891
	1523	0.00~3.17	0.000~0.037		0.9954	0.1095
	1573	0.00~2.33	0.000~0.049		0.9958	0.1195
2.5	1423	0.00~3.75	0.000~0.028	Avrami-Erofeev 方程 $(m=4)$, $f(\alpha)=$ $4(1-\alpha)[-\ln(1-\alpha)]^{3/4}$	0.9914	0.0826
	1473	0.00~3.42	0.000~0.033		0.9953	0.0916
	1523	0.00~3.08	0.000~0.043		0.9952	0.1093
	1573	0.00~2.25	0.000~0.038		0.9956	0.1198
3.0	1423	0.00~3.67	0.000~0.025	Avrami-Erofeev 方程 $(m=4)$, $f(\alpha)=$ $4(1-\alpha)[-\ln(1-\alpha)]^{3/4}$	0.9912	0.0864
	1473	0.00~3.42	0.000~0.030		0.9953	0.0955
	1523	0.00~2.92	0.000~0.034		0.9958	0.1062
	1573	0.00~2.17	0.000~0.030		0.9969	0.1111

表 3-11　还原中期阶段机理函数、相关系数及表观速率常数

试验条件		范围		机理函数 $f(\alpha)$	相关系数 R^2	表观速率常数 $k(T)/\min^{-1}$
C 与 O 摩尔比	还原温度 /K	还原时间 /min	α			
1.5	1423	4.17~15.50	0.034~0.424	化学反应模型 $(n=2)$, $f(\alpha)=(1-\alpha)^2$	0.9994	0.0693
	1473	3.67~19.25	0.039~0.577		0.9994	0.0994
	1523	3.25~21.00	0.037~0.663		0.9997	0.1485
	1573	2.67~13.00	0.040~0.597		0.9997	0.1914
2.0	1423	3.92~17.00	0.034~0.473	化学反应模型 $(n=2)$, $f(\alpha)=(1-\alpha)^2$	0.9995	0.0687
	1473	3.50~22.50	0.036~0.647		0.9998	0.0933
	1523	3.17~22.25	0.037~0.739		0.9994	0.1294
	1573	2.33~14.50	0.049~0.683		0.9992	0.1774
2.5	1423	3.75~17.75	0.028~0.518	化学反应模型 $(n=3/2)$, $f(\alpha)=2(1-\alpha)^{3/2}$	0.9992	0.0321
	1473	3.42~23.00	0.033~0.700		0.9999	0.0425
	1523	3.08~24.00	0.043~0.795		0.9995	0.0607
	1573	2.25~16.75	0.038~0.764		0.9992	0.0773
3.0	1423	3.67~19.00	0.025~0.561	化学反应模型 $(n=3/2)$, $f(\alpha)=2(1-\alpha)^{3/2}$	0.9993	0.0306
	1473	3.42~23.00	0.030~0.696		0.9999	0.0403
	1523	2.92~25.00	0.034~0.822		0.9995	0.0553
	1573	2.17~19.75	0.030~0.836		0.9996	0.0701

表 3-12　还原后期阶段机理函数、相关系数及表观速率常数

试验条件		范围		机理函数 $f(\alpha)$	相关系数 R^2	表观速率常数 $k(T)/\min^{-1}$
C 与 O 摩尔比	还原温度 /K	还原时间 /min	α			
1.5	1423	15.50~55.00	0.424~0.652	扩散模型, 3-D 扩散（Z-L-T）, $f(\alpha)=\dfrac{3}{2}(1-\alpha)^{4/3}$ $[(1-\alpha)^{-1/3}-1]^{-1}$	0.9998	0.0151
	1473	19.25~55.00	0.577~0.708		0.9985	0.0259
	1523	21.00~55.00	0.663~0.762		0.9978	0.0448
	1573	13.00~55.00	0.597~0.818		0.9993	0.0772
2.0	1423	17.00~55.00	0.473~0.720	扩散模型, 3-D 扩散（Z-L-T）, $f(\alpha)=\dfrac{3}{2}(1-\alpha)^{4/3}$ $[(1-\alpha)^{-1/3}-1]^{-1}$	0.9993	0.0109
	1473	22.50~55.00	0.647~0.780		0.9971	0.0190
	1523	22.25~55.00	0.739~0.828		0.9956	0.0282
	1573	14.50~55.00	0.683~0.883		0.9998	0.0392

续表 3-12

试验条件		范围		机理函数 $f(\alpha)$	相关系数 R^2	表观速率常数 $k(T)/\mathrm{min}^{-1}$
C 与 O 摩尔比	还原温度 /K	还原时间 /min	α			
2.5	1423	17.75~55.00	0.518~0.792	扩散模型，3-D 扩散（Z-L-T），$f(\alpha)=\dfrac{3}{2}(1-\alpha)^{4/3}$ $\left[(1-\alpha)^{-1/3}-1\right]^{-1}$	0.9994	0.0059
	1473	23.00~55.00	0.700~0.851		0.9969	0.0091
	1523	24.00~55.00	0.795~0.878		0.9969	0.0129
	1573	16.75~55.00	0.764~0.926		0.9990	0.0203
3.0	1423	19.00~55.00	0.561~0.826	扩散模型，3-D 扩散（Z-L-T），$f(\alpha)=\dfrac{3}{2}(1-\alpha)^{4/3}$ $\left[(1-\alpha)^{-1/3}-1\right]^{-1}$	0.9985	0.0034
	1473	23.00~55.00	0.696~0.876		0.9975	0.0050
	1523	25.00~55.00	0.822~0.924		0.9993	0.0068
	1573	19.75~55.00	0.836~0.965		0.9996	0.0107

　　基于 Arrhenius 公式，动力学参数（指前因子和表观活化能）可以分别通过 $\ln k(T)$ 和 $1/T$ 线性拟合直线的斜率和截距获得。根据式（3-2）及确定的最佳机理函数可以得到不同还原温度和 C 与 O 摩尔比条件下的表观速率常数，见表 3-10~3-12 所示。由表可以看到，相同 C 与 O 摩尔比下，随着还原温度的升高，表观速率常数逐渐增大。图 3-22 给出了 $\ln k(T)$ 和 $1/T$ 线性拟合结果，据此计算出指前因子和表观活化能，结果见表 3-13。

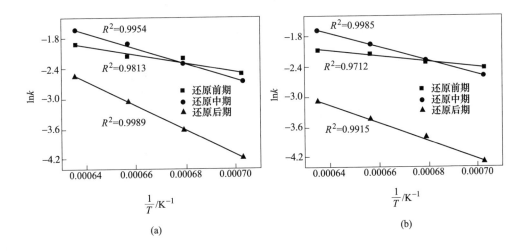

(a)　　　　　　　　　　　　　　　　(b)

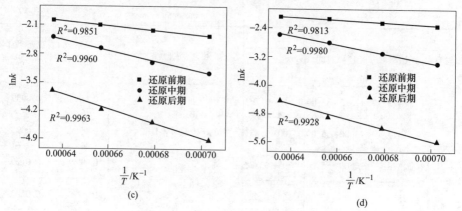

图 3-22　$\ln k(T)$ 和 $1/T$ 线性拟合结果

（a）C 与 O 摩尔比 1.5；（b）C 与 O 摩尔比 2.0；（c）C 与 O 摩尔比 2.5；（d）C 与 O 摩尔比 3.0

表 3-13　鲕状赤铁矿石深度还原动力学方程及参数

C 与 O 摩尔比		1.5	2.0	2.5	3.0
还原速率方程 （动力学模型）	前期	$r = \dfrac{\mathrm{d}\alpha}{\mathrm{d}t} = 4 \times A\exp\left(\dfrac{-E_a}{RT}\right)(1-\alpha)\left[-\ln(1-\alpha)\right]^{3/4}$			
	中期	$r = \dfrac{\mathrm{d}\alpha}{\mathrm{d}t} = A\exp\left(\dfrac{-E_a}{RT}\right)(1-\alpha)^2$		$r = \dfrac{\mathrm{d}\alpha}{\mathrm{d}t} = 2 \times A\exp\left(\dfrac{-E_a}{RT}\right)(1-\alpha)^{3/2}$	
	后期	$r = \dfrac{\mathrm{d}\alpha}{\mathrm{d}t} = \dfrac{3}{2} \times A\exp\left(\dfrac{-E_a}{RT}\right)(1-\alpha)^{4/3}\left[(1-\alpha)^{-1/3}-1\right]^{-1}$			
$E_a/\mathrm{kJ \cdot mol^{-1}}$	前期	70.38	50.81	48.00	32.13
	中期	128.55	117.97	111.42	104.51
	后期	202.26	158.05	150.10	140.85
$A/\mathrm{min^{-1}}$	前期	31.38	5.87	4.73	1.32
	中期	3646.05	1449.54	391.11	208.51
	后期	394352.32	7229.32	1902.07	490.34

　　由表 3-13 可以看出，同一还原阶段下，表观活化能和指前因子随着 C 与 O 摩尔比增加而明显降低。例如，当 C 与 O 摩尔比由 1.5 增加到 3.0 时，还原初期阶段的表观活化能和指前因子分别从 70.38kJ/mol 和 31.38min⁻¹ 减小到 32.13kJ/mol 和 1.32min⁻¹。C 与 O 摩尔比增加使得矿样与还原剂接触更加充分，同时反应容器内 CO 的浓度增加，这就意味着铁氧化物还原为金属铁的活性位点数量增加和化学反应驱动力增强。因此，还原反应在较高的 C 与 O 摩尔比条件下更容易发生，反应发生所需的最低能量（即活化能）逐渐降低。指前因子的减小可以用碰撞理论加以解释。在碰撞理论中，指前因子被称为频率因子，取决于分子间的碰撞是否有效。还原气体 CO 浓度的增加导致有效碰撞的次数增加，故而反应所需的碰撞频率降低。因此，随着 C 与 O 摩尔比增加指前因子减小。

　　由表 3-13 还可以发现，C 与 O 摩尔比相同时，还原前一阶段的表观活化能和指前因子明显地低于还原后一阶段的表观活化能和指前因子。例如，C 与 O 摩尔比 2.0 时，还原初期阶段表观活化能和指前因子分别为 50.81kJ/mol 和

5.87min^{-1}；还原中期阶段为 117.97kJ/mol 和 1449.54min^{-1}；还原后期阶段为 158.05kJ/mol 和 7229.32min^{-1}。表观活化能随还原阶段不同而改变表明还原机理随着深度还原过程的进行而改变，这一现象将在后文进一步探讨。

根据确定的不同还原阶段最佳机理函数，计算获得的表观活化能和指前因子，我们最终提出了鲕状赤铁矿石深度还原等温动力学模型，结果见表3-13。基于确定的最佳机理函数和表观活化能可以推断：鲕状赤铁矿石等温还原的初期和中期阶段，铁矿物的还原受界面化学反应控制；而在还原后期阶段，固相扩散为还原反应的限制性环节。

3.4.1.3 还原机理分析

为了阐明不同还原阶段的反应机理，将鲕状赤铁矿石在还原温度为1473K 和 C 与 O 摩尔比为 2.0 的条件下分别还原5min、15min 和 30min，制备出不同还原阶段的样品。采用 SEM-EDS 和 XRD 对还原样品进行分析。由于还原初期阶段时间较短，致使该阶段难以捕捉，因此没有制备出还原初期阶段的样品。还原样品的 SEM 图像和 EDS 能谱分析结果如图 3-23 和表 3-14 所示。

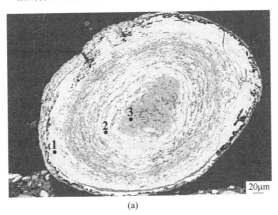

(a)

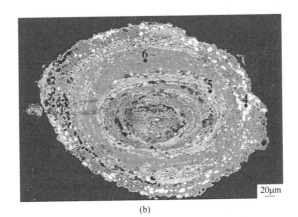

(b)

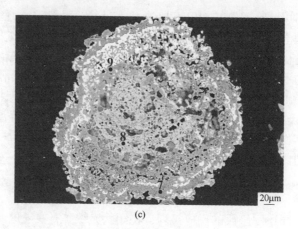

(c)

图 3-23　鲕状赤铁矿石还原后 SEM 图像（还原温度 1473K，C 与 O 摩尔比 2.0)

(a) 5min；(b) 15min；(c) 30min

表 3-14　鲕状赤铁矿石还原样品 EDS 分析结果

分析点	成分（质量分数)/%				
	O	Fe	Si	Al	Ca
1	21.69	78.31	0.00	0.00	0.00
2	27.40	72.60	0.00	0.00	0.00
3	31.68	48.35	12.12	7.85	0.00
4	0.00	100.00	0.00	0.00	0.00
5	31.71	54.70	2.05	11.54	0.00
6	30.95	55.57	9.20	3.30	0.98
7	31.98	52.22	10.52	4.06	1.22
8	32.21	46.31	6.25	13.41	1.83
9	42.05	2.98	16.51	18.41	20.06

由图 3-23（a）可以看出，还原 5min 时矿样鲕状结构的边缘遭到破坏，并且鲕状边缘有孔隙形成，还原样品中可明显地观测到三个不同的区域。根据 EDS 分析结果（见表 3-14）可知区域 1 和 2 的组成元素为 O 和 Fe，O 和 Fe 的质量比分别为 0.277 和 0.377，据此可以断定区域 1 和 2 分别为 $FeO(w[O]/w[Fe]=0.286)$ 和 $Fe_3O_4(w[O]/w[Fe]=0.381)$。区域 3 组成元素为 O、Fe、Si 和 Al，这表明区域 3 为脉石矿物绿泥石。还原 15min 时样品中检测到金属铁相（如区域 4，组成元素为 Fe），并且鲕粒边缘处金属相的尺寸明显大于鲕粒内部金属铁尺寸。区域 5 和 6 主要成分分别为铁尖晶石（$FeAl_2O_4$）和铁橄榄石（Fe_2SiO_4），是由 FeO 与矿样中 SiO_2（或 Al_2O_3）反应生成的。同时，鲕状结构内部也开始被破坏，

孔隙的数量也逐渐增多。还原 30min 时，还原样品中新形成了三个不同的区域。区域 7 和 8 分别主要由铁橄榄石和尖晶石组成，与区域 5 和 6 类似，然而区域 7 和 8 中 Ca 的含量明显高于区域 5 和 6，区域 9 主要成分为钙长石。此时，矿石鲕状结构彻底消失；金属铁相的尺寸明显增加，并且逐渐聚集连接在一起；鲕粒边缘孔隙消失，渣相彼此相连形成均匀相。这种现象主要是由低熔点化合物铁橄榄石（1478K）生成和金属相聚集生长导致的。总而言之，鲕状赤铁矿石中铁矿物按照由外及内的空间顺序逐渐被还原。

图 3-24 给出了不同还原时间条件下还原样品的 XRD 谱图。由图可以发现，还原 5min 时，检测到了 FeO 和 Fe$_3$O$_4$ 的衍射峰，与 EDS 分析结果一致。赤铁矿衍射峰的数量减少，并且衍射峰相对强度明显降低；同时，检测到了铁橄榄石的衍射峰，但衍射强度较弱。还原 15min 时，XRD 谱图中明显地出现了金属铁、铁橄榄石和铁尖晶石的衍射峰，而赤铁矿、磁铁矿和氧化亚铁的衍射峰几乎完全消

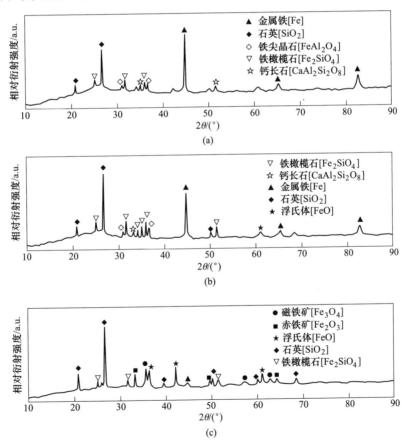

图 3-24　鲕状赤铁矿石还原样品 XRD 图谱（还原温度 1473K，C 与 O 摩尔比 2.0）

(a) 30min；(b) 15min；(c) 5min

失。上述结果进一步证实了矿石中的赤铁矿按照 $Fe_2O_3 \rightarrow Fe_3O_4 \rightarrow FeO \rightarrow Fe$ 的顺序还原为金属铁的逐级转变原则。赤铁矿还原为低价铁氧化物（即磁铁矿和氧化亚铁）较为迅速，而氧化亚铁还原为金属铁则是赤铁矿还原为金属铁过程中最慢的环节。这一结果解释了还原速率峰值均出现在还原前期阶段（见图 3-20）的原因。还原 30min 时，XRD 谱图中铁橄榄石和尖晶石衍射峰的相对强度降低，而金属铁和 $CaAl_2Si_2O_8$ 衍射峰的相对强度明显增强，这表明铁橄榄石和尖晶石被进一步还原为金属铁。显然，还原样品 XRD 结果与 SEM-EDS 结果具有良好的一致性。

　　基于动力学、XRD 和 SEM-EDS 分析的结果可以得出：鲕状赤铁矿石深度还原机理随着还原的进行而逐渐改变；赤铁矿按照 $Fe_2O_3 \rightarrow Fe_3O_4 \rightarrow FeO$（$FeAl_2O_4$，$Fe_2SiO_4$）$\rightarrow Fe$ 的反应顺序和从鲕粒边缘到鲕粒内部的空间顺序还原为金属铁；随着铁氧化物还原反应的进行，矿石的鲕状结构逐渐被破坏；还原前期形成铁橄榄石和尖晶石，而还原后期铁橄榄石和尖晶石又会被还原为金属铁；Ca-Si-Al-O 物质和金属铁逐渐聚集生长，分别形成均匀渣相和金属铁相；还原前期还原为金属铁的主要物质为 Fe_2O_3、Fe_3O_4 和 FeO，而还原后期则主要是铁的复杂化合物（Fe_2SiO_4 和 $FeAl_2O_4$）。Park、Zhu 和 Kubaschewski 等人研究表明，与铁氧化物相比 Fe_2SiO_4 和 $FeAl_2O_4$ 还原为金属铁的阻力更大[14,41,42]，这就是为什么还原后期的活化能和指前因子明显地高于还原前期。

　　尽管还原时间短于 5min（即还原初期）时的样品因难以制备而没有进行 XRD 和 SEM-EDS 分析，但是 El-Geassy 和 Park 的最新研究结果有助于分析还原初期的机理。在还原的开始阶段（即感应期），参与还原反应的主要物质为赤铁矿（Fe_2O_3），赤铁矿被与其表面接触的固体碳直接还原为 Fe_3O_4，化学反应式为：

$$3Fe_2O_3(s) + C(s) = 2Fe_3O_4(s) + CO(g) \quad\quad (3\text{-}18)$$

生成的 CO 会立即在原位参与 Fe_2O_3 还原为 Fe_3O_4 的反应，反应方程式为：

$$3Fe_2O_3(s) + CO(g) = 2Fe_3O_4(s) + CO_2(g) \quad\quad (3\text{-}19)$$

　　根据上述研究结果和分析，鲕状赤铁矿石深度还原不同阶段的还原机理见表 3-15。

表 3-15　鲕状赤铁矿石深度还原机理

还原阶段	被还原物质	主要还原反应	微观结构	速率控制机制
前期	Fe_2O_3	$3Fe_2O_3+C = 2Fe_3O_4+CO$ $3Fe_2O_3+CO = 2Fe_3O_4+CO_2$	—	界面化学反应
中期	Fe_2O_3，Fe_3O_4，FeO	$3Fe_2O_3+CO = 2Fe_3O_4+CO_2$ $Fe_3O_4+CO = 3FeO+CO_2$ $FeO+CO = Fe+CO_2$	鲕状结构破坏	界面化学反应

还原阶段	被还原物质	主要还原反应	微观结构	速率控制机制
后期	Fe$_2$SiO$_2$，FeAl$_2$O$_4$	$2Fe_2SiO_2+2C \xlongequal{\hspace{1em}} 4Fe+SiO_2+2CO$ $FeAl_2O_4+C \xlongequal{\hspace{1em}} Fe+Al_2O_3+CO$	形成均质结构	固相扩散

3.4.2 非等温动力学分析

3.4.2.1 还原度及还原速率

程序升温法是研究还原动力学十分有效的一种方法，本节采用程序升温技术对不同 C 与 O 摩尔比和升温速率下鲕状赤铁矿石的还原反应进行研究。图 3-25 和图 3-26 分别给出了还原度和还原速率随还原温度的变化。从图可以发现不同还原条件下还原度曲线（或还原速率曲线）随着还原温度升高呈现出相同的变化规律。随着还原温度升高，还原度逐渐增加（见图 3-25）；还原速率则先迅速增加，之后保持稳定，然后逐渐降低（见图 3-26）。

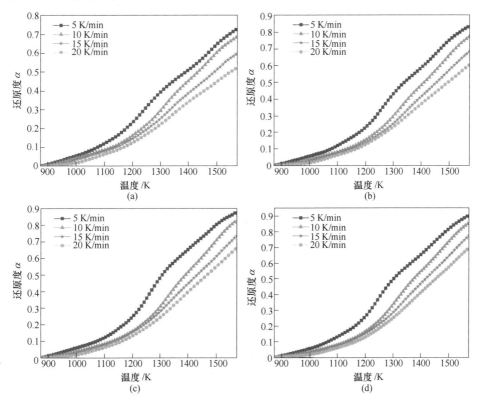

图 3-25 不同升温速率和 C 与 O 摩尔比下还原度曲线

（a）C 与 O 摩尔比为 1.5；（b）C 与 O 摩尔比为 2.0；（c）C 与 O 摩尔比为 2.5；（d）C 与 O 摩尔比为 3.0

从图 3-25 和图 3-26 可以看出升温速率对还原度和还原速率具有十分显著的影响。相同 C 与 O 摩尔比条件下，还原度随着升温速率的增加而减小，且温度越高减小幅度越大（见图 3-25）。在所有试验条件下，还原度均小于 1.0，这表明矿石中铁矿物并没有完全被还原。例如，当 C 与 O 摩尔比为 2.0，升温速率分别为 5K/min、10K/min、15K/min 和 20K/min 时，试验终点（温度升高至 1573K）的还原度分别为 0.839、0.775、0.685 和 0.606。当 C 与 O 摩尔比相同时，随着升温速率的增加，还原速率明显增大，尤其是当还原温度高于 1000K 时效果更为明显，同时升温速率越大还原速率峰值出现时的温度越高（见图3-26）。C 与 O 摩尔比为 2.0 时，随着升温速率由 5K/min 增加到 20K/min，还原速率峰值由 0.0116min^{-1} 增加到 0.0337min^{-1}，还原速率峰值所对应的温度也由 1264K 升高到 1363K。

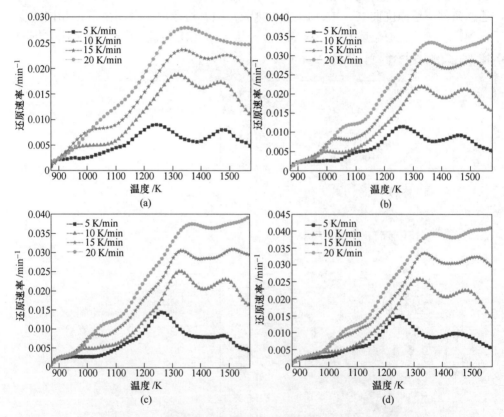

图 3-26　不同升温速率和 C 与 O 摩尔比下还原速率曲线
（a）C 与 O 摩尔比 1.5；（b）C 与 O 摩尔比 2.0；（c）C 与 O 摩尔比 2.5；（d）C 与 O 摩尔比 3.0

对比分析图 3-25 和图 3-26，可以看到 C 与 O 摩尔比对鲕状赤铁矿石深度还原也有一定的影响。在同一升温速率下，当温度高于 1150K 时，还原度和还原速率均随着 C 与 O 摩尔比增加而增大；当温度低于 1150K 时，变化趋势不是十分明显。例如，在升温速率 10K/min 条件下，随着 C 与 O 摩尔比从 1.5 增加到 3.0，温度 1573K 时的还原度从 0.688 增加到 0.855；还原速率峰值由 0.019min^{-1} 增加到 0.026min^{-1}。在其他升温速率下也发现了类似的现象。通过对比还可以发现，给定升温速率情况下，不同 C 与 O 摩尔比条件下的还原速率峰值出现的温度十分接近。升温速率为 15K/min，C 与 O 摩尔比分别为 1.5、2.0、2.5 和 3.0 时还原速率达到峰值所对应的温度分别为 1334K、1340K、1335K 和 1337K，可认为相同。

通过对比分析可知，尽管升温速率和 C 与 O 摩尔比对鲕状赤铁矿石深度还原均有影响，但升温速率的影响要明显强于 C 与 O 摩尔比。

3.4.2.2 非等温动力学模型建立

对每一个升温速率，选取还原度 0.05~0.75（间距 0.05）所对应的温度，利用式（3-7）计算活化能。图 3-27 给出了 lgβ 与 1/T 的线性拟合结果，可以看

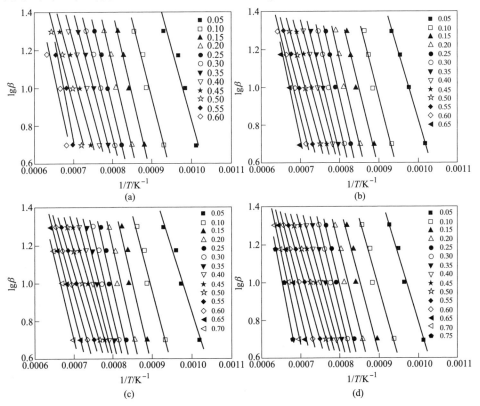

图 3-27　不同 C 与 O 摩尔比下 lgβ 与 1/T 的线性拟合

(a) C 与 O 摩尔比为 1.5；(b) C 与 O 摩尔比为 2.0；(c) C 与 O 摩尔比为 2.5；(d) C 与 O 摩尔比为 3.0

出 $\lg\beta$ 与 $1/T$ 具有良好的线性相关性。因此，鲕状赤铁矿石非等温还原的活化能可以采用 Ozawa-Flynn-Wall 法计算获得。表 3-16 给出了不同 C 与 O 摩尔比条件下非等温还原的活化能。由表 3-16 可以发现，随着 C 与 O 摩尔比由 1.5 增加到 3.0，活化能从 169.68kJ/mol 降低到 159.21kJ/mol，这表明在较高的 C 与 O 摩尔比条件下鲕状赤铁矿石中的铁矿物更容易被还原。

表 3-16　鲕状赤铁矿石非等温还原活化能

C 与 O 摩尔比	1.5	2.0	2.5	3.0
$E^*/\text{kJ} \cdot \text{mol}^{-1}$	169.68	165.82	162.44	159.21

注：E^* 不同还原度下活化能的算术平均值。

　　据作者所知，作者对鲕状赤铁矿石煤基还原的非等温动力学的研究为国内外首次。但研究结果可以与文献中铁氧化物碳还原的活化能和等温法计算的活化能进行比较，见表 3-17。从表可以发现鲕状赤铁矿石非等温还原的活化能明显地大于文献中活化能和等温条件下的活化能。这一结果表明，与等温条件下铁矿石或铁氧化物还原相比，在非等温条件下鲕状赤铁矿石更难被还原。

表 3-17　文献中铁氧化物碳还原活化能

文献	$E/\text{kJ} \cdot \text{mol}^{-1}$	试验条件
本书	159.21~169.68	难选铁矿石/煤，非等温
本书	92.50~133.73	难选铁矿石/煤，等温
El-Geassy et al. [10]	144.50	Fe_2O_3/C，等温
Carvalho et al. [43]	100.00	铁矿石/煤，等温

　　根据前文所述，我们采用 Šatava-Šesták 法确定鲕状赤铁矿石煤基非等温还原的机理函数。由 30 种动力学机理函数的线性拟合相关系数可以发现 $A_{1/4}$、D_5 和 C_1 模型对应的 $G(\alpha)$ 与 $1/T$ 的线性相关度要优于其他模型。表 3-18 为 $A_{1/4}$、D_5 和 C_1 模型线性拟合计算结果。对比分析表 3-18 和表 3-16 中的活化能，可以看出模型 D_5 计算得到的活化能与 Ozawa-Flynn-Wall 法最为接近，因此可以得出 D_5 反应模型 $G(\alpha)=\left[1-(1-\alpha)^{1/3}\right]^2$，$f(\alpha)=\dfrac{3}{2}(1-\alpha)^{2/3}\left[1-(1-\alpha)^{1/3}\right]^{-1}$ 是鲕状赤铁矿石非等温还原的最佳机理函数。从表 3-13 还可以发现，相同 C 与 O 摩尔比条件下，Šatava-Šesták 法得到的 E_s 和 $\ln A$ 随着升温度率的增加而增大。例如，C 与 O 摩尔比为 2.0，随着升温速率从 5K/min 增加到 20K/min，E_s 和 $\ln A$ 分别由 172.4kJ/mol 和 10.82min^{-1} 增加到 184.4kJ/mol 和 11.59min^{-1}。然而，在同一升温速率下，E_s 和 $\ln A$ 随着 C 与 O 摩尔比的增加而减小，与 Ozawa-Flynn-Wall 法计算结果的变化规律相一致。

表 3-18 可能的机理函数线性拟合结果

C 与 O 摩尔比	β/K·min^{-1}	A$_{1/4}$反应模型			D$_5$反应模型			C$_1$反应模型		
		E_s/kJ·mol^{-1}	lnA/min^{-1}	$-R$	E_s/kJ·mol^{-1}	lnA/min^{-1}	$-R$	E_s/kJ·mol^{-1}	lnA/min^{-1}	$-R$
1.5	5	331.2	26.58	0.999	177.5	11.37	0.999	99.7	7.48	0.999
	10	353.5	27.46	0.999	184.2	11.79	0.999	100.1	7.53	0.998
	15	354.0	27.63	0.998	185.5	11.94	0.997	102.1	7.61	0.995
	20	360.5	27.87	0.999	189.1	12.10	0.999	103.8	7.79	0.993
2.0	5	323.7	25.74	0.998	172.4	10.82	0.998	94.6	7.06	0.998
	10	334.2	25.52	0.999	176.8	11.03	0.998	98.8	7.18	0.992
	15	339.7	26.32	0.998	178.5	11.18	0.997	98.8	7.27	0.999
	20	356.4	27.11	0.998	184.4	11.59	0.998	99.4	7.47	0.995
2.5	5	309.7	23.9	0.999	164.6	9.80	0.999	93.1	6.43	0.996
	10	327.5	24.86	0.998	171.8	10.38	0.998	93.5	6.79	0.994
	15	332.7	24.94	0.998	172.9	10.44	0.997	93.7	6.83	0.998
	20	338.9	25.17	0.997	175.2	10.59	0.998	94.6	6.94	0.999
3.0	5	285.2	20.99	0.998	148.3	7.97	0.999	81.9	5.33	0.998
	10	291.9	21.01	0.998	151.7	8.44	0.998	83.0	5.78	0.999
	15	297.4	21.86	0.999	155.6	8.80	0.998	85.2	5.9	0.997
	20	314.1	22.55	0.995	163.1	9.32	0.996	86.4	6.2	0.998

图 3-28 显示了活化能 E_s 和指前因子 lnA 之间的关系。由图可以发现 lnA 与 E_s

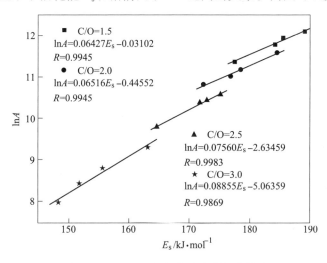

图 3-28 E_s 和 lnA 之间的动力学补偿效应

呈现出良好的线性相关性，这表明鲕状赤铁矿石非等温煤基还原过程中存在动力学补偿效应。动力学补偿效应的产生可能是由于不同的升温速率引起的。

基于确定的最佳机理函数、活化能（E_s）和 lnA 可以建立鲕状赤铁矿石非等温煤基还原的动力学方程。不同升温速率和 C 与 O 摩尔比条件下鲕状赤铁矿石非等温还原的动力学方程见表 3-19。

表 3-19 鲕状赤铁矿石非等温还原的动力学方程

C 与 O 摩尔比	$\beta/\mathrm{K \cdot min^{-1}}$	动力学模型
1.5	5	$\dfrac{\mathrm{d}\alpha}{\mathrm{d}T} = 17276\exp(-21346/T)\,\dfrac{3}{2}(1-\alpha)^{4/3}\left[(1-\alpha)^{-1/3}-1\right]^{-1}$
	10	$\dfrac{\mathrm{d}\alpha}{\mathrm{d}T} = 13145\exp(-22154/T)\,\dfrac{3}{2}(1-\alpha)^{4/3}\left[(1-\alpha)^{-1/3}-1\right]^{-1}$
	15	$\dfrac{\mathrm{d}\alpha}{\mathrm{d}T} = 10184\exp(-22310/T)\,\dfrac{3}{2}(1-\alpha)^{4/3}\left[(1-\alpha)^{-1/3}-1\right]^{-1}$
	20	$\dfrac{\mathrm{d}\alpha}{\mathrm{d}T} = 9000\exp(-22741/T)\,\dfrac{3}{2}(1-\alpha)^{4/3}\left[(1-\alpha)^{-1/3}-1\right]^{-1}$
2.0	5	$\dfrac{\mathrm{d}\alpha}{\mathrm{d}T} = 9968\exp(-20734/T)\,\dfrac{3}{2}(1-\alpha)^{4/3}\left[(1-\alpha)^{-1/3}-1\right]^{-1}$
	10	$\dfrac{\mathrm{d}\alpha}{\mathrm{d}T} = 6187\exp(-21263/T)\,\dfrac{3}{2}(1-\alpha)^{4/3}\left[(1-\alpha)^{-1/3}-1\right]^{-1}$
	15	$\dfrac{\mathrm{d}\alpha}{\mathrm{d}T} = 4758\exp(-21471/T)\,\dfrac{3}{2}(1-\alpha)^{4/3}\left[(1-\alpha)^{-1/3}-1\right]^{-1}$
	20	$\dfrac{\mathrm{d}\alpha}{\mathrm{d}T} = 54106\exp(-22176/T)\,\dfrac{3}{2}(1-\alpha)^{4/3}\left[(1-\alpha)^{-1/3}-1\right]^{-1}$
2.5	5	$\dfrac{\mathrm{d}\alpha}{\mathrm{d}T} = 3611\exp(-19796/T)\,\dfrac{3}{2}(1-\alpha)^{4/3}\left[(1-\alpha)^{-1/3}-1\right]^{-1}$
	10	$\dfrac{\mathrm{d}\alpha}{\mathrm{d}T} = 3211\exp(-20660/T)\,\dfrac{3}{2}(1-\alpha)^{4/3}\left[(1-\alpha)^{-1/3}-1\right]^{-1}$
	15	$\dfrac{\mathrm{d}\alpha}{\mathrm{d}T} = 2282\exp(-20798/T)\,\dfrac{3}{2}(1-\alpha)^{4/3}\left[(1-\alpha)^{-1/3}-1\right]^{-1}$
	20	$\dfrac{\mathrm{d}\alpha}{\mathrm{d}T} = 1995\exp(-21077/T)\,\dfrac{3}{2}(1-\alpha)^{4/3}\left[(1-\alpha)^{-1/3}-1\right]^{-1}$
3.0	5	$\dfrac{\mathrm{d}\alpha}{\mathrm{d}T} = 579\exp(-17832/T)\,\dfrac{3}{2}(1-\alpha)^{4/3}\left[(1-\alpha)^{-1/3}-1\right]^{-1}$
	10	$\dfrac{\mathrm{d}\alpha}{\mathrm{d}T} = 461\exp(-18244/T)\,\dfrac{3}{2}(1-\alpha)^{4/3}\left[(1-\alpha)^{-1/3}-1\right]^{-1}$
	15	$\dfrac{\mathrm{d}\alpha}{\mathrm{d}T} = 440\exp(-18718/T)\,\dfrac{3}{2}(1-\alpha)^{4/3}\left[(1-\alpha)^{-1/3}-1\right]^{-1}$
	20	$\dfrac{\mathrm{d}\alpha}{\mathrm{d}T} = 557\exp(-19614/T)\,\dfrac{3}{2}(1-\alpha)^{4/3}\left[(1-\alpha)^{-1/3}-1\right]^{-1}$

3.4.2.3 还原过程分析

采用 Ozawa-Flynn-Wall 法计算出不同还原度下的活化能, 结果如图 3-29 所示。由图可以看出, 随着还原度的增加, 活化能数值明显发生变化。这一现象表明, 随着还原反应的进行, 反应的机制发生改变。结合活化能随着还原度呈现出的变化趋势, 鲕状赤铁矿石非等温煤基还原可以分为两个阶段。阶段 I, 还原度小于 0.6 时, 可以认为活化能在一个较低的数值（约 161.67kJ/mol）上下波动; 阶段 II, 还原大于 0.6 时, 活化能随着还原度的增加迅速增大（从 161.67kJ/mol 增加到 215.06kJ/mol）。

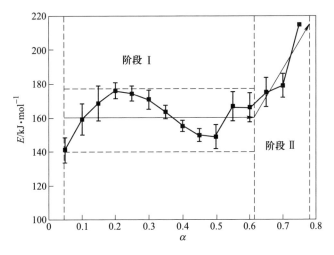

图 3-29 活化能与还原度之间的关系

图 3-30 为不同还原温度（即不同还原度）条件下还原样品的 XRD 谱图。由图可知, 还原温度为 1073K（$\alpha = 0.07$）时, 还原样品中含铁相主要为磁铁矿（Fe_3O_4）和赤铁矿（Fe_2O_3）, 并且检测到的赤铁矿衍射峰强度相对较弱。还原温度升高到 1273K（$\alpha = 0.25$）时, 赤铁矿和磁铁矿衍射峰消失, 而氧化亚铁（FeO）、铁橄榄石（Fe_2SiO_4）和铁尖晶石（$FeAl_2O_4$）的衍射峰明显存在。还原温度为 1373K（$\alpha = 0.44$）时, 还原样品中金属铁的衍射峰出现; 氧化亚铁衍射峰的数量减少, 并且强度减弱; 而铁橄榄石衍射峰的数量增加, 强度增强。还原温度升高到 1473K（$\alpha = 0.61$）时, 金属铁衍射峰的相对强度增加, 而铁橄榄石衍射峰的强度减弱。当还原温度达到 1573K（$\alpha = 0.77$）时, 还原样品中含铁相主要为金属铁, 铁橄榄石和尖晶石衍射峰的相对强度进一步减弱。上述结果表明, 矿石中的赤铁矿按照 $Fe_2O_3 \rightarrow Fe_3O_4 \rightarrow FeO \rightarrow Fe$ 的途径逐级还原为金属铁; 还原产生的 FeO 会与脉石矿物反应生成铁橄榄石和尖晶石; 随着还原的继续进行, 铁橄榄石和尖晶石又会逐渐被还原为金属铁。

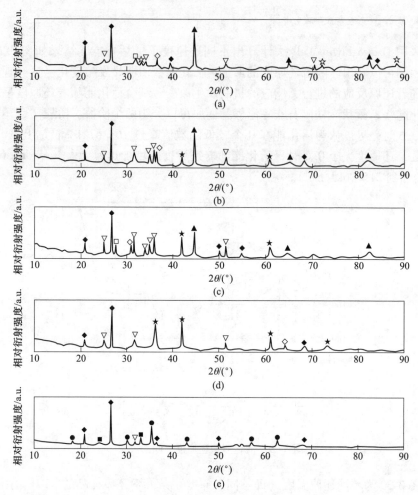

图 3-30　不同还原温度下还原样品的 XRD 谱图（升温速率 10K/min，C 与 O 摩尔比 2.0）

(a) 1573K，$\alpha = 0.77$；(b) 1473K，$\alpha = 0.61$；(c) 1373K，$\alpha = 0.44$；

(d) 1273K，$\alpha = 0.25$；(e) 1073K，$\alpha = 0.07$

▲—金属铁 [Fe]；□—斜硅钙石 [Ca_2SiO_4]；▽—铁橄榄石 [Fe_2SiO_4]；◆—石英 [SiO_2]；

☆—钙长石 [$CaAl_2Si_2O_8$]；★—浮氏体 [FeO]；◇—铁尖晶石 [$FeAl_2O_4$]；

●—磁铁矿 [Fe_3O_4]；■—赤铁矿 [Fe_2O_3]

综上所述可以得出：鲕状赤铁矿石非等温还原过程中还原机理发生转变；矿样中赤铁矿的还原路径为 $Fe_2O_3 \rightarrow Fe_3O_4 \rightarrow FeO(Fe_2SiO_4，FeAl_2O_4) \rightarrow Fe$；非等温还原过程可以分为两个阶段；阶段 I，主要的还原反应为铁氧化物（Fe_2O_3，Fe_3O_4，FeO）还原为金属铁的化学反应；阶段 II，铁复杂化合物（Fe_2SiO_4，$FeAl_2O_4$）还原为金属铁的化学反应是主要的还原反应。已有研究表明，与铁氧

化物相比 Fe_2SiO_4 和 $FeAl_2O_4$ 更难被还原为金属铁。因此，鲕状赤铁矿石非等温还原前一阶段的活化能稳定在一个较低的数值，而在后一阶段则明显地增大。鲕状赤铁矿石非等温还原动力学机理与等温还原动力学机理相类似。

参 考 文 献

[1] El-Geassy A A. Effect of reducing gas on the volume change during reduction of iron oxide compacts [J]. ISIJ International, 1996, 36 (6): 640~649.

[2] Kim W H, Lee S, Kim S M, et al. The retardation kinetics of magnetite reduction using H_2 and H_2-H_2O mixtures [J]. Int. J. Hydrogen Energy, 2013, 38 (10): 4194~4200.

[3] Hou B L, Zhang H Y, Li H Z, et al. Study on kinetics of iron oxide reduction by hydrogen [J]. Chinese J. Chem. Eng, 2012, 20 (1): 10~17.

[4] Piotrowski K, Mondal K, Lorethova H, et al. Effect of gas composition on the kinetics of iron oxide reduction in a hydrogen production process [J]. Int. J. Hydrogen Energy, 2005, 30: 1543~1554.

[5] El-Geassy A A. Gaseous monoxide reduction of MgO-doped at 1173-1473K [J]. ISIJ International, 1996, 36 (11): 1328~1337.

[6] El-Geassy A A, Nasr M I, Omar A A, et al. Isothermal reduction behaviour of MnO_2 doped Fe_2O_3 compacts with H_2 at 1073-1373K [J]. Ironmak. Steelmak., 2008, 35 (7): 531~538.

[7] Nasr M I, Omar A A, Khedr M H, et al. Effect of nickel oxide doping on the kinetics and mechanism of iron oxide reduction [J]. ISIJ International, 1995, 35 (9): 1043~1049.

[8] Khedr M H. Isothermal reduction kinetics of Fe_2O_3 mixed with 1%~10% Cr_2O_3 at 1173-1473K [J]. ISIJ International, 2000, 40 (4): 309~314.

[9] Hessein M, Kashawaya Y, Ishi K, et al. Sintering and heating reduction processes of alumina containing iron ore samples [J]. Ironmak. Steelmak., 2008, 35 (3): 191~204.

[10] El-Geassy A A, Abdel H K S, Bahgat M, et al. Carbothermic reduction of Fe_2O_3/C compacts: comparative approach to kinetics and Mechanism [J]. Ironmak. Steelmak., 2013, 40 (7): 534~544.

[11] Strezov V, Liu G S, Lucas J A, et al. Computational calorimetric study of the iron ore reduction reactions in mixtures with coal [J]. Ind. Eng. Chem. Res., 2005, 44: 621~626.

[12] Liu G S, Strezov V, Lucas J A, et al. Thermal investigations of direct iron ore reduction with coal [J]. Thermochim. Acta, 2004, 410: 133~140.

[13] Sun S, Lu W K. A theoretical investigation of kinetics and mechanisms of iron ore reduction in an ore/coal composite [J]. ISIJ International, 1999, 39 (2): 123~129.

[14] Park H, Sahajwalla V. Effect of alumina and silica on the reaction kinetics of carbon composite pellets at 1473K [J]. ISIJ International, 2014, 54 (1): 49~55.

[15] Sun S, Lu W K. Building of a mathematical model for the reduction of iron ore in ore/coal com-

posites [J]. ISIJ International, 1999, 39 (2): 130~138.

[16] Huang B H, Lu W K. Kinetics and mechanisms of reactions in iron ore/coal composites [J]. ISIJ International, 1993, 33 (10): 1055~1061.

[17] Dutta S K, Ghosh A. Study of nonisothermal reduction of iron ore-coal/char composite pellet [J]. Metall. Mater. Trans. B, 1994, 25 (1): 15~26.

[18] Sun Y S, Han Y X, Gao P, et al. Investigation of kinetics of coal based reduction of oolitic iron ore [J]. Ironmaking and Steelmaking, 2014, 41 (10): 763~768.

[19] Vyazovkin S, Burnham A K, Criado José M, et al. ICTAC Kinetics Committee recommendations for performing kinetic computations on thermal analysis data [J]. Thermochim. Acta, 2011, 520: 1~19.

[20] Li P, Yu Q B, Qin Q, et al. Kinetics of CO_2/coal gasification in molten blast furnace slag [J]. Ind. Eng. Chem. Res. , 2012, 51: 15872~15883.

[21] Li P, Yu Q B, Xie H Q, et al. CO_2 gasification rate analysis of Datong coal using slag granules as heat carrier for heat recovery from blast furnace slag by using a chemical reaction [J]. Energ. Fuel. , 2013, 27: 4810~4817.

[22] Su T T, Zhai Y C, Jiang H, et al. Studies on the thermal decomposition kinetics and mechanism of ammonium niobium oxalate [J]. J. Therm. Anal. Calorim. , 2009, 98: 449~455.

[23] Perrenot B, Widmann G. TG and DSC kinetics of thermal decomposition and crystallization processes [J]. J. Therm. Anal. Calorim. , 1991, 37: 1785~1792.

[24] Galwey A K. Thermal decomposition of ionic solid [M]. Elsevier: Amsterdam, The Netherlands, 1984.

[25] Tanaka H. Thermal analysis and kinetics of solid state reactions [J]. Thermochim. Acta, 1995, 267: 29~44.

[26] Hu R Z, Shi Q. Thermal Analysis Kinetics [M]. Beijing: Science Press, 2008.

[27] Huang M X, Zhou C R, Han X W. Investigation of thermal decomposition kinetics of taurine [J]. J. Therm. Anal. Calorim. , 2013, 113: 589~593.

[28] Otero M, Calvo L F, Gil M V, et al. Co-combustion of different sewage sludge and coal: A non-isothermal thermogravimetric kinetic analysis [J]. Bioresource Technology, 2008, 99: 6311~6319.

[29] Janković B, Adnađević B, Mentus S. The kinetic analysis of non-isothermal nickel oxide reduction in hydrogen atmosphere using the invariant kinetic parameters method [J]. Thermochimica Acta, 2007, 456: 48~55.

[30] Guinesi L S, Ribeiro C A, Crespi M S, et al. Tin (Ⅱ) -EDTA complex: kinetic of thermal decomposition by non-isothermal procedures [J]. Thermochim Acta, 2004, 414: 35~42.

[31] Jankovic B, Mentus S. Model-fitting and Model-free analysis of thermal decomposition of palladium acetylacetonate [Pd (acac)₂] [J]. J. Therm. Anal. Calorim. , 2008, 94 (2): 395~403.

[32] Ozawa T. A new method of analyzing thermogravimatric data [J]. Bull Chem Soc Jpn. , 1965, 38 (11): 1881~1886.

[33] Flynn J H, Wall L A. A quick, direct method for the determination of activation energy from thermogravimetric data [J]. Polym. Lett. , 1966, 4 (3): 323~328.

[34] Doyle C D. Kinetic analysis of thermogravimetric data [J] . J. Appl. Polym. Sci. , 1961, 5 (15): 285~292.

[35] Škvára F, Šesták J. Computer calculation of the mechanism and associated kinetic data using a non-isothermal integral method [J]. J. Them. Anal. , 1975, 8 (3): 477~489.

[36] Jozwiak W K, Kaczmarek E, Maniecki T P, et al. Reduction behavior of iron oxides in hydrogen and carbon monoxide atmospheres [J]. Appl. Catal. A-Gen. , 2007, 326: 17~27.

[37] Chang Y F, Zhai X J, Fu Y, et al. Phase transformation in reductive roasting of laterite ore with microwave heating [J]. T. Nonferr. Metal. Soc. China, 2008, 18: 969~973.

[38] Bahgat M, Khedr M H. Reduction kinetics, magnetic behavior and morphological changes during reduction of magnetite single crystal [J] . Mat. Sci. Eng. B-Solid, 2007, 138: 251~258.

[39] Sun Y S, Gao P, Han Y X, et al. Reaction behavior of iron minerals and metallic iron particles growth in coal-based reduction of an oolitic iron ore [J] . Ind. Eng. Chem. Res. , 2013, 52 (6): 2323~2329.

[40] Pineau A, Kanari N, Gaballah I. Kinetics of reduction of iron oxides by H_2: Part I : Low temperature reduction of hematite [J]. Thermochim. Acta, 2006, 447: 89~100.

[41] Zhu D Q, Chun T J, Pan J, et al. Influence of basicity and MgO content on metallurgical performances of Brazilian specularite pellets [J]. Int. J. Miner. Process. , 2013, 125: 51~60.

[42] Kubaschewski O. Metallurgical Thermochemistry [M]. New York: Materials Science and Technology, 1979.

[43] Carvalho R J D, Netto P G Q, D' Abreu J C. Kinetics of reduction of composite pellets containing iron ore and carbon [J]. Canadian Metallurgical Quarterly, 1994, 33 (3): 217~225.

4 矿石物相转化及微观结构演化规律

铁矿石是炼铁的基本原料,铁矿石的还原机制对于优化炼铁工艺具有重要作用。国内外专家针对铁矿石的还原机理开展了深入系统的研究工作。研究结果表明,在直接还原炼铁工艺中,铁矿石均是按照 $Fe_2O_3 \rightarrow Fe_3O_4 \rightarrow FeO \rightarrow Fe$ 的顺序逐级还原为铁的;还原过程中各阶段宏观和微观结构与形态的变化对还原具有直接影响。有些研究成果已经成功地应用于炼铁生产过程中。

然而,需要指出的是:上述研究采用的试验原料是可以直接用炼铁的铁矿石或者纯度较高的赤铁矿和磁铁矿。如前文所述,难选铁矿石铁品位较低,不仅含有铁矿物,还含有石英、绿泥石、白云石等脉石矿物,故深度还原过程中不仅包含铁氧化物的还原相变,还存在其他组分的还原反应及各种组分之间的反应。此外,矿石中矿物之间嵌布紧密,形成一些独特的结构,例如鲕状结构、交代结构、碎屑结构等,这些矿石结构对还原也会产生一定的影响。因此,现有的铁矿石还原理论体系难以有效地揭示难选铁矿石的深度还原过程。

铁矿石组成矿物的物相转化及微观结构的演变过程对于探明难选铁矿石深度还原机制、优化调控还原过程具有非常重要的意义,是复杂难选铁矿石深度还原理论体系的重要组成部分。因此,我们选取典型的鲕状赤铁矿石为研究对象,开展深度还原过程中物相转化和微观结构演变规律研究。

4.1 研究方法

4.1.1 试验原料

试验用矿样为湖北官店的鲕状赤铁矿石,矿石的化学组成分析结果见表4-1。由表4-1可知,矿石中主要金属元素为铁,其质量分数为42.21%;硅、铝和钙的含量较高,表明矿石中含有一定量的石英、铝硅酸盐和碳酸盐矿物;磷元素的含量高达1.31%,有害元素硫的含量相对较低,为0.03%。

表 4-1 鲕状赤铁矿石化学成分分析

成分	TFe	FeO	SiO$_2$	Al$_2$O$_3$	CaO	MgO	P	S	TiO$_2$	K	Mn
质量分数/%	42.21	4.31	21.80	5.47	4.33	0.59	1.31	0.03	0.19	0.41	0.20

矿样 XRD 矿物物相定性分析结果如图 4-1 所示。从图 4-1 可以看出,该矿石

中主要矿物为赤铁矿、石英、绿泥石和磷灰石，其他矿物由于含量较少在 XRD 图谱中无法显示。

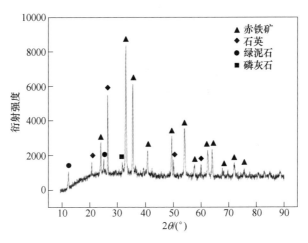

图 4-1 矿石的 XRD 分析图谱

采用 MLA 自动检测技术对矿石中的微观结构进行分析，发现该矿石为典型的鲕状赤铁矿石，典型的鲕粒图像如图 4-2 所示。由图 4-2 可以发现，鲕粒主要是由赤铁矿、鲕绿泥石、胶磷矿和黏土矿物组成，胶磷矿为胶状、隐晶质磷灰石。这些矿物围绕一个中心，层层环状包裹形成鲕粒。鲕粒大小 0.1~1.0mm，最常见为 0.3~0.5mm。鲕粒形状有球状、椭球状、纺锤状、长条状等。鲕粒有的有核心，核心多为石英、褐铁矿和铁绿泥石。鲕粒环带数不一，少的十余环，多的达 50 多环。各环厚度不一，疏密相间。赤铁矿环带一般较厚，为 37~72μm，胶磷矿的环带最薄，一般只有几微米宽。赤铁矿的环带由核心向鲕粒外层有密集的趋向。鲕粒中的赤铁矿环带本身并非纯净的赤铁矿，而是由赤铁矿极微细的针状晶体（长 1~3μm，宽小于 1μm）先交织成絮状小鳞片（长 7~14μm，

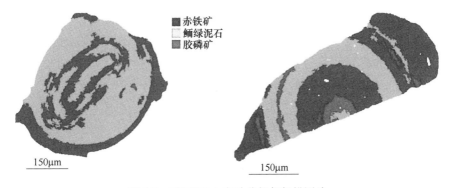

图 4-2 矿石 MLA 自动分析仪扫描图片

宽 1~4μm），再相互连接成环带。在赤铁矿的晶体之间，鳞片的孔隙中又充填黏土矿物、绿泥石和胶磷矿。

4.1.2　深度还原试验

　　本章深度还原试验采用的主体设备为 KSL-1400X 箱式电阻炉，电阻炉的剖面图如图 4-3 所示。将制备好的矿样和煤粉按照 C 与 O 摩尔比为 2.0 混合均匀。称取 50g 混合后的样品装入 100mL 的陶瓷坩埚中，同时在样品顶部均匀铺一层约 2mm 厚的煤粉（2g）用于保证坩埚内的还原气氛。电阻炉升温至设定温度后，迅速将装有样品的坩埚放入炉膛内，并开始计时。当还原时间达到试验设计值时还原试验完成，迅速将还原样品取出，并通过水冷方式将其冷却至室温。冷却样品经过滤后，在 353K 温度下由真空干燥箱烘干，最终得到还原物料。

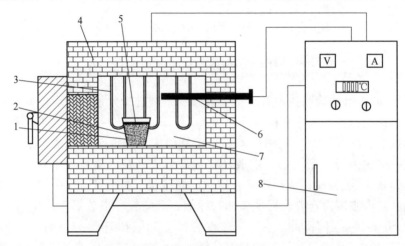

图 4-3　深度还原试验装置

1—陶瓷坩埚；2—矿样和煤粉混合物料；3—加热体；4—炉体；
5—保护煤；6—热电偶；7—炉膛；8—控制柜

　　还原温度和还原时间是影响还原过程中物相及微观结构发生变化的主要因素，因此只进行了上述两个因素的试验研究。其中，还原温度选用了 1423K、1473K 和 1523K 三个温度，还原时间选取了 5min、10min、20min、30min、40min、60min 和 80min 七个时间。

4.1.3　还原物料物相组成检测

　　X 射线衍射技术特别是粉晶 X 射线衍射技术在矿物结晶过程和相转变研究、矿物表面物相研究、矿物缺陷和矿物晶体结构测定等领域发挥着重要作用。本章利用粉晶 X 射线衍射检测技术对不同还原条件下还原物料的物相组成进行界定，采用的检测仪器为荷兰 PANalytical B. V 生产的 PW3040 型 X 射线衍射仪。其工作参数为：Cu 靶辐射，镍滤波，固体探测器，管电压 40kV，管电流 40mA，扫描范围 $2\theta = 5° \sim 90°$，步进扫描，步长 $0.033°$，每步停留时间 20.68s，入射线波长 0.1541nm，扫描速度 12 °/min，工作温度 298K。

从制备好的还原物料中均匀缩取 20g，采用 GJE100-1 型密封式化验制样粉碎机将其磨碎至 -0.074mm 粒级占 100%。将处理好的样品装入 X 射线衍射仪样品槽中，启动仪器对样品进行 X 射线衍射检测。采用 X′Pert HighScore Plus 软件对采集数据进行分析，通过与标准图谱对比，确定还原样品的物相组成。

4.1.4　还原物料微观结构检测

扫描电子显微镜具有放大倍数高、图像清晰、操作简单等优点，广泛应用于样品的微观形貌分析。目前，扫描电子显微镜都配有 X 射线能谱仪，在进行微观形貌观察的同时可以进行微区成分分析，因此成为一种重要的现代分析检测技术。本研究利用扫描电子显微镜对还原物料微观结构进行观察，并结合 EDS 能谱对微区成分进行分析。还原物料微观结构检测在德国 ZEISS 公司生产的 EVO 18 Research 型扫描电子显微镜上完成，该电镜同时配备有德国 BRUKER 公司生产的 QUANTAX 200 型 EDS 能谱仪。

从制备好的还原物料中均匀缩取 10g，采用环氧树脂将其镶嵌固定后，进行抛光处理，之后利用真空镀膜仪对抛光表面喷金，最终制得扫描电子显微镜样品。用导电胶带将待检测样品固定在样品台上，用扫描电子显微镜对其微观结构进行观察，同时利用 EDS 能谱对不同区域微观成分进行定性分析。

4.2　矿石微观结构演化规律

为了便于对比分析，首先采用 SEM 和 EDS 能谱对鲕状赤铁矿石原矿的微观结构进行观察，结果如图 4-4 所示。由 SEM 图像可以清晰地发现矿石呈现出典型

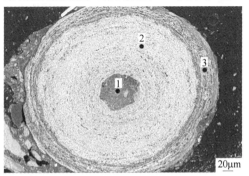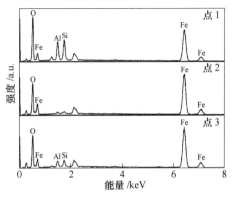

图 4-4　原矿的 SEM 图像及 EDS 能谱

的同心环带状结构，即鲕状结构。根据 EDS 能谱可知，1 点区域主要组成元素为 Fe、Si、Al、O，该区域为绿泥石；2 点区域主要由 Fe、O 两种元素组成，该区域为赤铁矿；3 点区域组成元素与 1 点区域相同，然而 Si、Al 元素衍射峰相对强度明显减弱，说明该区域是由极微细的赤铁矿与绿泥石紧密镶嵌而成。上述结果表明，原矿中赤铁矿与绿泥石等脉石矿物嵌布关系紧密，矿物之间逐层凝聚形成同心层状鲕粒结构。

　　还原温度为 1423K 时，不同还原时间下还原物料的 SEM 图像和 EDS 能谱如图 4-5 所示。从图 4-5（a）可以看到，与原矿 SEM 图像（见图 4-4）相比，矿石经还原 5min 时，还原样品颗粒边缘有微细裂纹出现，同时颗粒表面的亮度增加，且由颗粒中心至边缘亮度逐渐增强。由 EDS 能谱可知，1 点区域组成元素为 Si 和 O，该区域为石英；2 点区域组成元素有 Fe、Si、Al、O，然而与原矿中相应区域相比，Fe、Si、Al 衍射峰相对强度增强，O 衍射峰相对强度略有降低，表明该区域由铁的低价氧化物、铁的铝酸盐和铁的硅酸盐物质组成；3 点区域组成元素为 Fe 和 O，并且与原矿中赤铁矿 EDS 能谱相比，O 衍射峰的相对强度降低，说明该区域为铁的低价氧化物，是由赤铁矿还原形成的。上述结果表明，矿石中的赤铁矿还原失氧，形成低价铁氧化物，故颗粒表面亮度增加，颗粒边缘处赤铁矿最先发生反应，颗粒边缘处鲕状结构开始遭到破坏，出现裂纹。

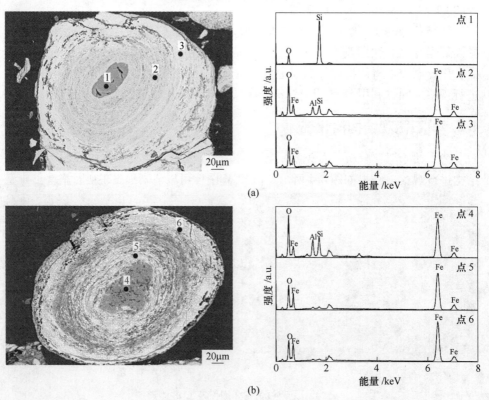

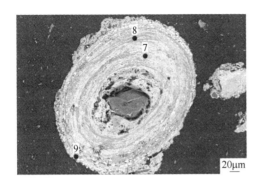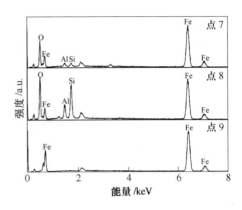

(c)

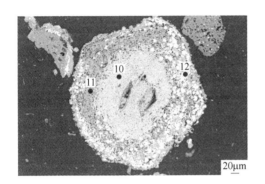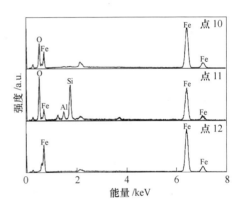

(d)

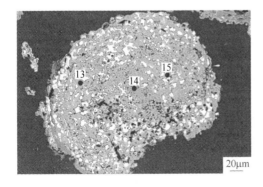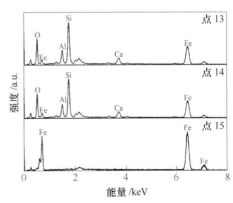

(e)

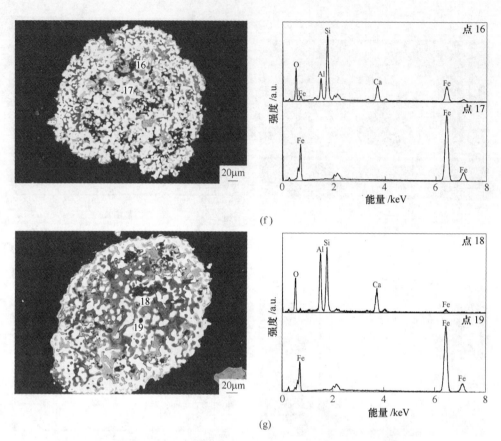

图 4-5   不同还原时间下还原物料的 SEM 图像及 EDS 能谱（还原温度 1423K）

（a）5min；（b）10min；（c）20min；（d）30min；（e）40min；（f）60min；（g）80min

由图 4-5（b）可知，还原 10min 时，还原样品颗粒表面亮度明显增加，5 点和 6 点 EDS 能谱中 O 衍射峰的相对强度进一步减弱，表明铁氧化物进一步还原失氧，相应区域形成致密的低价铁氧化物层，尤其是颗粒边缘位置，颗粒边缘同心环带状结构开始消失。当还原时间增加至 20min 时（见图 4-5c），颗粒边缘出现了亮白色斑点状区域，EDS 能谱（9 点）表明该区域为金属铁相，金属铁相沿原矿鲕状结构中赤铁矿环带位置分布。此时，颗粒边缘处有微细孔洞产生，表明颗粒边缘处鲕状结构破坏程度加强，这是由于颗粒边缘处金属铁聚集生长引起的。

从图 4-5（d）可以发现，还原时间延长到 30min 时，金属相出现区域逐渐向颗粒中心扩展，颗粒中心处也零星分布有金属相，颗粒边缘处早期形成的金属相尺寸也明显增加。从图中还可以发现颗粒边缘处微细孔洞数量明显增多，金属相与铁硅/铝酸盐相（11 点 EDS 能谱，视为渣相）之间界限明显，铁硅/铝酸盐相的尺寸也明显增大，呈现出聚集生长的现象。11 点 EDS 能谱与 8 点能谱相比较，

11 点能谱中 Fe 衍射峰的相对强度明显减弱，而 Si、O 元素衍射峰的相对强度增强，这表明铁硅/铝酸盐被还原为金属铁。还原生成的金属铁会迁移至金属相中，同时反应生成的 Si、Al 氧化物会与 CaO 形成 Ca-Al-Si-O 渣相。颗粒内部也出现了微细孔洞，表明颗粒内部鲕状结构也遭到了破坏。此时，颗粒边缘处鲕状结构基本完全被破坏，颗粒内部依稀能够看到鲕状结构的残影。

还原时间继续增加至 40min 时（见图 4-5e），鲕状结构彻底消失，颗粒中心出现了明显的金属相区域。与还原 30min 相比（见图 4-5c），渣相的致密程度明显增强。由 13 点和 14 点 EDS 能谱可知，渣相中 Fe 衍射峰的相对强度进一步减弱，并出现了 Ca 的衍射峰，这表明铁硅/铝酸盐中的铁进一步被还原，Ca-Al-Si-O 渣相得以进一步聚集生长，且纯度得到提高，这也是渣相变得致密的原因。

由图 4-5（f）可知，还原时间延长到 60min 时，还原物料中仅存在金属相和渣相，金属相和渣相得以更充分的聚集生长，质地变得较为均匀。16 点 EDS 能谱表明，渣相中 Fe 元素的含量进一步减少，Ca 元素的含量有所增加。当还原时间达到 80min 时（见图 4-5g），金属相和渣相的尺寸明显增加，渣相 EDS 能谱中（18 点）中 Fe 的衍射峰基本消失，Ca 衍射峰相对强度显著增强，说明铁硅/铝酸盐中的铁基本全部还原为金属铁，同时原矿石中的主要杂质成分 SiO_2、Al_2O_3、CaO 形成 Ca-Al-Si-O 渣相。

还原温度为 1473K 和 1523K 时，不同还原时间条件下还原物料的 SEM 和 EDS 能谱检测结果分别如图 4-6 和图 4-7 所示。从图中可以清楚地看到，深度还原过程中，尽管温度不同，鲕状赤铁矿石的微观鲕状结构的破坏过程基本相同，均是由外及内鲕状结构逐渐遭到破坏，最终还原物料中仅存在质地均匀的金属相和渣相。铁氧化物的还原、金属相和渣相的形成及聚集生长是促使矿石微观结构发生变化的原因。

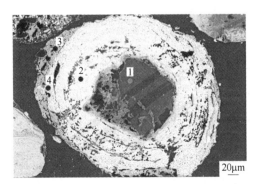
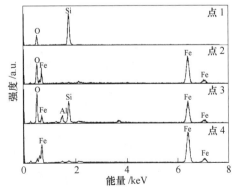

(a)

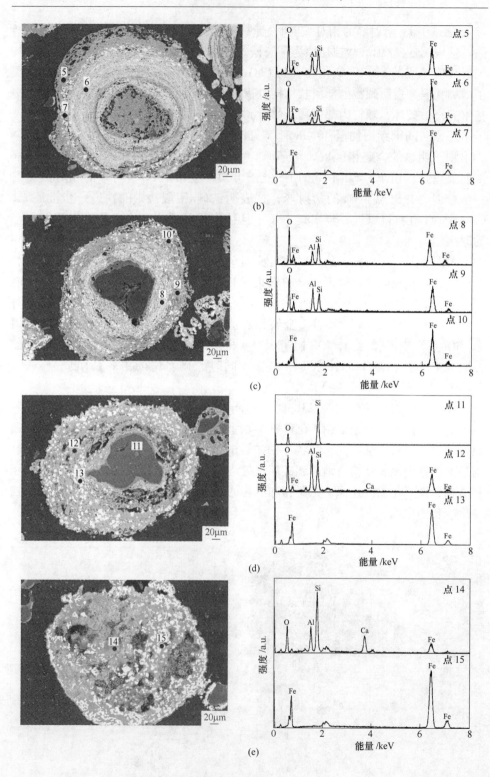

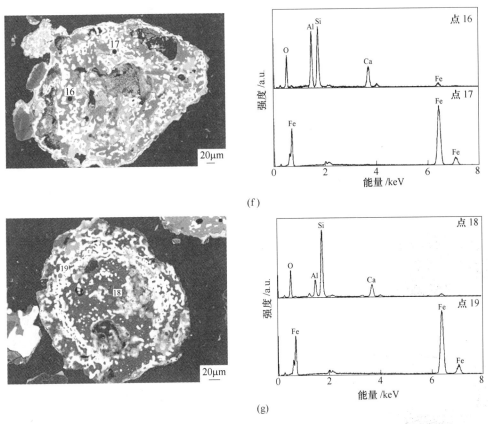

图 4-6 不同还原时间下还原物料的 SEM 图像及 EDS 能谱（还原温度 1473K）

(a) 5min；(b) 10min；(c) 20min；(d) 30min；(e) 40min；(f) 60min；(g) 80min

对比相同还原时间、不同还原温度条件下还原物料的 SEM 图像和 EDS 能谱可以发现，还原温度对矿石微观结构的演化过程影响显著，提高还原温度可以明显地加快矿石鲕状结构的破坏过程。例如，还原时间均为 10min 时，还原温度为1423K 的还原样品中，矿石颗粒仅最边缘位置鲕状结构开始遭到破坏，矿石中赤铁矿也仅还原为低价铁氧化物（见图 4-5b）；还原温度为 1473K 的还原样品中，颗粒边缘处明显有金属相和渣相形成，并且颗粒内部鲕状结构开始被破坏（见图4-6b）；还原温度为 1523K 的还原样品中，颗粒中心位置鲕状结构遭到破坏，金属相和渣相在颗粒边缘及内部均有分布，且尺寸明显增大（见图 4-7b）。还原温度 1423K 时，矿石鲕状结构完全破坏所需时间为 40min；而还原温度升高到1473K 时，则只需要 30min；还原温度进一步升高到 1523K 时，所需时间仅为20min。上述结果说明，还原温度升高能够促进矿石还原过程中微观结构的演化。

根据上述分析可以总结出深度还原过程中鲕状赤铁矿石微观结构演化的规律为：矿石鲕状微观结构按照由外及内的顺序逐渐遭到破坏；铁矿物还原为金属

铁，金属相最先在鲕粒边缘赤铁矿环带处形成；矿石主要杂质组分 SiO_2、Al_2O_3、CaO 形成 Ca-Al-Si-O 渣相；反应达到平衡后，还原样品中仅包含质地均匀的金属相和渣相；矿石微观结构发生变化的内在动力是铁氧化物的还原、金属相和渣相的形成及聚集生长。

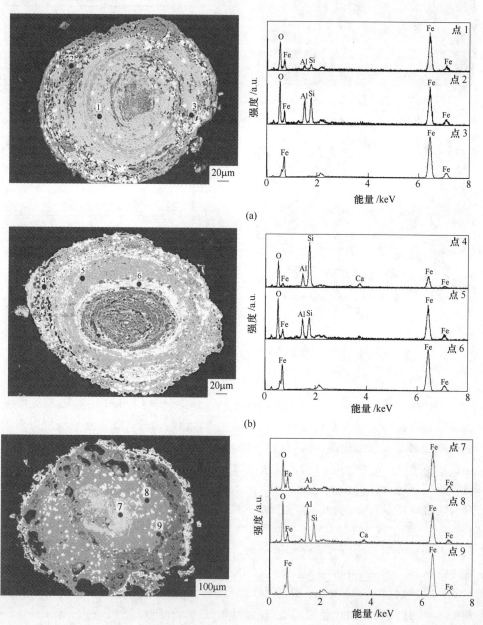

(a)

(b)

(c)

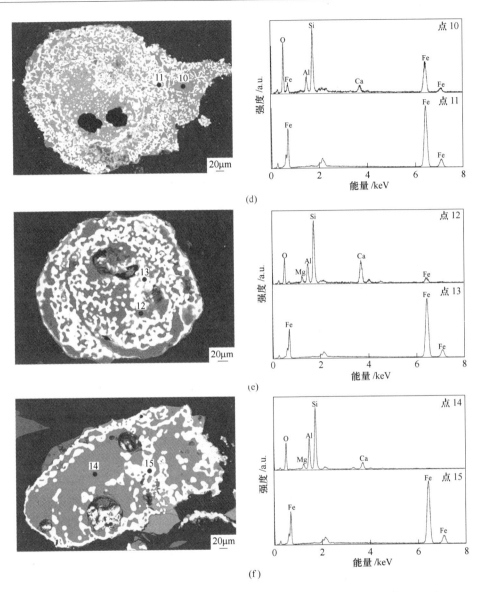

图 4-7 不同还原时间下还原物料的 SEM 图像及 EDS 能谱（还原温度 1523K）

（a）5min；（b）10min；（c）20min；（d）30min；（e）40min；（f）60min

4.3 矿石物相转化规律

不同还原温度和还原时间条件下，鲕状赤铁矿石深度还原物料的 XRD 图谱如图 4-8 所示。从图中可以清楚地看到还原过程中矿石的物相组成发生了一系列复杂的变化，不同温度下样品的物相组成随还原时间延长呈现出相类似的变化规律，样品 XRD 图谱中共出现了 Fe_2O_3、Fe_3O_4、FeO、Fe、SiO_2、Fe_2SiO_4、$FeAl_2O_4$、Ca_2SiO_4 和 $CaAl_2Si_2O_8$ 九种物质的衍射峰。本节以还原温度 1423K 时不同还原时间条件下还原物料的 XRD 图谱（见图 4-8a）为例，对鲕状赤铁矿石深度还原过程中物相的演化规律进行详细分析。

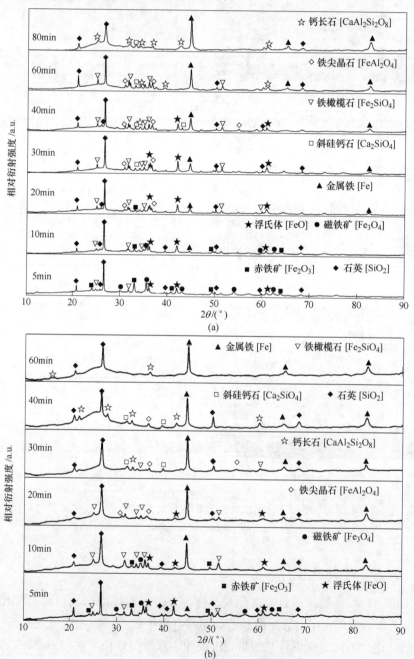

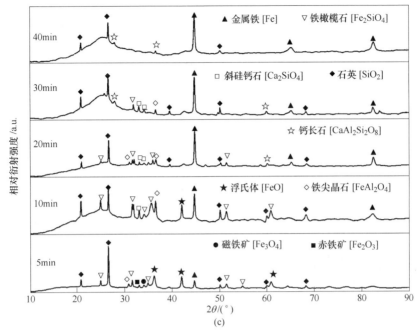

图 4-8 不同还原时间下还原物料的 XRD 图谱

(a) 1423K；(b) 1473K；(c) 1523K

由图 4-8（a）可知，与原矿 XRD 图谱（见图 4-1）相比，还原 5min 时，还原物料 XRD 图谱中新出现了 Fe_3O_4、FeO 和 Fe_2SiO_4 的衍射峰，Fe_2O_3 衍射峰的数量减少，相对强度也明显减弱。这一结果表明，矿石中的 Fe_2O_3 已经发生了还原反应，被还原为低价铁氧化物 Fe_3O_4 和 FeO，同时少量新生成的 FeO 与 SiO_2 反应生成了铁橄榄石。根据衍射峰的相对强度及数量可以推断出，铁主要以 Fe_2O_3 和 Fe_3O_4 的形式存在，其次为 FeO，最次为 Fe_2SiO_4。由图还可以发现，此时还原物料中非铁相为 SiO_2。还原时间延长到 10min 时，还原物料 XRD 图谱中出现了 Fe 的衍射峰，Fe_2O_3 和 Fe_3O_4 衍射峰的相对强度减弱，且数量减少，而 FeO 衍射峰的相对强度显著增强。这说明矿石中的 Fe_2O_3 进一步还原为低价铁氧化物，FeO 开始发生还原反应生成金属铁。同时，Fe_2SiO_4 衍射峰的相对强度也有所增强，还原物料中非铁相仍为 SiO_2。还原时间增加至 20min 时，FeO 和 Fe 衍射峰的相对强度增强，Fe_2O_3 和 Fe_3O_4 衍射峰几乎完全消失，新出现了 $FeAl_2O_4$ 的衍射峰。这表明矿石中的 Fe_2O_3 几乎完全还原为 FeO，并且 FeO 开始与含铝矿物反应生成铁尖晶石。还原 30min 时，还原物料 XRD 图谱中新出现了 Ca_2SiO_4 的衍射峰，说明矿石中脉石矿物之间发生反应，生成了 Ca_2SiO_4。同时，Fe、Fe_2SiO_4 和 $FeAl_2O_4$ 衍射峰的相对强度增强，表明 FeO 进一步被还原为金属铁，并且进一步与脉石矿物发生反应形成铁橄榄石和尖晶石。还原 40min 时，还原物料 XRD 图谱中出现了 $CaAl_2Si_2O_8$ 的衍射峰，说明矿石中脉石矿物之间反应更加复杂。此时，FeO 衍射峰的相对强度减弱，Fe、Fe_2SiO_4 和 $FeAl_2O_4$ 衍射峰的相对强度进一步增强。还原时间继续延长到 60min 时，FeO 衍射峰完全消失，Fe 衍射峰的相对强度明显增强，$CaAl_2Si_2O_8$ 衍射峰数量增多，Fe_2SiO_4 和 $FeAl_2O_4$ 衍射峰的相对强度开始出现减弱趋势。这表明铁橄榄石和尖晶石开始被还原为金属铁。还原时间继续增加至 80min 时，还原物料 XRD 图谱中主要存在 Fe、SiO_2 和 $CaAl_2Si_2O_8$ 的衍射峰，铁橄榄石和尖晶石衍射峰消失，SiO_2 衍射峰相对强度减弱，Fe 衍射峰相对强度显著增强，$CaAl_2Si_2O_8$ 衍射峰数量明显增多。这一结果表明，生成的铁橄榄石和尖晶石几乎完全还原为金属铁，同时矿石中主要杂质组分 SiO_2、Al_2O_3、CaO 之间反应生成 $CaAl_2Si_2O_8$ 物质。

还原温度为 1473K 和 1523K 时，鲕状赤铁矿石深度还原过程中物相的转化过程与 1423K 时相吻合。然而，通过横向对比图 4-8（a）~（c）可以看到，还原温度对深度还原过程影响显著，还原温度升高能够大大地促进矿石中物相转化的进程。例如，还原时间为 5min 时，还原温度分别为 1473K 和 1523K 的条件下还原物料 XRD 图谱中已经有金属铁的衍射峰出现，并且在 1523K 时 Fe 衍射峰的相对强度明显强于 1473K 时的相对强度。同时，随着还原温度的升高，还原物料 XRD 图谱中 Fe_2O_3 和 Fe_3O_4 衍射峰的相对强度逐渐减弱，而 FeO 和 Fe_2SiO_4 衍射峰则逐渐增强。此外，由图还可以发现，还原温度为 1423K 时，还原过程中还原体系内物相转变达到最终平衡所需的时间为 80min；而当还原温度升高为 1473K 时，转化过程缩减到 60min；随着还原温度继续升高至 1523K 时，该过程仅需要 40min。上述结果表明，提高还原温度能够极大地促进鲕状赤铁矿石还原反应的进行。

基于上述分析可知：鲕状赤铁矿石深度还原过程中会发生一系列复杂的物相转化；不同还原温度下，还原过程中物相的转化规律相同，提高还原温度能够促进物相转化过程的进行；铁矿物按照 $Fe_2O_3 \rightarrow Fe_3O_4 \rightarrow FeO \rightarrow Fe$ 的顺序逐级还原为金属铁；反应生成的 FeO 与矿石中的 SiO_2 和 Al_2O_3 发生固相反应，生成铁橄榄石和尖晶石；随着反应的进行，铁橄榄石和尖晶石又会被进一步还原为金属铁；矿石中的主要杂质组分 SiO_2、Al_2O_3、CaO 之间发生反应，最终形成 Ca-Al-Si-O 物质。

4.4　深度还原过程物理模型

前文研究结果表明，鲕状赤铁矿石在深度还原过程中，物相转化规律可以概括为铁氧化物的还原相变和杂质组分反应相变两部分，其中铁氧化物的还原反应为主要考察对象；矿石微观鲕粒结构逐渐由边缘至内部遭到破坏，金属相和渣相的形成及生长是微观结构变化的驱动力。还原过程中矿石物相的转化和微观结构的变化两个过程是同时进行的，二者相辅相成。物相转变是微观结构破坏的根本原因，微观结构的演化是物相转化的必然结果，同样，微观结构的破坏对物相转化也发挥着一定的促进作用。总之，高磷鲕状赤铁矿石深度还原是一个物相发生复杂转化同时伴随着微观结构变化的复杂过程，难以通过一个过程模型对其进行良好表征。为了便于分析，将其分为铁氧化物还原和微观结构演化两个过程分别进行描述。

4.4.1　铁氧化物还原反应机理

深度还原过程中无论是以固体碳还是以 CO 作为还原剂，铁氧化物均按照 $Fe_2O_3 \rightarrow Fe_3O_4 \rightarrow FeO \rightarrow Fe$ 的顺序逐级还原。铁氧化物还原反应的过程如图 4-9 所示。首先，矿石表面暴露的 Fe_2O_3 被与其接触的 C 或者吸附的 CO 还原为 Fe^{2+}，形成的 Fe^{2+} 在 Fe_2O_3 晶格内处于过饱和状态，于是转化为 Fe_3O_4（见图 4-9a）。随着 Fe^{2+} 的增多在 Fe_2O_3 表面逐渐形成 Fe_3O_4 层（见图 4-9b）。之后，形成的 Fe_3O_4 同样会被还原剂还原为 Fe^{2+}，导致 Fe^{2+} 在 Fe_3O_4 晶格内过饱和，以 FeO 新相形式

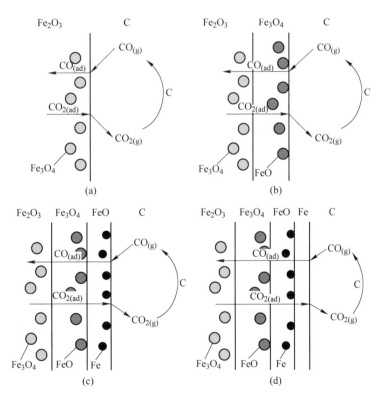

图 4-9　铁氧化物还原反应机理

析出（见图 4-9b），并在 Fe_3O_4 外表面形成 FeO 层（见图 4-9c）。继而，生成的 FeO 层中的 O 被还原剂带走，形成 Fe 原子。同理 Fe 原子在 FeO 晶格中过饱和，于是有金属铁新相形成（见图 4-9c），随着还原反应不断进行，生成的 Fe 聚集生长，在 FeO 外表面形成金属铁层（见图 4-9d）。需要指出的是，在还原剂充足的条件下，铁氧化物失氧是一个连续的过程，因此上述中间产物之间的界限未必十分明显。矿石表面和内部的赤铁矿均是按照上述过程还原为金属铁。

4.4.2 矿石微观结构演化模型

深度还原过程中鲕状赤铁矿石微观结构的演化规律即是矿石微观鲕状结构的破坏过程。图 4-10 给出了还原过程中矿石微观结构的演化过程。将原矿微观结构简化为由赤铁矿和绿泥石互层形成的同心环带状结构（见图 4-10a）。依据鲕状结构的破坏程度，矿石微观结构演变过程可以分为边缘破坏、内部破坏、完全破坏三个阶段。

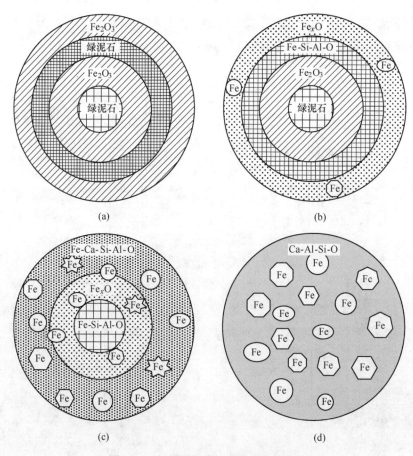

图 4-10 还原过程中矿石微观结构演化

边缘破坏阶段，矿石颗粒外层赤铁矿被还原剂还原为低价铁氧化物和金属铁，金属铁在铁氧化物中析出，形成微细的金属相；生成的 FeO 会与矿石中的 Si、Al 氧化物反应生成铁硅酸盐和铝酸盐，成为还原初期的渣相；上述反应及新相的形成导致颗粒外层的鲕状结构发生破坏（见图 4-10b）。

内部破坏阶段，颗粒内部的赤铁矿发生还原反应，生成低价铁氧化物和金属铁，颗粒内部有金属铁相出现；颗粒外层金属相明显地聚集生长；颗粒内部绿泥石与 FeO 反应，形成铁硅酸盐和铝酸盐渣相；颗粒外层的铁硅酸盐和铝酸盐被进一步还原为金属铁，同时生成的 SiO_2、Al_2O_3 氧化物与 CaO 反应生成 Fe-Ca-Al-Si-O 系渣相；该阶段颗粒内部鲕状结构遭到破坏（见图 4-10c）。

完全破坏阶段，铁硅酸盐和铝酸盐中的铁全部还原为金属铁，Fe-Ca-Al-Si-O 系渣相转化为 Ca-Al-Si-O 系渣相；金属相进一步得以聚集生长；最终还原物料中仅有质地均匀的金属相和渣相存在，且二者界限明显；此时，矿石中鲕状结构已经完全被破坏（见图 4-10d）。

参 考 文 献

[1] Ding Y L, Warner N A. Reduction of carbon-chromite composite pellets with silica flux [J]. Ironmaking & Steelmaking, 1997, 24 (4): 283~287.

[2] Duong H V, Johnston R F. Kinetics of solid state silica fluxed reduction of chromite with coal [J]. Ironmaking & Steelmaking, 2000, 27 (3): 202~206.

[3] Bahgat M, Khedr M H. Reduction kinetics, magnetic behavior and morphological changes during reduction of magnetite single crystal [J]. Mat. Sci. Eng. B-Solid, 2007, 138: 251~258.

[4] Man Y, Feng J X, Chen Y M, et al. Mass loss and direct reduction characteristics of iron ore-coal composite pellet [J]. Journal of Iron and Steel Research, International, 2014, 21 (12): 1090~1094.

[5] Qu Y X, Yang Y X, Zou Z S, et al. Melting and reduction behaviour of individual fine hematite ore particles [J]. ISIJ International, 2015, 55 (1): 149~157.

[6] Zhang Z L, Li Q, Zou Z S. Reduction properties of high alumina iron ore cold bonded pellet with $CO-H_2$ mixtures [J]. Ironmaking & Steelmaking, 2014, 41 (8): 561~567.

[7] Kowitwarangkul P, Babich A, Senk D. Reduction behavior of self-reducing pellet (SRP) for low height blast furnace [J]. Steel Research International, 2014, 85 (11): 1501~1509.

[8] Dutta S K, Ghosh A. Kinetics of gaseous reduction of iron ore fines [J]. ISIJ International, 1993, 33 (11): 1168~1673.

[9] Corbari R, Fruehan R J. Reduction of iron oxide fines to wustite with CO/CO_2 gas of low reducing potential [J]. Metall. Mater. Trans. B, 2010, 41 (2): 318~329.

[10] Tien R H, Turkdogan E T. Gaseous reduction of iron oxides: Part Ⅲ. Reduction-oxidation of

porous and dense iron oxides and iron [J]. Metallurgical Transactions, 1972, 3 (6): 1561~1574.

[11] Matthew S P, Hayes P C. Microstructural changes occurring during the gaseous reduction of magnetite [J]. Metall. Trans. B, 1990, 21 (1): 153~172.

[12] 廖立兵, 李国武, 蔡元峰, 等. 粉晶 X 射线衍射在矿物岩石学研究中的应用 [J]. 物理, 2007, 36 (6): 460~464.

5 深度还原过程中添加剂作用机理

深度还原技术为难选铁矿石的高效利用开辟了新途径。深度还原热力学、动力学、物相转化和微观结构演变规律等研究发现，难选铁矿石深度还原体系复杂，不同成分对还原过程影响不同。大量的深度还原磁选试验结果也表明，不同类型的难选矿石深度还原适宜条件差异较大，尤其体现在还原温度方面。例如，白云鄂博氧化矿石深度还原过程中，适宜的还原温度为1498K，比其他复杂难选矿石的还原温度低50K左右，即可获得金属化率较高的还原物料。此外，对于高磷铁矿石，人们探索通过添加 CaO、Na_2CO_3、$Ca(OH)_2$、Na_2SO_4 等物质降低金属铁有害元素磷的含量，同时发现这些物质可以促进还原过程。

在冶金过程中加入适当的助熔剂、造渣剂等，可以显著地强化过程中的化学反应，提高冶炼产品质量，降低生产成本。添加剂在冶金过程中应用较为广泛，也是冶金领域的研究热点。乐可襄等人[1]研究了 $CaO\text{-}Fe_2O_3\text{-}CaF_2$ 基添加剂在铁水预处理中的脱磷效果，结果表明：$w(CaO)/w(Fe_2O_3)$ 为 0.95~1.10、助熔剂 CaF_2 含量为 7%~10% 时，脱磷效果较好，其脱磷率达到 75%~80%。曹洪文等人[2]以 $CaO\text{-}CaF_2$ 体系炉渣作为脱硫剂处理攀枝花铁水发现：纯 CaO 的脱硫速度极慢，在 60min 内几乎没有发生脱硫；向 CaO 中添加少量 CaF_2 可大大提高 CaO 的脱硫速度；CaF_2 含量由 2% 增加到 20%，脱硫速度可提高近 7 倍。陆宏权等人[3]钙基助熔剂对煤灰熔融性影响的试验结果表明：添加钙基助熔剂后，3 种煤灰熔融温度随助熔剂添加量逐渐增加，分别呈现先升后降、先降后升、先降后升再降 3 种不同变化趋势；添加钙基助熔剂后，煤灰在 1473K 时生成了钙长石等低灰熔融温度矿物，抑制了莫来石的生成，从而降低了灰熔融温度。吕晓芳[4]进行了矿化剂对矿渣熔化温度与黏度影响的试验，结果表明：各种助熔剂水平变化对矿渣熔化温度影响的主次顺序为 $B_2O_3 > Li_2O > CaF_2 > Na_2O > K_2O$；矿渣熔化温度的高低不仅与加入助熔剂的总量有关，还与加入不同助熔剂的相对量有关。王珍等人[5]对铁品位为 27.23% 的复杂难选铁矿石进行了还原焙烧-磁选研究，比较了助熔剂种类及用量对还原效果的影响。结果表明，助熔剂能够降低硅铝钙镁等氧化物的熔点，改善铁的氧化物的还原条件，对直接还原有促进作用；不同种类助熔剂的作用效果不同。

综上所述，在难选铁矿石深度还原过程中，选择性地加入适量的添加剂，可以起到有效降低体系的还原温度、促进铁颗粒的生成长大、提高产品质量等作用，对优化深度还原过程和降低能耗具有重要意义。

5.1　研究方法

5.1.1　试验原料

选取吉林临江羚羊铁矿石这一典型的难选铁矿石作为试验矿样，矿样的化学成分分析结果见表 5-1，X 射线衍射结果如图 5-1 所示。化学成分及 XRD 分析结果表明，矿石中全铁品位为 36.5%，主要含铁矿物为菱铁矿、赤铁矿和磁铁矿；矿石中锰的含量较高，主要以菱锰矿的形式存在；铝、硅的含量也较高，主要的脉石矿物为石英、磁绿泥石和鲕绿泥石。羚羊铁矿石为典型复杂难选铁矿石。

表 5-1　原矿化学成分分析结果

组分	TFe	FeO	CaO	MgO	Mn	Al_2O_3	SiO_2	S	P
含量（质量分数）/%	36.5	23.7	0.38	1.45	6.35	6.41	12.34	0.06	0.10

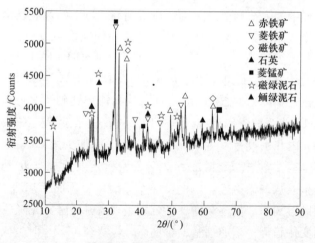

图 5-1　原矿的 XRD 图谱

根据冶金领域添加剂研究和应用现状，结合铁矿石深度还原特点，本研究选用 CaF_2、Na_2CO_3、CaO 和 $MgCO_3$ 作为添加剂。其中，CaF_2 选用 F 含量为 44.44% 的萤石，其他添加剂 Na_2CO_3、CaO、$MgCO_3$ 为分析纯化学药品。

5.1.2　试验方法

深度还原试验在马弗炉中进行。具体过程为：称取一定质量的羚羊铁矿石，经过理论计算配入适量的煤粉和添加剂并混匀，然后将其装入坩埚中，待炉腔内温度达到预设温度时，将坩埚放入炉腔内，待温度升至预设温度后，开始计时并保持恒温，到规定时间后迅速将还原物料取出进行水淬处理，待物料冷却后将其置于烘箱内（烘箱温度小于 393K）烘干备用。取还原物料化验 TFe 和 MFe 含量，计算还原物料金属化率；通过扫描电子显微镜和能谱分析对还原物料的微观结构进行分析；利用粉晶 X 射线衍射技术对试验产物的物相组成、物相的相对含量进行分析；称取一定质量的深度还原物料，采用磁选管对深度还原物料进行磁选，进而确定添加剂深度还原效果的影响。

5.1.3 评价指标

我们选取金属化率、铁粉品位和回收率作为深度还原效果的定量评价指标。金属化率计算公式为：

$$\eta = \frac{w\,(\text{MFe})}{w\,(\text{Fe})} \times 100\% \tag{5-1}$$

式中，η 为金属化率，%；$w\,(\text{MFe})$ 为金属铁的质量分数，%；$w(\text{Fe})$ 为全铁的质量分数，%。铁粉品位通过化学分析获得，铁的回收率计算公式为：

$$\varepsilon_{\text{TFe}} = \frac{w\,(\text{TFe})_1 m_1}{w\,(\text{TFe})_0 m_0} \times 100\% \tag{5-2}$$

式中，ε_{TFe} 为磁选铁粉产品中铁的回收率，%；$w\,(\text{TFe})_1$ 为产品中全铁的品位，%；m_1 为产品的质量，g；$w\,(\text{TFe})_0$ 为入选还原物料中全铁的品位，%；m_0 为入选还原物料的质量，g。

5.2　添加剂对难选铁矿石深度还原的作用

5.2.1　CaF$_2$ 对深度还原效果的影响

5.2.1.1　CaF$_2$ 用量对深度还原的影响

CaF$_2$ 用量对还原物料金属化率的影响如图 5-2 所示。由图 5-2 可知，在同等条件下，CaF$_2$ 的使用能明显提高还原物料的金属化率。在开始阶段，当 CaF$_2$ 用量从 2% 增加到 6% 时，还原物料的金属化率显著提高，并在用量 6% 时达到最大值 94.43%；之后，CaF$_2$ 用量再增加时，还原物料的金属化率略有降低。CaF$_2$ 的加入，使得还原反应中生成的铁的复杂的氧化物得以进一步还原，从而使还原物料的金属化率得以提高。

CaF$_2$ 用量对还原物料磁选结果的影响如图 5-3 所示。由图 5-3 可知，当 CaF$_2$ 用量从 2% 增加到 4% 时，铁粉品位基本没有变化；当从 4% 增加到 6% 时，铁粉品位增幅明显；从 6% 增加到 8%，铁粉品位略有增加。随 CaF$_2$ 用量的增加，铁粉回收率呈现先增加后减少的趋势。CaF$_2$ 的适宜用量为 6% 时，还原物料的金属

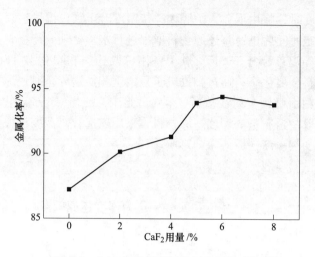

图 5-2　CaF_2 用量对还原物料金属化率的影响

化率为 94.43%，铁粉品位为 84.97%，铁粉回收率为 97.74%。在相同条件下，不添加 CaF_2 时，还原物料的金属化率为 88.24%，铁粉品位为 77.49%，铁粉回收率为 94.51%。可以看出，CaF_2 对提高还原物料的金属化率、铁粉品位和回收率有明显的效果。

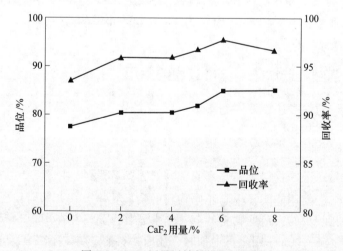

图 5-3　CaF_2 用量对铁粉指标的影响

5.2.1.2　还原温度对深度还原的影响

在 CaF_2 用量为 6% 条件下，考察还原温度对深度还原的影响，结果如图 5-4 所示。如图 5-4 所示，CaF_2 用量为 6% 时，当还原温度从 1423K 升到 1523K 时，还原物料的金属化率明显高于不添加 CaF_2 时的金属化率。但随着温度的进一步升高，不添加 CaF_2 时还原物料的金属化率高于添加 CaF_2 时的金属化率。这说明，在较低的温度时，CaF_2 对提高物料的金属化率效果明显。

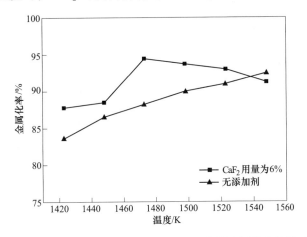

图 5-4　CaF_2 用量 6%时还原温度对还原物料金属化率的影响

　　在 CaF_2 用量为 6%的条件下，还原温度对还原物料磁选结果的影响如图 5-5 和图 5-6 所示。如图 5-5 所示，在 1423~1548K 的范围内，CaF_2 用量为 6%时，还原物料磁选后铁粉品位明显高于不添加 CaF_2 时的品位。如图 5-6 所示，CaF_2 用量为 6%时，随着温度的升高，铁粉的回收率先升高后降低，在 1473K 时达到最大值。不添加 CaF_2 时，随着温度的升高，铁粉的回收率也呈现先升高后降低的变化规律，在 1523K 时达到最大值。在试验温度范围内，添加 CaF_2 时的铁粉回收率均明显高于未添加 CaF_2 时的回收率。

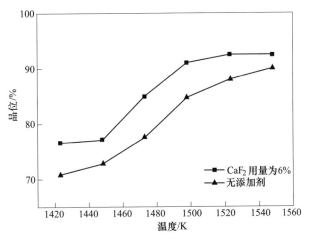

图 5-5　CaF_2 用量为 6%时还原温度对铁粉品位的影响

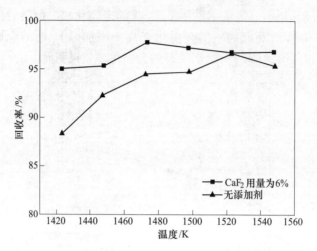

图 5-6　CaF$_2$ 用量为 6% 时还原温度对铁粉回收率的影响

5.2.1.3　还原时间对深度还原的影响

在 CaF$_2$ 用量为 6% 和还原温度 1498K 条件下，考察还原时间对深度还原的影响，结果如图 5-7 所示。由图 5-7 可知，CaF$_2$ 用量为 6% 时，随着时间的延长，还原物料的金属化率明显提高；当还原时间从 30min 增加到 60min 时，金属化率提高了 5.95%，且明显高于不添加 CaF$_2$ 时的金属化率。不添加 CaF$_2$ 时，还原物料的金属化率提高不明显；当时间从 30min 延长至 40min 时，金属化率只提高了 2.71%，达到了 90.12%。

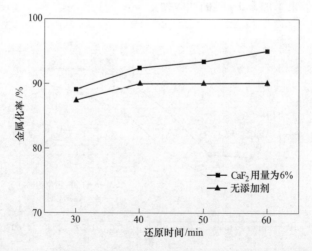

图 5-7　CaF$_2$ 用量为 6% 时还原时间对还原物料金属化率的影响

在 CaF$_2$ 用量为 6%的前提下，还原时间对还原物料磁选结果的影响如图
5-8 和图 5-9 所示。由图 5-8 可知，CaF$_2$ 用量为 6%，还原时间从 30min 增加到
40min 时，铁粉品位有大幅度的提高，从 81.61%提高至 89.03%，提高了
7.42%，当还原时间从 40min 增加到 50min 时，铁粉品位略有增加，达到了
91.23%，比不使用 CaF$_2$ 时高 8.09%，当还原时间进一步增加时，铁粉品位略
有下降；不使用添加剂时，铁粉的变化趋势基本和 CaF$_2$ 用量为 6%时基本一
致，但都低于使用 CaF$_2$ 的情况。如图 5-9 所示，铁粉的回收率在两种条件下都
维持在较高的水平。

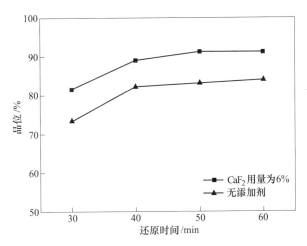

图 5-8　CaF$_2$ 用量为 6%时还原时间对铁粉品位的影响

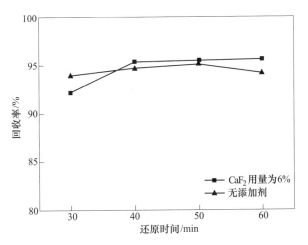

图 5-9　CaF$_2$ 用量为 6%时还原时间对铁粉回收率的影响

5.2.2　Na₂CO₃ 对深度还原效果的影响

5.2.2.1　Na₂CO₃ 用量对深度还原的影响

Na₂CO₃ 用量对还原物料金属化率的影响如图 5-10 所示。由图 5-10 可知，Na₂CO₃ 的使用能明显提高还原物料的金属化率。当 Na₂CO₃ 的用量从 2% 增加到 5% 时，还原物料的金属化率呈逐渐上升的趋势；当 Na₂CO₃ 用量超过 5% 时，随着用量的增加，还原物料的金属化率呈降低的趋势。Na₂CO₃ 用量为 5% 时，还原物料的金属化率比不使用添加剂时高 4.99%。在深度还原过程中还原物料不可避免地会生成铁复杂氧化物，由于 Na₂CO₃ 的加入，Na₂CO₃ 分解成 Na₂O，Na₂O 可以置换出复杂氧化物中的 FeO，从而使得 FeO 进一步得到还原。同时 Na₂O 能和 SiO₂、Al₂O₃ 反应，生成 Na、Si、Al、O 等复杂化合物，进而有效减少了和 FeO 反应的 SiO₂、Al₂O₃ 的数量。由于生成的 Na₂O·2SiO₂ 熔点偏低（1147K），在深度还原过程中会出现液相，液相的存在促进了结晶质点的扩散，加快铁晶核的长大；但液相也会包裹颗粒，导致铁矿石中铁氧化物还原不完全和部分 FeO 的溶解，因此 Na₂CO₃ 的大量使用并不利于深度还原。

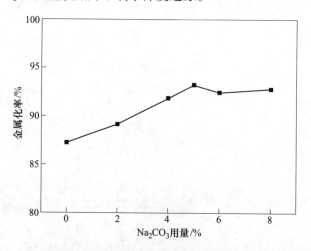

图 5-10　Na₂CO₃ 用量对还原物料金属化率的影响

Na₂CO₃ 用量对还原物料磁选结果的影响如图 5-11 所示。由图 5-11 可知，Na₂CO₃ 的使用能明显提高还原物料磁选铁粉的品位和回收率。铁粉的品位随着 Na₂CO₃ 用量的增加，呈一直上升的趋势；但是当 Na₂CO₃ 用量比较多时，铁粉品位的增加幅度不大。当 Na₂CO₃ 用量从 2% 增加到 5% 时，铁粉的回收率增加比较明显；此后 Na₂CO₃ 再增加时，铁粉回收率略有降低。Na₂CO₃ 用量为 5% 时，铁粉的品位比不使用添加剂时高 2.51%，回收率高 3.04%。

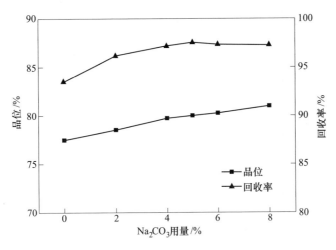

图 5-11 Na_2CO_3 用量对铁粉指标的影响

5.2.2.2 还原温度对深度还原的影响

在 Na_2CO_3 用量为 5%条件下，考察还原温度对深度还原的影响，结果如图 5-12 所示。由图 5-12 可知，在 1423~1498K 的温度范围内，Na_2CO_3 用量为 5% 时，还原物料的金属化率明显高于不使用 Na_2CO_3 时的金属化率；在 1498~ 1548K 范围内，随温度的升高，还原物料的金属化率略微降低。这说明，在较低 的温度时，Na_2CO_3 对提高还原物料的金属化率效果明显。

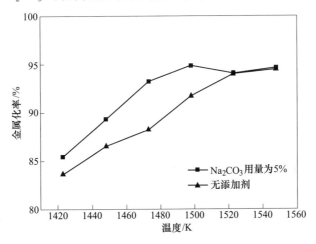

图 5-12 Na_2CO_3 用量为 5%时还原温度对还原物料金属化率的影响

在 Na_2CO_3 用量为 5%的条件下，还原温度对还原物料磁选结果的影响如图 5-13 和图 5-14 所示。由图 5-13 可知，在 1423~1548K 的范围内，Na_2CO_3 用量为

5%时，还原物料磁选后铁粉品位明显高于不使用 Na_2CO_3 时的品位；且随着还原温度的升高，铁粉的品位逐渐升高。如图 5-14 所示，Na_2CO_3 用量为 5% 时，随着温度的升高，铁粉回收率先升高后降低。不添加 Na_2CO_3 时，随着温度的升高，铁粉的回收率逐渐升高后略有降低。温度低于 1523K 时，添加 Na_2CO_3 条件下的铁粉回收率明显高于不添加 Na_2CO_3 时的回收率。

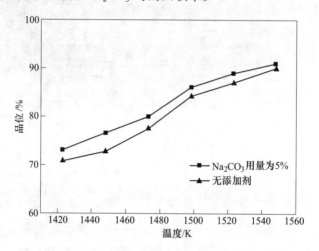

图 5-13　Na_2CO_3 用量为 5% 时还原温度对铁粉品位的影响

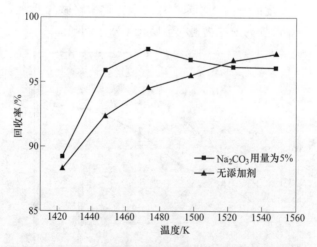

图 5-14　Na_2CO_3 用量为 5% 时还原温度对铁粉回收率的影响

5.2.2.3　还原时间对深度还原的影响

在 Na_2CO_3 用量为 5% 条件下，还原时间对还原物料金属化率的影响如图 5-15所示。由图 5-15 可知，Na_2CO_3 用量为 5% 时，随着时间的延长，还原物料的金属化率有明显提高；当还原时间从 30min 增加到 50min 时，金属化率提高了 4.33%，且明显高于不使用 Na_2CO_3 时的金属化率；当还原时间进一步增加时，金属化率略有降低。不使用 Na_2CO_3 时，还原物料的金属化率提高不明显；当时间从 30min 延长至 40min 时，金属化率只提高了 2.71%，达到了 90.12%。

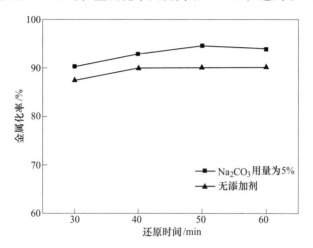

图 5-15　Na_2CO_3 用量为 5% 时还原时间对还原物料金属化率的影响

在 Na_2CO_3 用量为 5% 的前提下，还原时间对还原物料磁选结果的影响如图 5-16 和图 5-17 所示。由图 5-16 可知，使用添加剂 Na_2CO_3 时的铁粉品位均明显高于不使用 Na_2CO_3 时的品位；Na_2CO_3 用量为 5% 时，还原时间从 30min 增加到 50min，铁粉品位有大幅度的提高，从 78.61% 提高至 89.87%，提高了 11.26%；当还原时间从 50min 增加到 60min 时，铁粉品位略有增加，达到了 90.19%，比

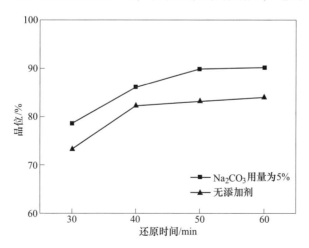

图 5-16　Na_2CO_3 用量为 5% 时还原时间对铁粉品位的影响

不使用 Na_2CO_3 时高 6.21%。由图 5-17 可知，铁粉的回收率在两种条件下都维持在较高的水平。

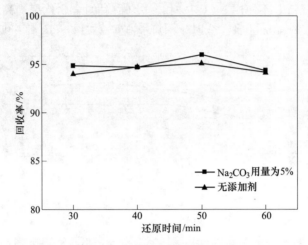

图 5-17 Na_2CO_3 用量为 5% 时还原时间对铁粉回收率的影响

5.2.3 $MgCO_3$ 对深度还原效果的影响

5.2.3.1 $MgCO_3$ 用量对深度还原的影响

$MgCO_3$ 用量对还原物料金属化率的影响如图 5-18 所示。由图 5-18 可知，在同等条件下，$MgCO_3$ 的使用能明显增加还原物料的金属化率。当 $MgCO_3$ 用量从

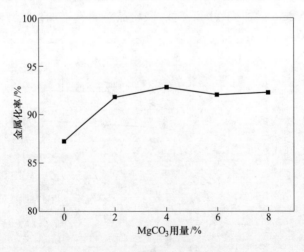

图 5-18 $MgCO_3$ 用量对还原物料金属化率的影响

2%增加到4%时，还原物料的金属化率迅速提高，在用量为4%时达到最大值92.81%；之后，$MgCO_3$用量再增加时，还原物料的金属化率略有降低。$MgCO_3$的加入，使得还原反应中生成的铁复杂氧化物得以进一步还原，同时MgO和SiO_2、Al_2O_3反应，减少了铁复杂化合物的生成，从而使还原物料的金属化率得以提高。

$MgCO_3$用量对还原物料磁选结果的影响如图5-19所示。由图5-19可知，$MgCO_3$对于提高铁粉的品位和回收率的效果并不是特别明显。当$MgCO_3$用量从2%增加到4%时，铁粉品位略有提高；当用量进一步增加时，铁粉品位略有降低；用量为4%时，铁粉品位达到最大值79.06%，比不使用$MgCO_3$时高1.57%。

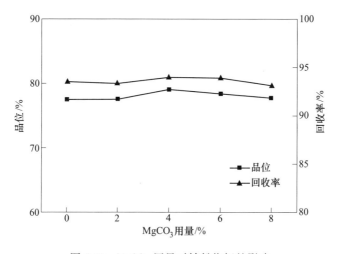

图 5-19 $MgCO_3$ 用量对铁粉指标的影响

5.2.3.2 还原温度对深度还原的影响

在$MgCO_3$用量为4%的条件下，考察还原温度对深度还原的影响，结果如图5-20所示。由图5-20可知，$MgCO_3$用量为4%时，还原物料的金属化率均高于不使用$MgCO_3$时的金属化率；还原温度较低时，使用$MgCO_3$金属化率提升更为明显一些；较高温度时，$MgCO_3$的促进作用会减弱。

在$MgCO_3$用量为4%的条件下，还原温度对还原物料磁选结果的影响如图5-21和图5-22所示。由图5-21可知，$MgCO_3$用量为4%时，在深度还原温度范围内，铁粉品位略高于不使用$MgCO_3$时的品位；并且在较低温度时，$MgCO_3$对于提高铁粉品位效果更明显一些。如图5-22所示，温度在1448K以上时，铁粉的回收率都能维持在较高的水平。

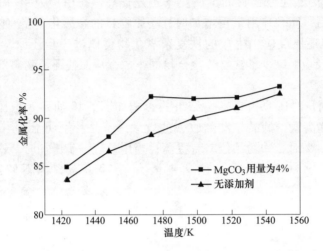

图 5-20　$MgCO_3$ 用量为 4% 时还原温度对还原物料金属化率的影响

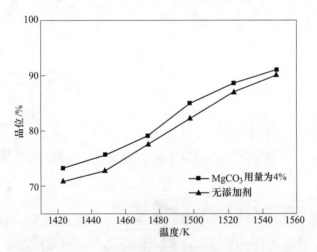

图 5-21　$MgCO_3$ 用量为 4% 时还原温度对铁粉品位的影响

5.2.3.3　还原时间对深度还原的影响

在 $MgCO_3$ 用量为 4% 和还原温度为 1498K 条件下，考察还原时间对深度还原的影响，结果如图 5-23 所示。由图 5-23 可知，$MgCO_3$ 用量为 4% 时，还原时间从 30min 增加到 40min，还原物料的金属化率有明显提高；当还原时间从 40min 增加到 60min，还原物料的金属化率略有增加。还原时间试验范围内，添加 $MgCO_3$ 时的金属化率均明显高于未添加 $MgCO_3$ 时的金属化率。

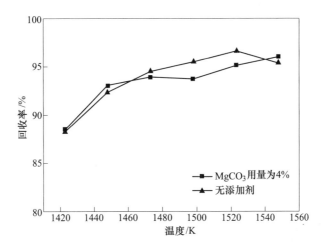

图 5-22 $MgCO_3$ 用量为 4%时还原温度对铁粉回收率的影响

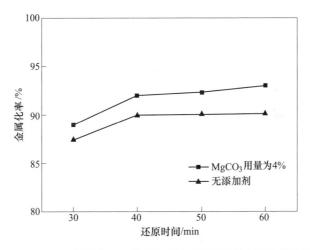

图 5-23 $MgCO_3$ 用量为 4%时还原时间对还原物料金属化率的影响

在 $MgCO_3$ 用量为 5%的条件下，还原时间对还原物料磁选结果的影响如图 5-24 和图 5-25 所示。由图 5-24 可知，$MgCO_3$ 用量为 4%时，还原时间从 30min 增加到 40min，铁粉的品位有明显增加；还原时间从 40min 增加到 60min，铁粉品位略有增加，从 84.98%增加到了 86.00%，只提高了 1.02%；还原时间试验范围内，添加 $MgCO_3$ 时的铁粉品位均明显高于未添加 $MgCO_3$ 时的铁粉品位。如图 5-25 所示，添不添加 $MgCO_3$ 铁粉的回收率都维持在较高的水平；但在 40~50min 范围内，添加 $MgCO_3$ 时的铁粉回收率均明显高于未添加 $MgCO_3$ 时的回收率。

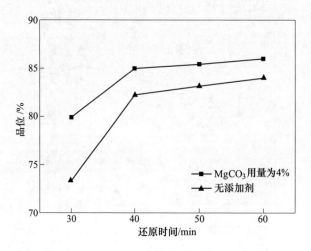

图 5-24　$MgCO_3$ 用量为 4% 时还原时间对铁粉品位的影响

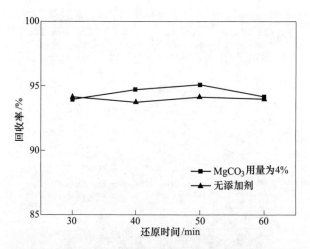

图 5-25　$MgCO_3$ 用量为 4% 时还原时间对铁粉回收率的影响

5.2.4　CaO 对深度还原效果的影响

5.2.4.1　CaO 用量对深度还原的影响

原矿的二元碱度 $w(CaO)/w(SiO_2)$ 为 0.11，属典型酸性矿石。因此，通过配入 CaO 改变矿样的碱度。配入量对应矿石碱度的关系见表 5-2。碱度系数（即 CaO 用量）对深度还原物料金属化率的影响如图 5-26 所示。由图 5-26 可知，CaO 对还原物料的金属化率影响很大；当碱度系数由 0.1 提高到 0.5 时，还原物料的金属化率从 92.48% 提高至 93.25%；当碱度系数由 0.5 提高至 2.0 时，还原物料的金属化率又迅速降低，从 93.25% 降低至 88.92%。

表 5-2 矿石碱度和 CaO 配入量的关系

CaO 配入量/g	0	2.4	5.48	8.57	11.65
碱度	0.11	0.5	1	1.5	2

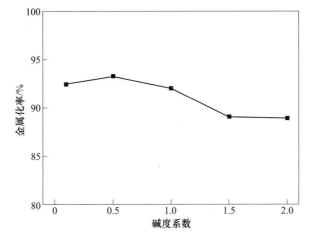

图 5-26 碱度系数对还原物料金属化率的影响

CaO 用量对还原物料磁选结果的影响如图 5-27 所示。由图 5-27 可知，碱度系数对铁粉品位影响很大；当碱度系数从 0.1 提高到 0.5 时，铁粉品位由 90.04% 提高至 93.51%；但当碱度系数进一步提高时，铁粉品位迅速下降；随碱度系数的提高，铁粉回收率整体呈现逐渐降低的趋势。

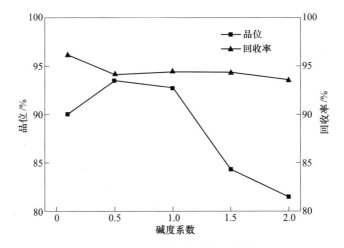

图 5-27 碱度系数对铁粉指标的影响

5.2.4.2　还原温度对深度还原的影响

在碱度系数为 0.5 的条件下，考察还原温度对深度还原的影响，结果如图 5-28 所示。由图 5-28 可知，CaO 的使用能明显提高还原物料的金属化率，且在较低温度时效果更好。在碱度系数为 0.5 的条件下，还原温度对还原物料磁选结果的影响如图 5-29 和图 5-30 所示。由图 5-29 可知，在较低温度时，CaO 对提高铁粉的品位效果较为明显；随着温度的升高，CaO 提高铁粉品位的效果逐渐减弱。如图 5-30 所示，碱度系数为 0.5 时，铁粉的回收率略有波动，但整体都维持在较高的水平。

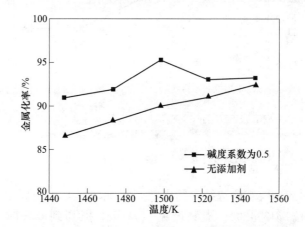

图 5-28　碱度系数为 0.5 时还原温度对还原物料金属化率的影响

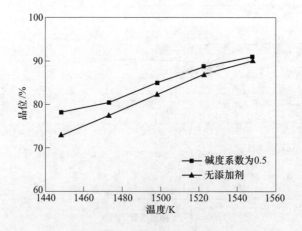

图 5-29　碱度系数为 0.5 时还原温度对铁粉品位的影响

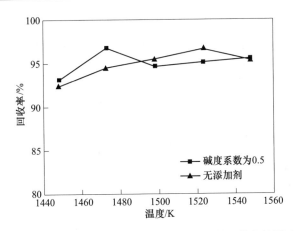

图 5-30　碱度系数为 0.5 时还原温度对铁粉回收率的影响

5.3　添加剂在深度还原中的作用机理分析

5.3.1　CaF_2 在铁矿石深度还原过程中的作用机理

5.3.1.1　炉渣离子结构理论

离子结构理论是在固体炉渣的 X 射线结构分析和熔融炉渣的电化学试验结果基础上提出来的[6,7]。XRD 分析表明：碱性和中性固体炉渣（$CaO/SiO_2 \geqslant 1.0$）都是由正负离子相互配位所构成的空间点阵结构；酸性固体炉渣虽然不是由离子构成，但 SiO_2 所生成的硅酸盐却是由金属正离子和硅酸根负离子 SiO_4^{4-} 组成的。熔渣电化学试验表明：熔体能导电，其电导值与典型离子化合物的电导值相近，且随温度升高导电性增强，这正是离子导电的特性。因此，离子理论认为，构成熔渣的基本质点是阳离子和阴离子，其总电荷相等，熔渣总体不带电；与晶体一样，熔渣中每个离子的周围是异号离子；相同电荷数的离子和邻近离子的相互作用完全相等，与离子的种类无关。

组成炉渣的基本离子见表 5-3。炉渣中的离子类型常被分为阳离子、简单阴离子及复杂阴离子三个类型，其中阳离子有 Ca^{2+}、Mn^{2+}、Fe^{2+}、Mg^{2+} 等，简单阴离子有 O^{2-}、S^{2-}、F^- 等，复杂阴离子有 SiO_4^{4-}、PO_4^{3-}、AlO_3^{3-} 以及由它们聚合而成的复合阴离子团，如 $Si_2O_7^{6-}$、$P_2O_7^{4-}$ 等。研究表明电荷数大而离子半径小的阳离子最容易与阴离子结合成离子对，亦最容易与氧结合为复合离子团。

表 5-3　离子半径

离子	Si^{4+}	Al^{3+}	Mg^{2+}	Fe^{2+}	Mn^{2+}	Ca^{2+}	F^-	O^{2-}	S^{2-}
半径/nm	0.039	0.057	0.078	0.083	0.091	0.106	0.136	0.132	0.174

半径最小、电荷最多的 O^{2-} 与 Si^{4+} 结合力最大，二者结合生成硅氧复合负离

子 SiO_4^{4-}，一般称之为正硅酸离子，它是四面体结构，其按结构特点又称为硅氧复杂四面体，如图 5-31 所示。四面体的四个顶点是氧离子，四面体中心位置是 Si^{4+}，Si^{4+} 的四个正化合价与四个氧离子的四个负化合价结合，而四个氧离子的其余四个负化合价，或与周围其他正离子 Ca^{2+}、Fe^{2+}、Mg^{2+}、Mn^{2+} 等结合，或与其他硅氧四面体的 Si^{4+} 结合，形成共用顶点。构成熔渣的离子中，硅氧复合离子体积最大，四面体中 Si-O 之间的距离为 $0.132+0.039=0.171nm$，O-O 之间的距离为 $0.132+0.132=0.264nm$。复合离子的结构越复杂，其周围结合的金属离子越多，因此，硅氧四面体是构成熔渣结构的基本单元，而其他的 Ca^{2+}、Mn^{2+}、Fe^{2+}、Mg^{2+} 等体积较小的正离子有序地排列在四面体的周围。

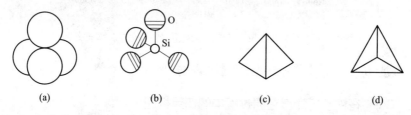

图 5-31　硅氧复合四面体结构
(a) 氧离子的紧密堆积；(b) 四面体示意图；(c) 四面体侧面图；(d) 四面体平面投影

　　依据炉渣中 O 与 Si 比值不同，一个硅原子的剩余电荷数也不同，由此可形成不同复杂程度的硅氧复合负离子团，见表 5-4。

表 5-4　硅氧复合离子的结构

名称	O 与 Si 比值	一个硅原子的剩余电荷数	复合离子形状
SiO_4^{4-}	4	-4	单四面体
$Si_2O_7^{6-}$	3.5	-3	双四面体
$Si_3O_9^{6-}$	3.0	-2	环状
$(SiO_3)_n^{2n-}$	3.0	-2	链状
$(Si_2O_5)_n^{2n-}$	2.5	-1	片状

　　硅氧四面体 SiO_4^{4-} 是最简单的结构，随着 O 与 Si 比值下降，硅氧复合负离子越来越庞大，越来越复杂，体系的黏度也越来越大。这些复杂的硅氧复合离子结构如图 5-32 所示。

　　由于氧离子为负二价，所以图 5-32 中凡是价键未满足的氧离子将与熔渣体系中的金属离子相结合。SiO_4^{4-} 表示在该复合离子周围将有四个金属离子（如 4 个 Ca^{2+} 等），金属的剩余价键又与另外的复合负离子相连，相互组成点阵结构。对 $Si_2O_{5n}^{2n-}$ 复合离子，由于 Si 的价键在图上未满足，有一价键与金属离子结合。所以金属离子存在于层与层之间，不过层与层之间的静电引力远小于每层内的共

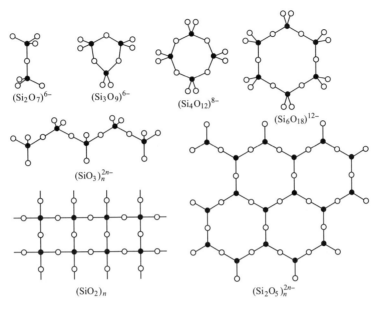

图 5-32　硅氧复合四面体结构

●—硅原子；○—氧原子

价键力，故物体可以层状解理。至于纯石英（SiO_2）$_n$，其结构是一个无限三度空间网结构，即原子晶体结构，每一个四面体的氧原子皆与其他四面体共用。以上就是熔渣离子结构理论，常用来解释炉渣成分对其物理化学性质的影响。

5.3.1.2　CaF_2 对体系黏度的影响

当炉渣体系中碱性氧化物（CaO、FeO、MgO 等）增加时，即炉渣体系的渣相碱度升高时，氧离子的浓度随之增加，从而使 O 与 Si 比值提高，硅氧复合离子的复杂结构开始裂解，结构也越来越简单，直到裂解为能够完全自由流动的单独的硅氧四面体为止，此时体系的黏度降到最小。

在固定的温度下，体系的碱度过高，黏度反而会增大，这是因为体系中成分变化导致熔化温度升高，若此时的温度低于熔化温度，则液相中出现固体结晶颗粒，破坏了体系的均一性，尽管此时体系的硅氧复合离子比较简单，但仍具有很高的黏度。

用离子理论可以解释 CaF_2 对体系黏度的影响，主要是由于 F^- 与 O^{2-} 的半径十分接近，氟很容易就把氧取代。当炉渣碱度较小时，F^- 的作用类似于 O^{2-} 的作用，它可使硅氧复合离子分解，变为简单的四面体，结构变小，黏度降低，反应式为：

$$(SiO_3^{2-})_3 + 2F^- \rightleftharpoons SiFO_3^{3-} + Si_2FO_6^{5-} \tag{5-3}$$

当炉渣碱度高时，尽管此时硅氧复合离子已经很简单，但氟是一价元素，氧是二价元素，F^- 取代 O^{2-} 就会破坏原有结构的电价平衡，所以 F^- 还可以按式（5-

4）反应，截断 Ca^{2+} 与硅氧四面体之间的离子键，从而使结构变小，黏度降低。

$$—O—\underset{\underset{O}{|}}{\overset{\overset{O}{|}}{Si}}—O\cdots Ca\cdots O—\underset{\underset{O}{|}}{\overset{\overset{O}{|}}{Si}}—O— +2F^- = 2\,(\,F—Ca\cdots O—\underset{\underset{O}{|}}{\overset{\overset{O}{|}}{Si}}—O—\,) \quad (5\text{-}4)$$

相关文献表明，氟化物的助融机理可由无规则网络学说解释[8]。在熔体中，F^- 进入由 Si-O 四面体形成的网络中，使原来的桥氧变为非桥氧，打断了 Si-O 四面体之间的连接，形成断网，特别是 F^- 进入网络中形成的断网处电价饱和，不会再被网络中间体连起来，其降低熔体表面张力、增加熔体润湿性的作用更加明显。

在还原温度为 1498K、还原时间为 50min、配碳系数为 2 的固定条件下，CaF_2 用量分别为 0%（无添加剂）、2%、6%、8%时还原物料的 SEM 图像如图 5-33 所示。如图 5-33 所示，使用 CaF_2 后，还原物料中球形颗粒明显增多，主要原因是：CaF_2 能降低深度还原体系的黏度和颗粒表面张力，从而降低了铁颗粒聚

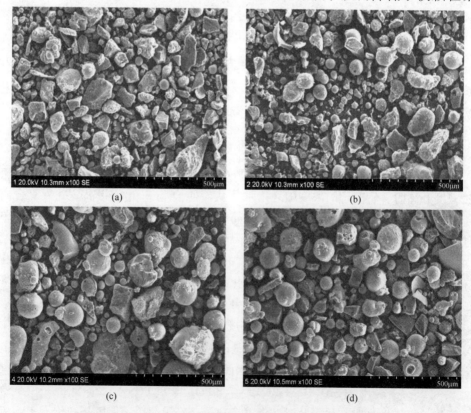

图 5-33　不同 CaF_2 用量条件下还原物料的 SEM 图像
（a）无添加剂；（b）2% CaF_2；（c）6% CaF_2；（d）8% CaF_2

集长大的阻力。

5.3.1.3 CaF$_2$ 促进铁矿石深度还原机理分析

在还原温度为 1498K、还原时间为 50min、配碳系数为 2 的固定条件下，CaF$_2$ 用量分别为 0%、2%、4%、6%、8% 时还原物料的 XRD 图谱如图 5-34 所示，SEM 图像和 EDS 能谱如图 5-35 所示。

如图 5-34 所示，当 CaF$_2$ 用量为 2% 时，XRD 图谱上出现了枪晶石（Ca$_4$Si$_4$O$_7$F$_2$）的衍射峰；衍射角 2θ 为 65.041°、82.472° 对应的 Fe 的特征衍射峰比不使用添加剂时更加尖锐；衍射角 2θ 为 40.746° 对应的 SiO$_2$ 的衍射峰明显减弱；衍射角 2θ 为 39.434° 对应的铁橄榄石（2FeO·SiO$_2$）、铁尖晶石（FeO·Al$_2$O$_3$）的衍射峰变得很弱甚至消失；当 CaF$_2$ 用量为 4% 时，开始出现 CaF$_2$ 的衍

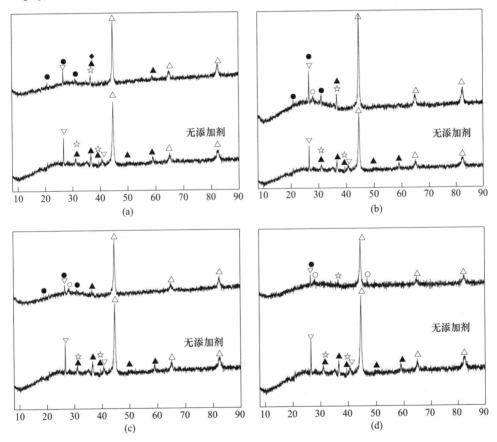

图 5-34　不同 CaF$_2$ 用量条件下还原物料的 XRD 图谱

(a) 2% CaF$_2$；(b) 4% CaF$_2$；(c) 6% CaF$_2$；(d) 8% CaF$_2$

△—Fe；▽—SiO$_2$；▲—(Mg, Fe)$_2$SiO$_4$；☆—FeAl$_2$O$_4$；●—Ca$_4$Si$_2$O$_7$F$_2$；○—CaF$_2$

射峰，且此时衍射角 2θ 为 58.948°对应的铁橄榄石（$2FeO \cdot SiO_2$）的衍射峰消失；当 CaF_2 用量为6%时，衍射角 2θ 为 36.658°对应的铁橄榄石（$2FeO \cdot SiO_2$）的衍射峰消失明显减弱；当 CaF_2 用量增加到8%时，衍射角 2θ 为 65.041°、82.472°对应的 Fe 的特征衍射峰比 CaF_2 用量为6%时的有明显减弱，这与用量对还原物料的金属化率的变化趋势相一致。

　　如图 5-35 所示，还原物料中形成了 F、Ca、Fe、O、Si、Al 复杂化合物，铁颗粒的表面也有 Si、O 峰的存在，这说明深度还原过程中形成了铁复杂化合物。颗粒表面出现了局部的微熔，这可能是由于 CaF_2 能与高熔点的氧化物 SiO_2、CaO 反应，形成了低熔点共晶体枪晶石，促进了 SiO_2、CaO 的溶解和矿化，从而降低了整个体系的熔化温度。在深度还原过程中会出现微熔相，微熔相的存在促进了结晶质点的扩散，从而加快了铁晶核的长大，进而提高了还原物料的金属化率及铁粉品位；但微熔相也会包裹颗粒，导致铁矿石中部分 FeO 溶解和铁氧化物还原不完全，这和 CaF_2 用量8%时还原物料的金属化率降低相对应，因此 CaF_2 的大量使用并不利于深度还原。

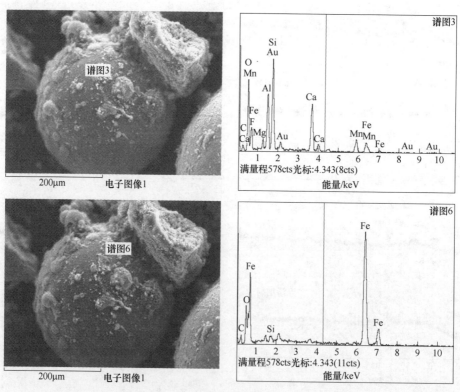

图 5-35　还原物料 SEM 像及 EDS 能谱

　　综上所述，CaF_2 能显著提高还原物料的金属化率及铁粉指标的原因主要有以下三个方面：

（1）在深度还原体系中，出现局部微熔，由于 F^- 半径和 O^{2-} 相近，因此 F^- 取代了硅氧四面体中的 O^{2-}，使得较大体积的复杂硅氧离子团解体，同时截断 Al^{3+}、Ca^{2+} 和硅氧离子团之间的离子键，降低了体系的黏度和表面张力，从而降低了铁颗粒聚集长大的阻力。

（2）CaF_2 和矿石中的 SiO_2、Al_2O_3 反应生成了枪晶石，使得和 FeO 反应的有效 SiO_2、Al_2O_3 数量减少，从而减少了难以还原的铁复杂化合物的生成数量，同时降低了铁橄榄石等高强度黏结相的生成数量。

（3）CaF_2 与高熔点的 SiO_2、Al_2O_3 形成了低熔点共晶体，在深度还原体系中出现了局部微熔相；局部微熔相的存在能促进结晶质点的扩散，更有利于铁矿物的还原和铁颗粒的生成长大。

5.3.2 Na_2CO_3 在铁矿石深度还原过程中的作用机理

羚羊石深度还原过程中加入 Na_2CO_3 后，Na_2CO_3 在还原过程中首先分解成 Na_2O[9]。体系内固相反应主要为 FeO-Al_2O_3-SiO_2 与 Na_2O 之间的反应，可能发生的主要化学反应如下，反应对应的 Gibbs 自由能变如图 5-36 所示。

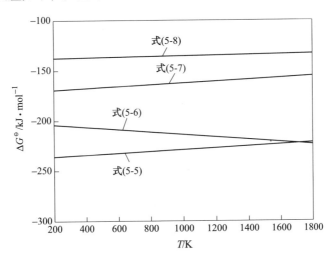

图 5-36 Na_2O 参与的固相反应的 $\Delta G^{\ominus}$-T 图

$$Na_2O_{(s)} + SiO_{2(s)} = Na_2O \cdot SiO_{2(s)} \tag{5-5}$$

$$Na_2O_{(s)} + 2FeO \cdot SiO_{2(s)} = 2FeO_{(s)} + Na_2O \cdot SiO_{2(s)} \tag{5-6}$$

$$Na_2O_{(s)} + Al_2O_{3(s)} = Na_2O \cdot Al_2O_{3(s)} \tag{5-7}$$

$$Na_2O_{(s)} + FeO \cdot Al_2O_{3(s)} = FeO_{(s)} + Na_2O \cdot Al_2O_{3(s)} \tag{5-8}$$

由图 5-36 可以看出，在深度还原温度范围内，用 Na_2O 置换 $2FeO \cdot Si_2O$ 和 $FeO \cdot Al_2O_3$ 反应的 $\Delta G^{\ominus}$ 均为负值，说明反应都向生成 $Na_2O \cdot SiO_2$ 和 $Na_2O \cdot$

Al_2O_3 反应方向进行，置换出了 FeO，使得 FeO 进一步得到还原，提高了还原物料的金属化率；生成的 $Na_2O \cdot SiO_2$ 熔点偏低（1147K），在还原过程中出现了局部微熔相，微熔相的存在促进了结晶质点的扩散，加快了铁颗粒的长大；同时，微熔相也会包裹颗粒，使得铁的氧化物难以进一步还原，因此 Na_2CO_3 的大量使用并不利于铁矿石的深度还原。

在 Na_2CO_3 用量 5%、还原温度 1498K、还原时间 50min、配碳系数 2 的条件下，还原物料的 XRD 图谱如图 5-37 所示。还原物料颗粒的 SEM 图像及其表面 EDS 能谱如图 5-38 所示。

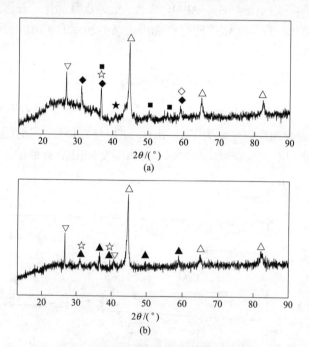

图 5-37　还原物料的 XRD 图谱

（a）5%Na_2CO_3；（b）无添加剂

$\triangle$—Fe；$\triangledown$—SiO_2；$\blacktriangle$—（Mg，Fe）SiO_4；$\star$—$FeAl_2O_4$；$\bigstar$—$NaAl_2O_4$（三斜霞石）；

$\blacksquare$—$Al_2Na_2O_{16}Si_6$；$\blacklozenge$—Ca_2Al（$AlSiO_7$）（铝黄长石）；$\lozenge$—$NaAl_{11}O_{17}$

由图 5-37 可知，在不使用添加剂时，还原物料中有（Mg，Fe）SiO_4、$FeAl_2O_4$ 的衍射峰，这说明了深度还原过程中有铁复杂化合物的生成。使用 Na_2CO_3 后，（Mg，Fe）$_2SiO_4$、$FeAl_2O_4$ 的衍射峰明显减弱，有些衍射峰甚至消失，新生成了 $NaAl_2O_4$、$Al_2Na_2O_{16}Si_6$、Ca_2Al（$AlSiO_7$）、$NaAl_{11}O_{17}$ 相；与此同时，Fe 衍射峰的强度明显增强。但 XRD 中并没有找到 Na_2SiO_3 的衍射峰，可能是矿石成分复杂，深度还原过程中固固反应特别复杂，生成了其他复杂化合物。由图 5-38可知，还原物料中形成了 Si、Al、Na、O、Mg、Ca 等元素的复杂化合物，与

XRD 的结果相一致。

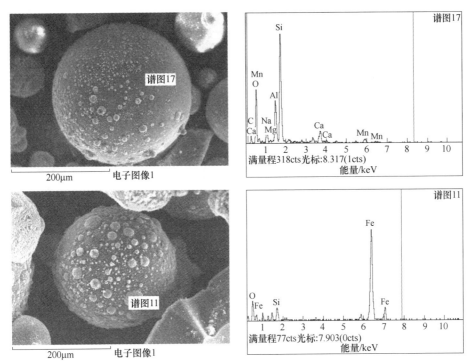

图 5-38　还原物料 SEM 图像及 EDS 能谱

通过以上分析可以得出，Na_2CO_3 可以明显提高还原物料的金属化率和铁粉品位的主要原因是：Na_2CO_3 分解成的 Na_2O 能从（Mg，Fe）$_2SiO_4$、$FeAl_2O_4$ 等铁复杂化合物中置换出 FeO，使 FeO 能进一步被还原；同时 Na_2O 能和矿石中的 SiO_2、Al_2O_3 反应，生成 Na、Si、Al、O 等复杂化合物，进而有效减少了与 FeO 反应的 SiO_2、Al_2O_3 的数量。由于生成的 $Na_2Si_2O_5$ 熔点偏低（1147K），在深度还原过程中会出现局部微熔，微熔相的存在能促进结晶质点的扩散，从而加快铁晶核的长大；但微熔相也会包裹矿石颗粒，导致铁矿石中部分 FeO 的溶解和铁氧化物还原不完全。因此，Na_2CO_3 的用量过大并不利于深度还原过程。相关研究表明[10]，Na_2CO_3 还可提高碳的活性，加速碳的气化反应的进行，进而提高 CO 还原铁氧化物的速度。

5.3.3　$MgCO_3$ 在铁矿石深度还原过程中的作用机理

相关文献表明[11]，$MgCO_3$ 完全分解的温度为 923K。深度还原过程的温度远远高于 $MgCO_3$ 分解的温度，因此加入的 $MgCO_3$ 首先分解成 MgO。深度还原体系中固相反应主要为 $FeO-Al_2O_3-SiO_2$ 与 MgO 之间的反应，可能发生的主要化学反应见式（5-9）~式（5-12），反应所对应的 Gibbs 自由能变如图 5-39 所示。

$$2MgO_{(s)} + SiO_{2(s)} = 2MgO \cdot SiO_{2(s)} \tag{5-9}$$

$$2MgO_{(s)} + 2FeO \cdot SiO_{2(s)} = 2FeO_{(s)} + 2MgO \cdot SiO_{2(s)} \tag{5-10}$$

$$MgO_{(s)} + Al_2O_{3(s)} = MgO \cdot Al_2O_{3(s)} \tag{5-11}$$

$$MgO_{(s)} + FeO \cdot Al_2O_{3(s)} = FeO_{(s)} + MgO \cdot Al_2O_{3(s)} \tag{5-12}$$

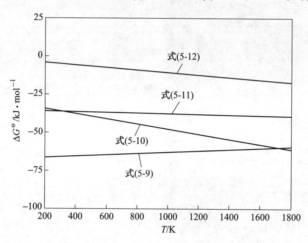

图 5-39　MgO 参与的固相反应的 $\Delta G^{\ominus}$-T 图

由图 5-39 可知，在深度还原温度范围内，MgO 和 $2FeO \cdot SiO_2$、$FeO \cdot Al_2O_3$ 反应的 $\Delta G^{\ominus}$ 均为负值，说明反应都向生成 FeO 和 $MgO \cdot SiO_2$、$MgO \cdot Al_2O_3$ 的方向进行，置换出的 FeO 能得到进一步的还原。MgO 和 SiO_2、Al_2O_3 反应生成 $MgO \cdot SiO_2$、$MgO \cdot Al_2O_3$，从而降低和 FeO 反应的有效 SiO_2、Al_2O_3 的数量，减少了铁复杂化合物的生成数量。

在 $MgCO_3$ 用量为 4%、还原温度为 1498K、还原时间为 50min、配碳系数为 2 的条件下，还原物料的 XRD 图谱如图 5-40 所示，SEM 图像及 EDS 能谱如图 5-41 所示。

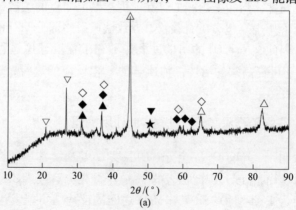

(a)

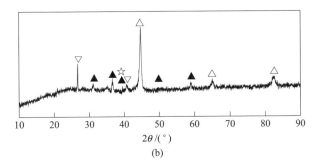

(b)

图 5-40　还原物料的 XRD 图谱

（a）4% $MgCO_3$；（b）无添加剂

△—Fe；▽—SiO_2；▲—（Mg, Fe）SiO_4；☆—$FeAl_2O_4$；◆—$MgSiO_3$；

◇—$MgAl_2O_4$；★—$Mg_{3.5}Al_9Si_{1.5}O_{20}$；▼—$CaMgSiO_4$

由图 5-40 可知，$MgCO_3$ 用量为 4% 时，还原物料的 XRD 衍射图谱上出现了 $MgSiO_3$、$MgAl_2O_4$、$Mg_{3.5}Al_9Si_{1.5}O_{20}$、$CaMgSiO_4$ 的衍射峰；与此同时，衍射角 2θ 为 65.041°、82.472°对应的 Fe 的特征衍射峰比不使用添加剂时更加尖锐，说明铁的结晶更好。由图 5-41 可知，还原物料中形成了包含 Ca、O、Si、Mg 等元素的复杂化合物，这和 XRD 中新生成的物质相一致。

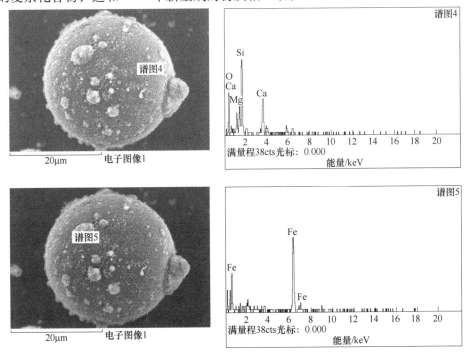

图 5-41　还原物料 SEM 图像及 EDS 能谱

综上所述，在深度还原过程中 $MgCO_3$ 能提高还原物料的金属化率和铁粉指标的原因是：$MgCO_3$ 分解产生的 MgO 可以置换出 Fe_2SiO_4、$FeAl_2O_4$ 等铁复杂化合物中的 FeO，提高 FeO 的活度，使其能进一步被还原；同时 MgO 能和矿石中的 SiO_2、Al_2O_3、CaO 反应生成 $MgSiO_3$、$MgAl_2O_4$、$Mg_{3.5}Al_9Si_{1.5}O_{20}$、$CaMgSiO_4$ 等化合物，从而有效减少了和 FeO 反应生成铁复杂化合物的数量。但 MgO 同时会和 FeO、SiO_2 反应生成 (Mg, Fe)SiO_4，从而降低还原物料的金属化率。因此，$MgCO_3$ 的用量过大并不利于深度还原的进行。

5.3.4　CaO 在铁矿石深度还原过程中的作用机理

深度还原体系中加入 CaO 后，固相反应主要为 $FeO-Al_2O_3-SiO_2$ 与 CaO 之间的反应，可能发生的主要化学反应见式（5-13）~ 式（5-16），反应所对应的 Gibbs 自由能变如图 5-42 所示。

$$CaO_{(s)} + SiO_{2(s)} = CaO \cdot SiO_{2(s)} \tag{5-13}$$

$$CaO_{(s)} + 2FeO \cdot SiO_{2(s)} = 2FeO_{(s)} + CaO \cdot SiO_{2(s)} \tag{5-14}$$

$$CaO_{(s)} + Al_2O_{3(s)} = CaO \cdot Al_2O_{3(s)} \tag{5-15}$$

$$CaO_{(s)} + FeO \cdot Al_2O_{3(s)} = FeO_{(s)} + CaO \cdot Al_2O_{3(s)} \tag{5-16}$$

由图 5-42 可知，在深度还原温度范围内，CaO 和 $2FeO \cdot SiO_2$、$FeO \cdot Al_2O_3$ 反应的 $\Delta G^{\ominus}$ 均为负值，这说明反应都向生成 FeO 和 $CaO \cdot SiO_2$、$CaO \cdot Al_2O_3$ 的方向进行，置换出的 FeO 能得到进一步的还原。同时，CaO 和 SiO_2、Al_2O_3 反应生成 $CaO \cdot SiO_2$、$CaO \cdot Al_2O_3$，从而降低和 FeO 反应的有效 SiO_2、Al_2O_3 的数量，减少了铁复杂化合物的生成数量。

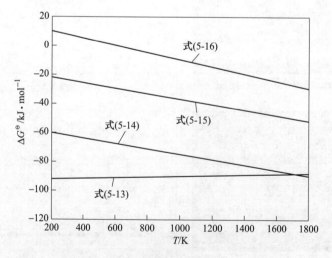

图 5-42　CaO 参与的固相反应的 $\Delta G^{\ominus}$-T 图

在 CaO 用量为 4.8%（即碱度系数为 0.5）、还原温度为 1225℃、还原时间为 50min、配碳系数为 2 的条件下，还原物料的 XRD 图谱如图 5-43 所示，SEM 图像及其 EDS 能谱如图 5-44 所示。

由图 5-43 可知，当 CaO 用量为 4.8% 时，还原物料的 XRD 图谱上出现 $Ca_3Si_2O_7$、$CaAl_2Si_2O_8$、$Ca_2Fe_2O_5$ 的衍射峰；与不使用添加剂相比，衍射角 2θ 为 39.426°对应的 $(Mg, Fe)SiO_4$、$FeAl_2O_4$ 的衍射峰消失；衍射角 2θ 为 65.041°、82.472°对应的 Fe 的特征衍射峰比不使用添加剂时更加尖锐，这说明铁的结晶程度比不使用添加剂时更好。由图 5-44 可知，还原物料中形成了包含 Ca、O、Si、Mg、Fe 等元素的复杂化合物，这和 XRD 中新生成的物质相对应。

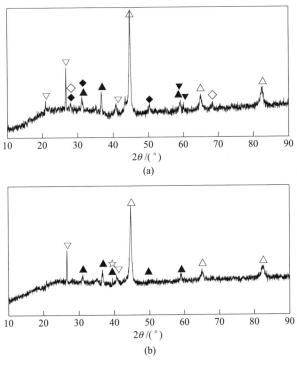

图 5-43 还原物料的 XRD 图

（a）4.8%CaO；（b）无添加剂

$\triangle$—Fe；$\triangledown$—SiO_2；$\blacktriangle$—$(Mg, Fe)SiO_4$；$\star$—$FeAl_2O_4$；

$\blacklozenge$—$Ca_3Si_2O_7$；$\lozenge$—$CaAl_2Si_2O_8$；$\blacktriangledown$—$Ca_2Fe_2O_5$

综上所述，在深度还原过程中 CaO 能提高还原物料的金属化率和铁粉指标的原因是：CaO 可以置换出 Fe_2SiO_4、$FeAl_2O_4$ 等铁复杂化合物中的 FeO，使 FeO 能进一步被还原；同时 CaO 能和矿石中的 SiO_2、Al_2O_3 反应生成 $Ca_3Si_2O_7$、$CaAl_2Si_2O_8$ 等化合物，从而有效减少了和 FeO 反应生成铁复杂化合物的数量。但

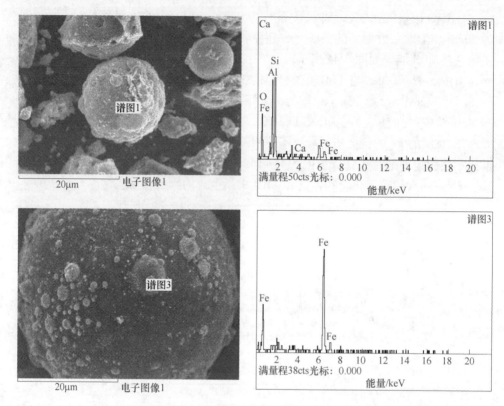

图 5-44　还原物料 SEM 图像及 EDS 能谱

CaO 也会和 FeO 反应生成 $Ca_2Fe_2O_5$，从而降低还原物料的金属化率。因此，CaO 用量应适宜，用量过大不利于深度还原的进行。

参 考 文 献

[1] 乐可襄，王世俊，王海川，等. 在铁水预处理中 $CaO-Fe_2O_3-CaF_2$ 基粉剂脱磷工艺和影响因素的探讨 [J]. 钢铁，2002，37（7）：20~24.

[2] 曹洪文，刘纯厚，张玉清. 用 $CaO-CaF_2$ 体系脱硫剂处理含钒铁水时的脱硫动力学 [J]. 化工冶金，1980（2）：33~41.

[3] 陆宏权，李涵旭，马飞，等. 钙基助熔剂对煤灰熔融性影响及熔融机理研究 [J]. 煤炭科学技术，2011，39（2）：111~114.

[4] 吕晓芳. 矿化剂对矿渣熔化温度与黏度的影响 [J]. 甘肃冶金，2009，31（4）：1~4.

[5] 王珍，孙体昌，秦晓萌，等. 助熔剂对某低品位铁矿石直接还原效果的影响 [J]. 矿业工程，2010，30（5）：79~86.

[6] 卢宇飞. 炼铁工艺 [M]. 北京：冶金工业出版社，2006.

[7] 任贵义.炼铁学 [M].北京:冶金工业出版社,2004.

[8] 张孝文.固体材料结构基础 [M].北京:中国建筑工业出版社,1985.

[9] 梅贤功,袁明亮,陈苕.论残钠在高铁赤泥煤机直接还原过程中之作用 [J].轻金属,
   1995 (4):20~22.

[10] 郭培民,赵沛,张殿伟.低温下碳还原氧化铁的催化机理研究 [J].钢铁钒钛,2006,
   27 (4):1~5.

[11] 单琪堰,张悦,杨合,等.低品位菱镁矿煅烧的新工艺 [J].非金属矿,2011,34
   (3):17~18.

6 金属相的形成与生长特性

在矿物加工领域,颗粒的粒度及分布规律是一项重要的参数。只有在适宜的粒度范围内才能实现目的矿物与脉石矿物的有效分离。同时,粒度作为固体物料的一项重要基本物理特性在颗粒形成及处理过程中发挥着重要作用,往往会直接影响最终或中间产品的质量[1~8]。

深度还原过程中矿石中的铁矿物被还原剂还原为金属铁,生成的金属铁会逐渐聚集生长。只有当金属铁生长到一定粒度,才能实现金属铁相与渣相的良好解离,进而实现金属铁的磁选富集。此外,金属铁粒度表征对于探明金属铁的生长机理、控制金属铁生长和优化深度还原过程具有重要意义。因此,金属铁的形成与生长特性是复杂难选铁矿深度还原理论体系的重要组成部分。

针对复杂难选铁矿石深度还原过程中金属铁颗粒长大已有一些研究。例如,高鹏、孙体昌、周继程、史广全和赵龙胜等人分别对低品位铁矿石、白云鄂博铁矿石、鲕状赤铁矿石和钒钛磁铁精矿的还原过程进行了研究,指出提高还原温度、延长还原时间和添加助熔剂都有利于金属铁颗粒的聚集长大,且金属铁颗粒的长大有利于实现磨矿过程中金属铁颗粒的单体解离,进而提高磁选分离的效果[9~16]。然而,上述文献只是定性地对还原过程中金属铁颗粒的生长特性进行了分析。关于深度还原过程中金属铁颗粒粒度的测量及定量表征、金属铁颗粒的生长动力学需开展系统的工作。

6.1 金属颗粒粒度测量与表征

6.1.1 金属颗粒粒度测量

根据测量原理不同,粒度测量技术可以分为筛分分析、激光衍射分析和图像分析三大类[17~24]。还原样品中金属铁相与渣相紧密地结合在一起。在不破坏金属铁形状和尺寸的前提下,难以彻底地实现金属铁与渣相的单体解离和分离。筛分分析和激光衍射分析显然不适用于还原样品中金属颗粒粒度的测量。近年来,随着计算机视觉技术和图像处理技术的快速发展,图像分析技术被广泛地应用于粒度检测。图像分析技术可以准确且迅速地获得混合物料中某一物质的丰度、形状和尺寸。因此,图像分析技术是还原样品中金属相粒度测定的最佳方法。本章利用光学显微图像分析技术对还原样品中金属铁的粒度进行测量。

由于物质对光的反射率不同，因此在光学显微镜下金属铁相和渣相呈现出不同的颜色和亮度。图 6-1 为还原样品的光学显微图片，图中亮白色斑点为金属铁，其余暗色物质为渣相基体。由图还可发现金属铁镶嵌于渣相基体内部，仅部分暴露在基体之外。因此，若直接对金属铁粒度进行测量，测量结果误差会较大。同时，还原样品表面凹凸不平，直接采集的光学显微图像不清晰（见图6-1)，同样会引起较大误差。

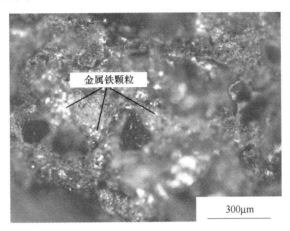

图 6-1　还原样品光学显微镜图片

为了尽量减小上述误差，图像采集之前需对还原样品进行镶嵌、抛光处理。首先将还原样品和胶木粉按照体积比 0.25（还原样品比胶木粉）混合均匀；量取 15mL 混合样品，采用 XQ-2B 型金相镶嵌机将其压制成直径 30mm、高度 10mm的圆柱体；采用 UNIPOL-810 型精密研磨抛光机对圆柱体进行抛光，使样品中金属相的表面暴露和光滑。最终镶嵌抛光制得的样品如图 6-2 所示。

图 6-2　镶嵌抛光后的样品

图像采集在奥林巴斯生产的 BX41M 型金相显微镜上完成，显微镜上配备有麦克奥迪生产的 Moticam 2300 型数字相机。数字相机通过成像软件与计算机相连接，该软件用于控制图像采集并将采集的图像存储到计算机硬盘中。数字相机产生的图像精度为 96 dpi，图像尺寸为 800×600 像素。图像采集过程中显微镜的放大倍数为 100 倍，像素尺寸为 1.75μm/像素。因此，每张图像的实际尺寸为 1.4mm×1.05mm。

为了确保图像的代表性，采用网格法对还原样品图像进行采集。首先，将抛光样品进行网格划分，网格间距为 2mm；之后，在每一个网格的中间位置采集一次图像。经计算，每个抛光样品可以采集 177 张图像。图 6-3 显示了 177 张图像采集点的位置。

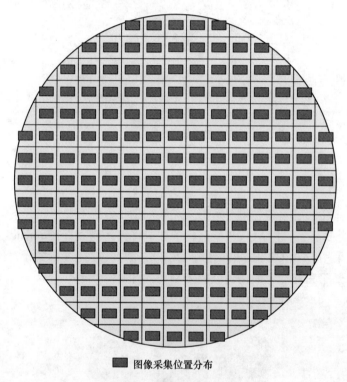

■ 图像采集位置分布

图 6-3　图像采集点位置

采用 Motic Image Advanced 3.2 图像分析软件对金属铁的粒度进行统计和测量，过程如图 6-4 所示。首先，将采集的原始图像（见图 6-4（a））转变为灰值图像，在灰值图中渣相和胶木粉显示为灰色，而金属相呈现出亮白色（见图 6-4（b））；之后，使用软件中的手动分割工具将金属相选中作为目标区域，并对目标区域边缘进行扩展（见图 6-4（c）和（d））；然后，将分割后的图像转化为二值图像，其中白色区域即为目标区域（金属相），黑色区域为渣相和胶木

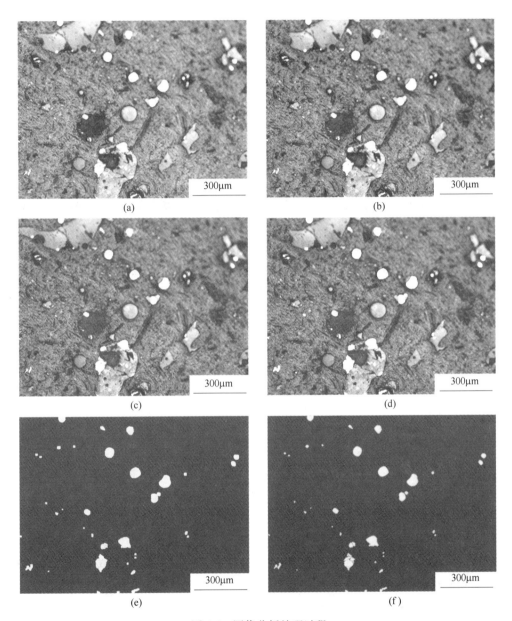

图 6-4　图像分析处理过程

（a）原图；（b）灰值图；（c）分割图；（d）填充图；（e）二值图；（f）测量图

粉（见图 6-4（e））；最后，运用软件中的测量模块对目标区域的个数和粒度进行统计测量，测量获得的数据以 Excel 表格形式保存于计算机硬盘中，测量后图像如图 6-4（f）所示。为保证测量数据具有充分的代表性，每一个试验点的还原样品中金属颗粒粒度统计个数不少于 5000 个。

6.1.2　金属颗粒粒度表征

图像分析技术测量的颗粒直径为当量表观直径，即与颗粒二维截面积相等的圆的直径。研究表明，颗粒的真实直径与表观直径之间满足如下关系[25,26]：

$$d = \frac{4}{\pi} L \tag{6-1}$$

式中，d 为颗粒真实直径，μm；L 为图像分析技术测得的表观直径，μm。

因此，可以通过式（6-1）将测得的当量直径转换为金属颗粒的真实直径。

与机械筛分方法不同，图像分析技术获得的数据是图像中所有颗粒的直径，理论上这些直径是连续的。然而，在实际测量过程中当颗粒截面积小于一平方像素时，颗粒的直径是无法测量的。因此，光学显微图像分析技术测量的粒度下限为 2.52μm。通常将图像分析技术测得的粒径像机械筛分一样分为几个粒级进行处理，合理地选择粒级可以使数据更加直观[8,27~29]。我们将金属颗粒粒度分为 36 个粒级进行处理，粒级边界为：5.0μm，6.0μm，7.0μm，……，38.0μm，39.0μm，40.0μm。

粒度分布通常用颗粒某一性质（如颗粒个数、表面积、体积、质量等）的频率分布或累积分布来描述。我们选用颗粒个数的频率分布和累积分布对试验数据进行表征。各粒级金属颗粒的个数采用 Excel 中的 FREQUENCY 函数进行统计。金属颗粒粒度频率分布计算公式如下：

$$f(D_i) = \frac{n_i}{N} \times 100\% \tag{6-2}$$

式中，$f(D_i)$ 为粒级 D_i 颗粒的分布频率，%；n_i 为粒级 D_i 颗粒个数；N 为测量颗粒总个数。

金属颗粒粒度累积分布按下式计算：

$$Q(d) = \frac{n_{d < d_i}}{N} \times 100\% \tag{6-3}$$

式中，$Q(d)$ 为颗粒个数累积频率，%；$n_{d < d_i}$ 为粒度小于 d_i 的颗粒个数，d_i 为粒级边界；N 为测量颗粒总个数。

6.2　金属相的形成与生长

6.2.1　金属化过程

矿石中铁矿物还原为金属铁是金属铁相形成与生长的先决条件。图 6-5 给出了不同还原条件下还原物料的金属化率。由图 6-5 可知，不同还原温度下还原物料的金属化率随时间增加呈现出相同的变化趋势，即首先迅速地增加，当还原时间延长到某一值后，金属化率增长变得极其缓慢，可认为趋于稳定。例如，还原温度为 1423K 时，随着还原时间由 10min 增加到 30min，金属化率明显地由 9.75%增加到 78.30%；然后随还原时间继续增加，金属化率由 78.30%缓慢增加 到 86.71%（120min）。据此，可以将矿石金属化过程分为金属相快速形成和金属相含量稳定两个阶段。

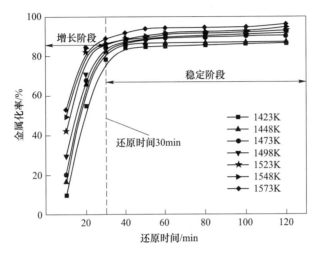

图 6-5 深度还原物料的金属化率

由图 6-5 还可以看出，还原温度对矿石还原金属化过程影响显著。同一还原时间下，随着还原温度的升高，金属化率逐渐升高；当金属化率达到一定程度，再增加还原时间，金属化率随温度升高而增加的幅度变小。还原温度从 1423K 升高到 1473K，还原时间为 20min 时的金属化率由 54.92%增加到 84.56%，而还原时间为 40min 时的金属化率则仅从 84.31%增加到 91.84%。同时，随着还原温度的升高，金属化率达到稳定阶段所需要的时间减少，而稳定阶段金属化率数值增大。这是由于深度还原前期主要为铁氧化物还原为金属铁，后期主要是还原过程中形成的少量铁橄榄石和尖晶石还原为金属铁，铁橄榄石和尖晶石的还原要难于铁氧化物的还原；此外，由铁氧化物还原热力学计算分析也可知温度升高有利于铁氧化物、铁橄榄石和尖晶石的还原。

6.2.2 金属相微观形貌

采用扫描电子显微镜对金属相的微观形貌进行分析。图 6-6 显示了还原温度为 1523K 时不同还原时间下还原物料的 SEM 图像及 EDS 能谱，图 6-7 给出了还原时间为 40min 时不同还原温度下还原物料的 SEM 图像。从图中可以清楚地发现，还原物料中明显地存在亮灰色类球形颗粒状物质和暗灰色物质。由两种物质的 EDS 谱图可以看出，球形颗粒主要组成元素为 Fe，表明该物质为金属铁相；暗灰色物质主要由 Fe、Ca、Si、Al、O 元素组成，表明该物质为渣相。上述结果

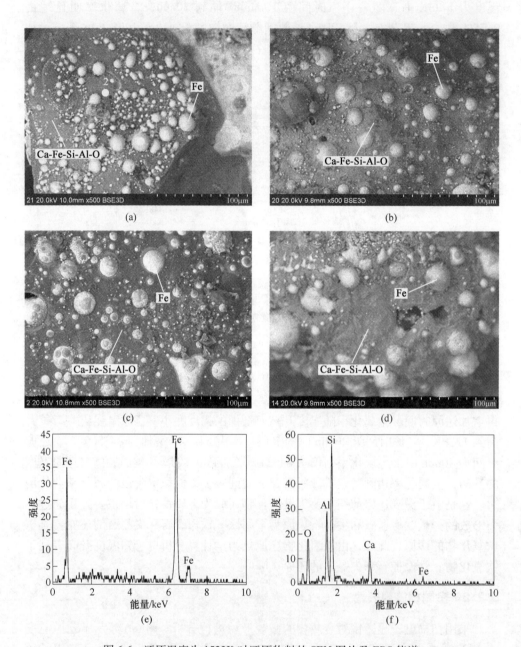

图 6-6　还原温度为 1523K 时还原物料的 SEM 图片及 EDS 能谱

（a）20min；（b）40min；（c）60min；（d）80min；（e）1 点 EDS 能谱；（f）2 点 EDS 能谱

说明，还原生成的金属铁相在渣相中聚集生长，最终形成类球形颗粒镶嵌于渣相基体中。

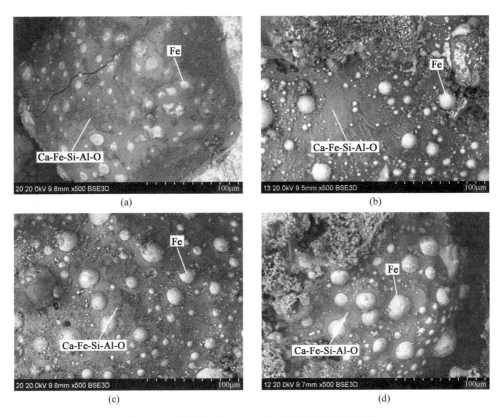

图 6-7 还原时间为 40min 时还原物料的 SEM 图片

（a）1423K；（b）1473K；（c）1523K；（d）1573K

由图 6-6 和图 6-7 可知，随着还原时间的增加和还原温度的升高，还原物料中金属相大颗粒数量逐渐增多，而小颗粒的数量逐渐减少，这说明金属颗粒尺寸逐渐变大，还原温度的升高和还原时间的延长促进了金属铁的生长。还原时间延长使得矿石中更多的铁矿物还原为金属铁，同时为金属铁的聚集生长提供了充足的时间；还原温度升高不仅会促进铁矿物的还原，而且还会提高金属铁的扩散速率。因此，随着还原温度和时间的增加金属颗粒粒度逐渐变大。

6.2.3 金属相形核及生长行为

为了揭示矿石深度还原过程中金属铁颗粒的形成以及金属相的聚集生长机制，将难选铁矿石在 C 与 O 摩尔比为 2.0 和还原温度为 1473K 的条件下分别还原 2.5min、5min、7.5min。采用德国 ZEISS 公司生产的 EVO 18 Research 型扫描电子显微镜对原矿及还原样品进行微观检测，同时采用德国 BRUKER 公司生产的 QUANTAX 200 型 EDS 能谱仪对样品进行 Fe、O、Si 元素面扫描及打点分析。

图 6-8 给出了 SEM 和 EDS 的分析结果。

从图 6-8（a）中可以清楚地发现，原矿表面相对较为平滑，Fe、O、Si 三种元素在观测区域的分布比较均匀。尽管 1 点、2 点、3 点的 EDS 谱图中 Si、Al 的衍射峰相对强度略有不同，但是 1 点、2 点、3 点位置的组成元素基本相同，均为 Fe、O、Si、Al。上述结果表明原矿中铁矿物与脉石矿物之间嵌布关系极为密切，在未经抛光处理情况下原矿中各种矿物难以有效区分开来，因此原矿可以视为一个均质且表面相对平滑的颗粒。

如图 6-8（b）所示，还原时间为 2.5min 时，样品表面局部区域呈现出凸起状，同时部分区域出现质地较疏松的碎屑状物质。根据相应位置 EDS 能谱结果可知，凸起处顶部主要成分为 Fe 元素，碎屑状物质主要由 Fe、O 两种元素组成，并且 O 元素的衍射峰相对强度较低；凸起底部主要组成元素为 Fe、Si、Al、O。由 Fe、O、Si 元素的面分布可以看到，三种元素出现了开始在某一位置分布相对集中的现象，Fe 元素集中分布位置为凸起顶部，Si 元素集中分布位置为凸起底部及凸起间隙，O 元素集中分布位置则为凸起外的其他位置。上述结果表明，凸起物质为还原生成的金属铁，碎屑物质为还原生成的低价铁氧化物 Fe_xO（x 代表 Fe^{2+} 和 Fe^{3+} 的分数之和），凸起底部及凸起间隙处为 Fe-Si-Al-O 渣相基体。

由图 6-8（c）可以看到，还原时间为 5min 时，样品表面凸起更加明显，并且开始呈现出长成球形或类球形颗粒的趋势，同时碎屑物质的数量明显增多。7 点 EDS 谱图中仅出现了金属铁的衍射峰，表明凸起颗粒为金属颗粒，且纯度较还原 2.5min 时更高。与 6 点 EDS 谱图相比，9 点的 EDS 谱图中 Fe 元素衍射峰的相对强度明显降低，Si、Al 元素衍射峰的相对强度升高，说明还原 5min 时渣相基体中铁氧化物被还原为金属铁，金属铁扩散迁移至凸起颗粒中。此时，Fe、O、Si 元素在观测区域分布集中的区域更加明显，Fe 元素集中分布在凸起颗粒处，Si、O 元素则集中分布在颗粒间隙处。

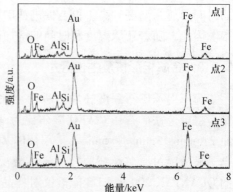

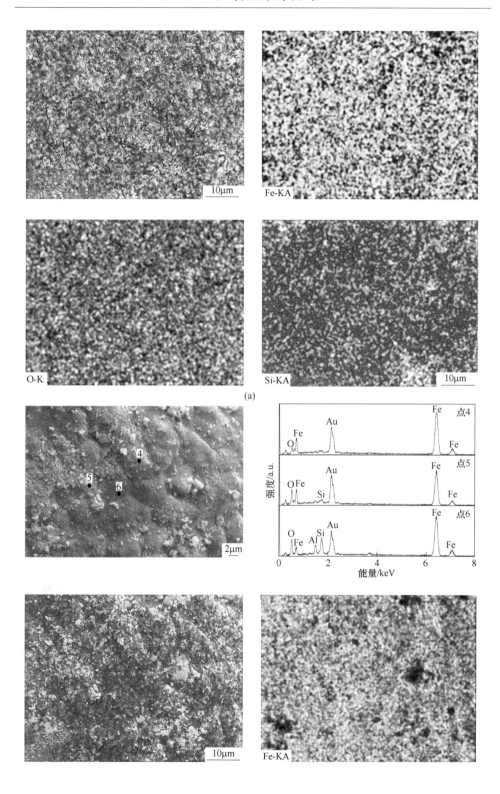

(a)

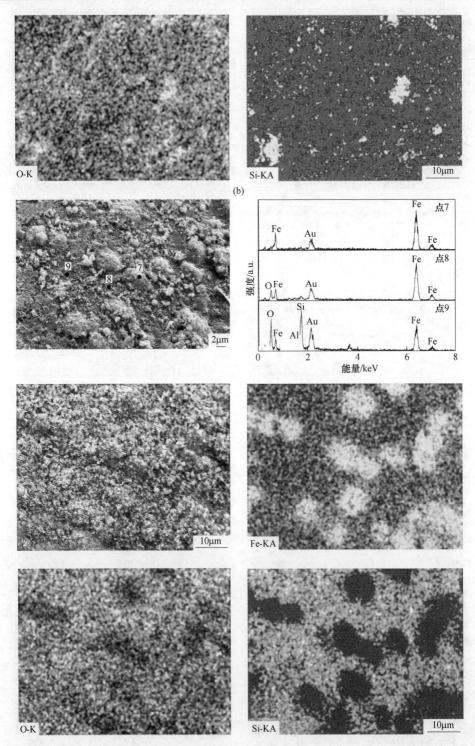

(b)

(c)

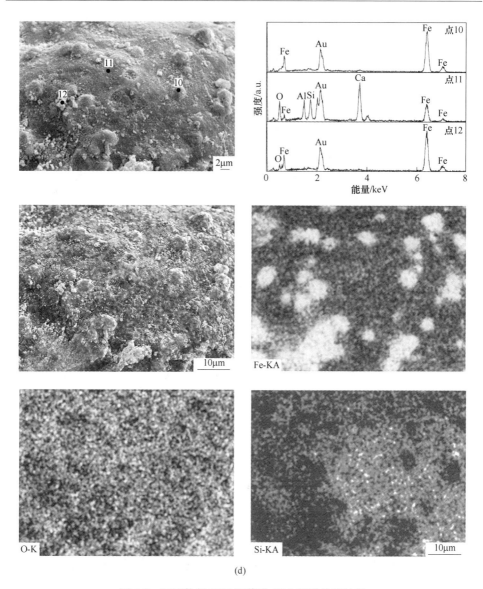

图 6-8 还原物料 SEM 图像及 EDS 能谱分析结果

(a) 0min; (b) 2.5min; (c) 5min; (d) 7.5min

根据还原 7.5min 时样品的 SEM 和 EDS 分析结果（见图 6-8（d））可知，此时样品中金属铁以球形度较好的球形或类球形颗粒形式镶嵌于渣相基体中，并且金属颗粒的表面变得较为光滑。样品中低价铁氧化物 Fe_xO 的数量较还原时间为 5min 时明显减少，且质地变得较为致密。与 8 点 EDS 谱图相比，12 点谱图中 O 元素的衍射峰相对强度明显降低，表明低价铁氧化物进一步被还原，这也恰好解释了为何还原时间为 7.5min 时低价铁氧化物变得致密。渣相 EDS 谱图（11 点谱图）中 Fe 元素衍射峰相对强度进一步降低，说明渣相中的铁氧化物被进一步还原。Fe 元素在观测区域的分布位置与球形颗粒位置相一致，且变得更加清晰和集中。

综上可以推断出金属铁的形核与生长过程为：深度还原过程中，矿石表面的铁氧化物首先被逐级还原为金属铁。新形成的 Fe 原子在氧化铁或渣相中呈过饱和状态，于是有金属铁的新相核形成。新相核借助相互碰撞及扩散的作用出现聚合，聚合过程中伴随着很大的界面张力，因此聚合后的新相核在还原矿石表面析出，形成微小的不规则状金属铁凸起。随着还原过程的继续，矿石中的铁氧化物进一步被还原为 Fe 原子。新生成的 Fe 原子在同相凝聚作用下通过渣相扩散至金属铁凸起表面，与之聚集生长为金属颗粒。依据最小自由能原理，为降低界面能金属颗粒形成球状或类球状颗粒镶嵌于渣相基体中。

6.3　金属铁颗粒的粒度分布规律

6.3.1　还原条件对铁颗粒粒度分布的影响

按金属颗粒测量与表征方法，对还原物料中金属铁颗粒粒度进行测量。图 6-9

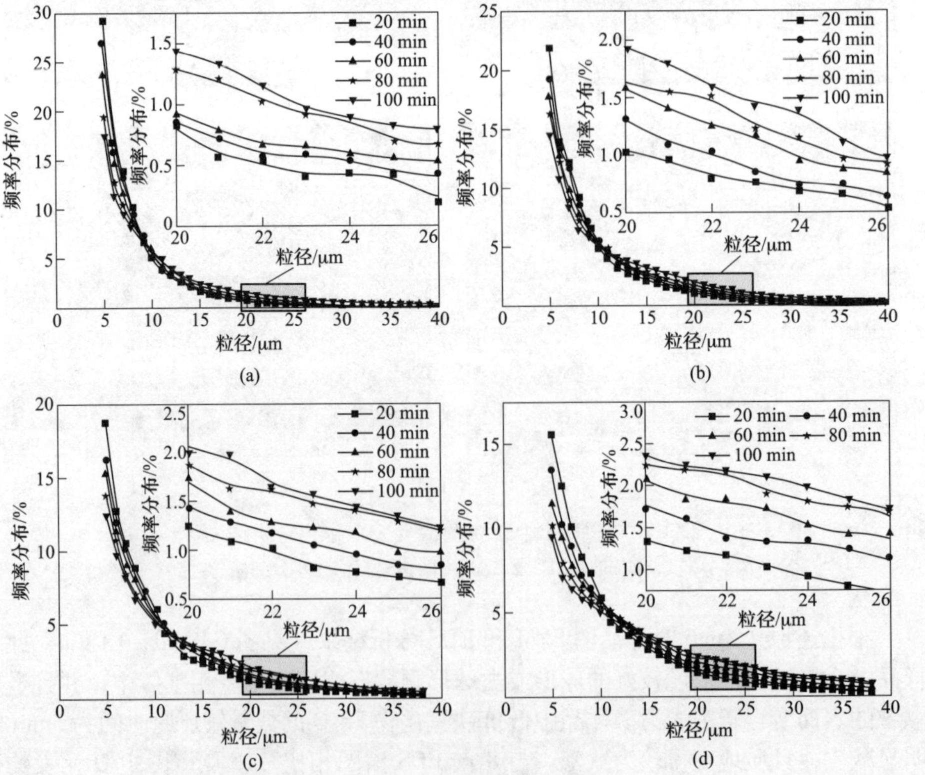

图 6-9　还原物料中金属颗粒粒度频率分布
(a) 1423K；(b) 1473K；(c) 1523K；(d) 1573K

和图6-10分别给出了不同还原时间和温度条件下还原物料中金属颗粒的粒度频率分布和累积分布。由图可知，在各还原条件下，随着粒径的增大金属颗粒粒度分布曲线均呈现出相同的变化规律，即随着粒径增大，金属颗粒粒度频率分布曲线显著地降低，而累积分布曲线则明显地升高。同时，由图还可以看出还原时间和温度对金属颗粒粒度分布有一定的影响。

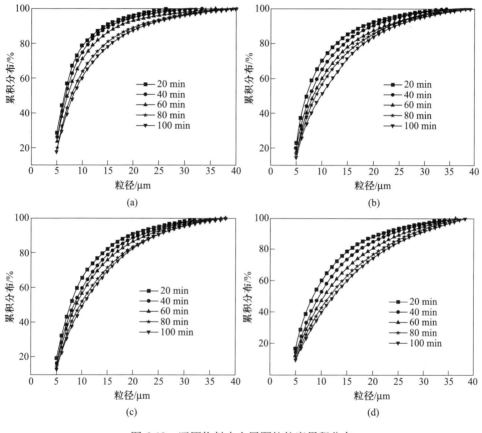

图6-10　还原物料中金属颗粒粒度累积分布
（a）1423K；（b）1473K；（c）1523K；（d）1573K

还原时间对金属铁颗粒的粒度分布具有显著影响。在同一还原温度下，随着还原时间的增加，当粒径小于某一数值时，金属铁粒度频率明显地减小；而当粒径大于该值之后，粒度频率则逐渐增加（见图6-9）。例如，还原温度为1423K，还原时间由20min增加到100min时，5~6μm粒级频率由16.68%减小到11.37%，而20~21μm粒级频率则由0.58%增加到1.34%。这一结果表明随着还原时间的延长还原物料中金属大颗粒的数量有所增加。随着还原时间增加，金属铁粒度累积频率曲线逐渐向右移动（见图6-10），同一累积频率下的特征粒径逐渐增大（见图 6-11），进一步表明大颗粒的数量增加。这是因为还原时间越长，还原物料中金属铁含量越高，金属相生长越充分，金属大颗粒数量增多。

　　对比分析图 6-9 和图 6-10 可以发现，还原温度对金属铁粒度分布影响明显。在相同还原时间条件下，某一细粒级范围内金属铁粒度频率随着还原温度的升高逐渐减小，相反在粗粒级范围内粒度频率则逐渐变大。在相同的累积频率下，特征粒径也呈现出随还原温度升高而增加的变化规律。例如，还原 60min，还原温度由 1423K 升高到 1573K 时，金属颗粒的 D_{50} 和 D_{80} 分别由 7.11μm 和 12.38μm 增加到 10.51μm 和 19.64μm（见图 6-11）。上述结果表明，随着还原温度的升高，还原物料中金属大颗粒的数量逐渐增多。这是由于还原温度升高使得金属铁的扩散速率增加，促进了金属铁的扩散迁移，有更多的金属大颗粒形成。

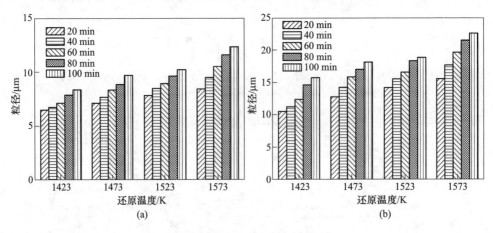

图 6-11　还原物料中金属颗粒的特征粒径
（a）D_{50}；（b）D_{80}

6.3.2　铁颗粒粒度分布函数

　　粒度分布函数是用来拟合和描述粒度分布曲线的方程或函数，也称为粒度分布特性方程。其中，描述频率分布的函数称为频率或密度分布函数；描述累积分布的函数称为累积分布函数或分布函数[30]。

　　在所有粒度频率分布函数中，高斯函数和对数正态分布函数的密度函数应用最为广泛。高斯频率分布函数形式见式（6-4），对数正态频率分布函数形式见式（6-5）。

$$f(x) = \frac{1}{\sigma\sqrt{2\pi}}\exp\left(-\frac{(x-\mu)^2}{2\sigma^2}\right) \tag{6-4}$$

$$f(x) = \frac{1}{x\sqrt{2\pi}\ln\sigma}\exp\left(-\frac{(\ln x - \ln\mu)^2}{2\ln^2\sigma}\right) \tag{6-5}$$

式中，$f(x)$ 为粒度为 x 的颗粒的分布频率，%；x 为颗粒粒度，μm；μ 为几何平均粒径，μm；σ 为几何标准偏差。

高斯分布和对数正态分布的累积函数、Rosin-Rammler 方程、Gaudin-Schuhmann 方程被广泛用于描述固体颗粒的粒度累积分布[2,29,33~39]。高斯分布和对数正态分布的累积函数形式分别见式（6-6）和式（6-7）。

$$Q(x) = 50 + 50\mathrm{erf}\left(\frac{x - \mu}{\sigma\sqrt{2}}\right) \tag{6-6}$$

$$Q(x) = 50 + 50\mathrm{erf}\left(\frac{\ln x - \ln\mu}{\sqrt{2}\ln\sigma}\right) \tag{6-7}$$

式中，$Q(x)$ 为粒度负累积频率，%。

Rosin 和 Rammler 建立了 Rosin-Rammler 粒度累积分布函数，并用其描述粉碎物料的粒度特征，其形式为：

$$Q(x) = 100 - 100\exp\left[-\left(\frac{x}{x_c}\right)^k\right] \tag{6-8}$$

式中，x_c 为特征粒度参数；k 为粒度分布参数。

Gaudin 和 Meloy 建立了 Gaudin-Schuhmann 方程，是描述经过系列粉碎的固体颗粒的粒度累积分布函数，方程形式为：

$$Q(x) = 100\left(\frac{x}{x_0}\right)^m \tag{6-9}$$

式中，x_0 为粒度模数；m 为与物料性质有关的参数。

我们采用 MATLAB 7.14 数学软件将上述函数与试验数据（即金属颗粒的粒度分布）进行拟合分析。均方根误差（RMSE）和确定系数为评价拟合效果的指标。均方根误差的数值越小，同时确定系数越接近于 1.0，表明拟合效果越好。RMSE 计算公式为：

$$RMSE = \sqrt{\frac{\sum (x_{\mathrm{pre}} - x_{\mathrm{exp}})^2}{n}} \tag{6-10}$$

式中，x_{pre} 为预测值；x_{exp} 为试验值；n 为试验数据个数。

表 6-1 给出了还原物料中金属颗粒粒度频率分布的拟合结果。由表可以发现，对数正态频率分布函数拟合的 RMSE 值小于高斯频率分布函数，并且 R^2 更接近 1.0，这表明对数正态频率分布函数拟合金属铁粒度频率分布优于高斯频率分布函数。然而，将 RMSE 值与试验数据值比较可以看出 RMSE 值相对较高，同时 R^2 的平均值只有 0.960。这一结果表明金属铁粒度频率分布难以用对数正态频率分布函数进行良好描述。因此，应该建立一个新的频率分布函数用以描述金属铁粒度频率分布。

表 6-1　金属铁颗粒粒度频率分布拟合数据

试验条件		$RMSE$, R^2			
还原时间/min	还原温度/K	高斯分布	对数正态分布	指数衰减函数	幂函数
20	1423	2.176, 0.933	1.678, 0.961	0.729, 0.992	0.459*, 0.997※
40	1423	2.053, 0.930	1.538, 0.962	0.666, 0.993	0.392*, 0.998※
60	1423	1.938, 0.923	1.406, 0.960	0.690, 0.990	0.338*, 0.998※
80	1423	1.662, 0.919	1.122, 0.964	0.612, 0.989	0.270*, 0.998※
100	1423	1.595, 0.909	1.044, 0.962	0.611, 0.987	0.316*, 0.997※
20	1473	1.615, 0.940	1.125, 0.971	0.588, 0.992	0.374*, 0.997※
40	1473	1.607, 0.929	1.071, 0.969	0.518, 0.993	0.336*, 0.997※
60	1473	1.652, 0.906	1.087, 0.961	0.620, 0.987	0.192*, 0.999※
80	1473	1.655, 0.889	1.072, 0.955	0.672, 0.982	0.227*, 0.998※
100	1473	1.652, 0.859	1.039, 0.947	0.667, 0.978	0.340*, 0.994※
20	1523	1.613, 0.926	1.059, 0.969	0.521, 0.992	0.376*, 0.996※
40	1523	1.566, 0.913	0.967, 0.968	0.427, 0.994	0.369*, 0.995※
60	1523	1.574, 0.898	0.970, 0.963	0.482, 0.991	0.326*, 0.996※
80	1523	1.577, 0.871	0.952, 0.955	0.553, 0.985	0.261*, 0.997※
100	1523	1.505, 0.859	0.868, 0.955	0.457, 0.988	0.342*, 0.993※
20	1573	1.477, 0.922	0.877, 0.973	0.387*, 0.995※	0.399, 0.994
40	1573	1.446, 0.893	0.828, 0.966	0.409, 0.992	0.346*, 0.994※
60	1573	1.375, 0.868	0.765, 0.961	0.367, 0.991	0.347*, 0.992※
80	1573	1.315, 0.833	0.746, 0.949	0.335*, 0.990※	0.360, 0.988
100	1573	1.280, 0.799	0.742, 0.937	0.351, 0.986	0.331*, 0.988※
平均值		1.617, 0.896	1.048, 0.960	0.533, 0.989	0.335, 0.995
拟合效果好的点的数量		0	0	2（10%）	18（90%）

注：带 * 号的 $RMSE$ 数值为最小数值，带※号的 R^2 数值为最大值。

金属铁粒度频率分布曲线（见图 6-9）的形状与指数衰减函数和幂函数的相类似。因此，我们提出采用这两种函数对金属铁粒度频率分布进行描述。指数衰减函数和幂函数分别由式（6-11）和式（6-12）给出。

$$f(x) = a\exp(bx) \tag{6-11}$$

$$f(x) = ax^b \tag{6-12}$$

式中，x 为颗粒粒度，μm；a，b 为函数参数。

指数衰减函数和幂函数的拟合结果见表 6-1。基于指数函数和幂函数拟合获

得的 *RMSE* 值明显低于对数正态频率分布函数的 *RMSE* 值；与对数正态频率分布函数相比，指数函数和幂函数的 R^2 值更接近于 1.0，这表明指数函数和幂函数的拟合效果优于对数正态频率分布函数。进一步分析可知，不同还原条件下试验点共计 20 例，幂函数拟合效果较好的有 18 例，而指数函数拟合较好的仅占 2 例，这表明幂函数是最佳的金属铁粒度频率分布函数。函数参数 *a* 和 *b* 可能与还原条件或颗粒粒度特征有关。

将金属颗粒粒度累积分布试验数据与式（6-6）~式（6-9）进行拟合分析，表 6-2 显示了 *RMSE* 和 R^2 的计算值。由表可以看出，对数正态分布累积函数的

表 6-2　金属铁颗粒粒度累积分布拟合结果

试验条件		*RMSE*，R^2			
还原时间 /min	还原温度 /K	高斯分布 累积函数	对数正态分 布累积函数	Rosin-Rammler 方程	Gaudin-Schuhmann 方程
20	1423	3.137，0.966	1.305*，0.994※	2.410，0.980	8.769，0.737
40	1423	3.309，0.966	1.272*，0.995※	2.464，0.981	8.791，0.761
60	1423	3.68，0.962	1.289*，0.995※	2.588，0.981	8.459，0.801
80	1423	4.17，0.959	1.366*，0.996※	2.678，0.983	7.946，0.851
100	1423	4.068，0.964	1.186*，0.997※	2.469，0.987	7.865，0.867
20	1473	3.874，0.959	1.551*，0.993※	2.726，0.980	8.365，0.809
40	1473	3.991，0.962	1.379*，0.996※	2.647，0.984	8.304，0.837
60	1473	3.899，0.967	1.275*，0.997※	2.322，0.988	7.696，0.873
80	1473	3.782，0.971	1.324*，0.997※	2.100，0.991	7.346，0.892
100	1473	3.355，0.980	1.429*，0.996※	1.652，0.995	7.286，0.905
20	1523	4.14，0.961	1.372*，0.996※	2.763，0.983	8.321，0.843
40	1523	4.039，0.968	1.171*，0.997※	2.510，0.988	8.175，0.867
60	1523	3.971，0.970	1.232*，0.997※	2.313，0.990	7.740，0.884
80	1523	3.729，0.976	1.513*，0.996※	1.982，0.993	7.059，0.913
100	1523	3.468，0.981	1.593*，0.996※	1.742，0.995	7.131，0.918
20	1573	4.258，0.964	1.330*，0.996※	2.703，0.985	8.140，0.867
40	1573	3.903，0.973	1.261*，0.997※	2.171，0.992	7.576，0.900
60	1573	3.754，0.978	1.624*，0.996※	1.944，0.994	6.959，0.923
80	1573	3.605，0.981	1.898，0.995	1.754*，0.996※	6.387，0.940
100	1573	3.377，0.984	2.161，0.993	1.577*，0.997※	5.927，0.950
平均值		3.775，0.970	1.426，0.996	2.276，0.988	7.712，0.867
拟合效果好的点的数量		0	18（90%）	2（10%）	0

注：带*号的 *RMSE* 数值为最小数值，带※号的 R^2 数值为最大值。

RMSE 值最小，*R²* 值最接近于 1.0，占到了 20 例中的 18 例。Rosin-Rammler 方程仅 2 例呈现出了相对较好的拟合结果。对数正态分布累积函数计算获得的 *RMSE* 平均值为 1.426，数值似乎较大，然而与试验数据值相比，*RMSE* 值则相对较小。同时，对数正态分布累积函数计算得到的 *R²* 平均值为 0.996，非常接近于 1.0。因此，对数正态分布累积函数可以很好地描述还原物料中金属颗粒粒度的累积分布。

6.4　金属颗粒生长动力学

6.4.1　铁颗粒生长定量描述

如前文所述，金属相以类球形颗粒状分布于还原物料中，还原温度和还原时间能够促进金属铁颗粒的生长。为了进一步阐明金属颗粒的生长过程，根据图像分析技术测量的数据，计算出不同还原条件下金属颗粒的平均粒径，对金属相的生长特性进行定量描述。平均粒径计算公式为：

$$\overline{d} = \frac{\sum_{j=1}^{N} d_j \times m_j}{\sum_{j=1}^{N} m_j} \tag{6-13}$$

式中，$\overline{d}$ 为金属颗粒平均粒径，μm；N 为测量颗粒总个数；d_j 为金属颗粒直径，μm；m_j 为直径为 d_j 的金属颗粒个数。

图 6-12 给出了不同还原温度和不同还原时间条件下金属颗粒的平均粒径。如图所示，还原温度和还原时间对金属颗粒的平均粒径影响显著，随着还原温度

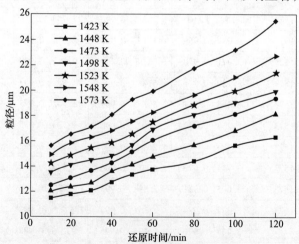

图 6-12　不同还原条件下金属颗粒的平均粒径

升高和还原时间增加平均粒径显著增加。例如，还原 20min，还原温度由 1423K 升高到 1573K 时，平均粒径由 11.81μm 增加到 16.55μm；还原温度为 1573K，还原时间由 10min 延长到 120min 时，平均粒径由 15.65μm 增加到 25.45μm。由图 6-12 还可发现还原时间小于 30min 时金属颗粒平均粒径随时间的增加幅度小于还原时间大于 30min 时的增加幅度。在还原温度为 1423K 情况下，还原时间由 10min 延长到 30min 时，金属颗粒平均粒径仅由 11.51μm 增加到 12.11μm；而当还原时间由 40min 增加到 120min 时，平均粒径由 12.77μm 增加到 16.34μm。这一结果表明不同还原阶段金属颗粒生长速率不同，还原前期金属颗粒生长速度要比还原后期生长速度慢。

6.4.2 铁颗粒生长动力学模型建立

颗粒生长动力学主要是阐明颗粒的生长机制，以及建立生长速率与生长条件的关系，对于颗粒生长过程的优化控制具有重要意义。目前，国内外对颗粒生长动力学的研究相对较多，建立了多种生长动力学模型。其中，最为经典的颗粒生长动力学方程见式 (6-14)。

$$D_t - D_0 = K_0 t^{1/n} \exp\left(\frac{-Q}{RT}\right) \tag{6-14}$$

式中，D_t 为 t 时刻颗粒的粒径，μm；D_0 为 $t=0$ 时颗粒的粒径，μm；n 为颗粒生长指数，与生长机理有关；K_0 为生长速率常数；t 为颗粒生长时间，min；Q 为颗粒生长活化能，kJ/mol；T 为绝对温度，K；R 为气体常数，J/(mol·K)。

该方程广泛应用于描述合金、陶瓷、金属等材料合成过程中的颗粒生长过程[40~52]。基于经典的生长动力学方程，我们对高磷鲕状赤铁矿石深度还原过程中金属颗粒的生长进行分析。

矿石深度还原过程中，还原时间 $t=0$ 时，样品中没有金属相存在，故 $D_0 = 0$。因此，式 (6-14) 可以转化为：

$$D_t = K_0 t^{1/n} \exp\left(\frac{-Q}{RT}\right) \tag{6-15}$$

对式 (6-15) 两边取对数可以得到：

$$\ln D_t = \ln K_0 + \frac{1}{n}\ln t - \frac{Q}{RT} \tag{6-16}$$

由式 (6-16) 可以看到，$\ln D_t$ 和 $\ln t$（或 $1/T$）呈线性关系。以 $\ln D_t$ 和 $\ln t$ 作图，通过回归直线的斜率即可求得颗粒生长指数 n。以 $\ln D_t$ 和 $1/T$ 作图，通过二者回归直线斜率和 R 值可计算出颗粒生长活化能 Q。结合求得的 n 值和 Q 值，可以计算出 K_0 值，最终可获得金属铁颗粒生长动力学方程。

图 6-13 给出了不同还原温度下 $\ln D_t$ 随 $\ln t$ 的变化趋势。由图可以发现在整个还原时间区间内 $\ln D_t$ 和 $\ln t$ 的线性关系很差，需要对其进行分段处理。根据 $\ln D_t$

和 ln$t$ 的变化规律，其可以分为还原时间小于 30min 和大于 30min 两个阶段。由线性回归结果可知，两个阶段内 lnD_t 和 ln$t$ 均呈现出了良好的线性关系。根据回归直线的斜率求得：还原时间不超过 30min 时，n 为 14.95±3.41；还原时间大于 30min 时，n 为 4.08±0.32。

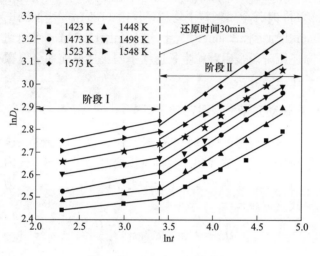

图 6-13　　lnD_t 与 ln$t$ 关系图

图 6-14 显示了 lnD_t 随 1/T 的变化关系。由图可以看到不同还原时间下整个还原温度区间内的 lnD_t 和 1/T 呈现出了良好的线性关系。由拟合直线的斜率计算

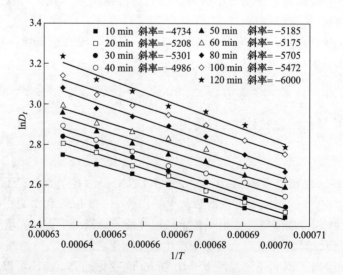

图 6-14　　lnD_t 与 1/T 关系图

获得金属铁颗粒生长的活化能 Q。当还原时间不大于 30min 时，Q 为 42.24±2.52kJ/mol；还原时间大于 30min 时，Q 为 45.07±3.16kJ/mol。活化能计算结果表明，还原时间不超过 30min 阶段的金属铁颗粒生长活化能略低于还原时间大于 30min 阶段的生长活化能。这是由于还原时间不超过 30min 时（还原初期）还原物料中粒径小的颗粒数量占了很大比例（见图 6-9），颗粒的粒度越小，表面能就越大，晶粒生长驱动力就越强；还原时间大于 30min 时（还原后期）还原物料中的大颗粒数量增多，晶粒生长驱动力减弱，同时还原物料中金属颗粒间的距离明显增大（见图 6-6），这就增加了金属铁迁移的距离，金属铁扩散难度增大。

根据计算得到的 n 值和 Q 值，计算得出金属铁颗粒的生长速率常数 K_0。还原时间不超过 30min 时，K_0 为 342.67±1.05；还原时间大于 30min 时，K_0 为 230.01±1.07。将确定的 n 值、Q 值和 K_0 值代入式（6-15），推导出高磷鲕状赤铁矿石深度还原过程中金属铁颗粒生长动力学模型为：

$$D_t = (342.67 \pm 1.05)t^{0.0669 \pm 0.0153}\exp\left[\frac{-(42.24 \pm 2.52) \times 10^3}{RT}\right] \quad t \leqslant 30\mathrm{min}$$

$$\tag{6-17}$$

$$D_t = (230.01 \pm 1.07)t^{0.24539 \pm 0.0194}\exp\left[\frac{-(45.07 \pm 3.16) \times 10^3}{RT}\right] \quad t > 30\mathrm{min}$$

$$\tag{6-18}$$

由式（6-17）和式（6-18）计算出金属铁颗粒生长动力学模型的预测值，模型预测值与测量值的比较分析如图 6-15 所示。由图可以发现，模型预测值数据点全部在直线 $y=x$ 上下均匀分布且呈现出良好的线性关系，说明预测值与试验

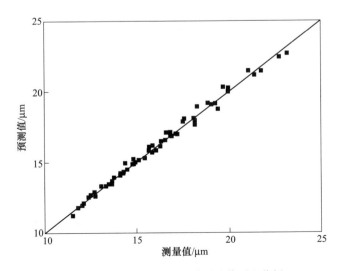

图 6-15　模型预测值与试验测量值对比分析

测量值具有良好的一致性。这一结果表明建立的生长动力学模型可以用于描述高磷鲕状赤铁矿石深度还原过程中金属铁颗粒的生长。

6.4.3　铁颗粒生长限制环节

生长指数 n 值在一定程度上反映了颗粒生长过程中的质量传输机理与生长过程的限制性环节[42,44,52,53]。根据经典晶体生长动力学理论，$n=2$ 表示晶粒生长受晶界扩散控制；$n=3$ 表示晶粒生长受体扩散或气相迁移控制；$n=4$ 表示晶粒生长由表面扩散控制。表 6-3 给出了难选铁矿石深度还原过程中金属铁颗粒的生长指数 n 值。

表 6-3　不同试验条件下金属颗粒生长指数 n 值

时间＼温度	1423K	1448K	1473K	1498K	1523K	1548K	1573K
≤30min	19.25	18.43	12.67	15.41	14.06	12.53	12.30
>30min	4.58	4.08	3.94	4.07	4.17	4.17	3.59

由表 6-3 可知，当还原时间不超过 30min 时，n 值介于 12.30~19.25 之间，远远大于 4，说明该阶段金属铁相的生长并不是由扩散控制。结合矿石中铁矿物的金属化过程数据（见图 6-5）可知，还原时间小于 30min 阶段正是矿石中铁氧化物迅速还原为金属铁和金属相逐渐形成的阶段。由此可以推断此时金属相的生长由金属铁含量所决定，即金属相生长受铁矿物还原为金属铁的界面化学反应控制。

当还原时间大于 30min 时，n 值的范围为 3.76~4.40，大都含有小数位，说明该阶段金属铁的生长是一个复杂的过程，包含两个或多个传质机制。还原物料 SEM 图像显示金属铁颗粒表面并不十分光滑，有极微细突起存在（见图 6-6 和图 6-7），大颗粒尤为明显。这一现象表明，金属铁由渣相迁移到金属颗粒表面，并逐渐与金属颗粒融为一体生长为大颗粒。同时，还原时间大于 30min 的 n 值接近于 4。可以认为该阶段金属铁颗粒的生长主要由表面扩散和金属铁在固体渣相中的扩散联合控制。

参 考 文 献

[1] Alexopoulos A H, Roussos A I, Kiparissides C. Part I: Dynamic evolution of the particle size distribution in particulate processes undergoing combined particle growth and aggregation [J]. Chem. Eng. Sci., 2004, 59: 5751~5769.

[2] González-Tello P, Camacho F, Vicaria J M, et al. A modified Nukiyama-Tanasawa distribution

function and a Rosin-Rammler model for the particle-size-distribution analysis [J]. Powder Technol. , 2008, 186: 278~281.

[3] Al-Thyabat S, Miles N J. An improved estimation of size distribution from particle profile measurements [J]. Powder Technol. , 2006, 166: 152~160.

[4] Ma Z, Merkus H G, de Smet J G A E, et al. New developments in particle characterization by laser diffraction: size and shape [J]. Powder Technol. , 2000, 111: 66~78.

[5] Hukkanen E J, Braatz R D. Measurement of particle size distribution in suspension polymerization using in situ laser backscattering [J]. Sensor. Actuat. B, 2003, 96: 451~459.

[6] Ko Y D, Shang H. Time delay neural network modeling for particle size in SAG mills [J]. Powder Technol. , 2011, 205: 250~262.

[7] Celik I B. The effects of particle size distribution and surface area upon cement strength development [J]. Powder Technol. , 2009, 188: 272~276.

[8] Scalon J, Fieller N R J, Stillman E C, et al. A model-based analysis of particle size distributions in composite materials [J]. Acta Mater. , 2003, 51: 997~1006.

[9] 高鹏, 孙永升, 邹春林, 等. 深度还原工艺对铁颗粒粒度影响规律研究 [J]. 中国矿业大学学报, 2012, 41 (5): 817~820.

[10] 高鹏, 韩跃新, 李艳军, 等. 基于数字图像处理的铁矿石深度还原评价方法 [J]. 东北大学学报 (自然科学版), 2012, 33 (1): 133~136.

[11] Gao P, Sun Y S, Ren D Z, et al. Growth of metallic iron particles during coal-based reduction of a rare earths-bearing iron ore [J]. Minerals & Metallurgical Processing, 2013, 30 (1): 74~78.

[12] 高鹏, 韩跃新, 刘杰, 等. 白云鄂博氧化矿石深度还原过程中铁颗粒的长大特性研究 [J]. 金属矿山, 2009 (增刊): 183~188.

[13] 孙体昌, 秦晓萌, 胡学平, 等. 低品位铁矿石直接还原过程铁颗粒生长和解离特性[J]. 北京科技大学学报, 2011, 33 (9): 1048~1052.

[14] 周继程, 薛正良, 李宗强, 等. 高磷鲕状赤铁矿直接还原过程中铁颗粒长大特性研究 [J]. 武汉科技大学学报 (自然科学版), 2007, 30 (5): 458~460.

[15] 史广全, 孙永升, 李淑菲, 等. 某鲕状赤铁矿深度还原过程研究 [J]. 现代矿业, 2009 (8): 29~31.

[16] 赵龙胜, 陈德胜, 王丽娜, 等. 钒钛磁铁精矿直接还原过程中金属铁颗粒长大特性[J]. 北京科技大学学报, 2014, 36 (12): 1595~1601.

[17] Washington C. Particle Size Analysis [M]. Chichester: Ellis Horwood, 1992.

[18] Laitinena N, Antikainena O, Yliruusia J. Does a powder surface contain all necessary information for particle size distribution analysis [J]. Eur. J. Pharm. Sci. , 2002, 17: 217~227.

[19] Mukherjee D P, Potapovich Y, Levner I, et al. Ore image segmentation by learning image and shape features [J]. Pattern Recogn. Lett. , 2009, 30: 615~622.

[20] Al-Thyabat S, Miles N J, Koh T S. Estimation of the size distribution of particles moving on a conveyor belt [J]. Miner. Eng. , 2007, 20: 72~83.

[21] Donskoi E, Suthers S P, Fradd S B, et al. Utilization of optical image analysis and automatic

texture classification for iron ore particle characterization [J]. Miner. Eng., 2007, 20: 461~471.

[22] Fouconnier B, Román-Guerrero A, Vernon-Carter E J. Effect of [CTAB] - [SiO$_2$] ratio on the formation and stability of hexadecane/water emulsions in the presence of NaCl [J]. Colloid. Surface. A, 2012, 400: 10~17.

[23] Eshtiaghi N, Liu J S, Shen W, et al. Liquid marble formation: Spreading coefficients or kinetic energy [J]. Powder Technol., 2009, 196: 126~132.

[24] Thurley M J, Ng K C. Identification and sizing of the entirely visible rocks from a 3D surface data segmentation of laboratory rock piles [J]. Comput. Vis. Image Und., 2008, 111: 170~178.

[25] Wu X R, Li L S, Dong Y C. Influence of P$_2$O$_5$ on crystallization of V-concentrating phase in V-bearing steelmaking slag [J]. ISIJ International, 2007, 47 (3): 402~407.

[26] Chayes F. On the bias of grain-size measurements made in thin section [J]. The Journal of Geology, 1950, 58 (2): 156~160.

[27] Igathinathane C, Pordesimo L O, Columbus E P, et al. Sieveless particle size distribution analysis of particulate materials through computer vision [J]. Computers and Electronics in Agriculture, 2009, 66 (2): 147~158.

[28] Igathinathane C, Melin S, Sokhansanj S, et al. Machine vision based particle size and size distribution determination of airborne dust particles of wood and bark pellets [J]. Powder Technology, 2009, 196 (2): 202~212.

[29] Vaezi M, Pandey V, Kumar A, et al. Lignocellulosic biomass particle shape and size distribution analysis using digital image processing for pipeline hydro-transportation [J]. Biosystems Engineering, 2013, 114 (2): 97~112.

[30] 刘炯天, 樊民强. 试验研究方法 [M]. 徐州: 中国矿业大学出版社, 2006.

[31] Krumbein W C. Size frequency distribution of sediments and the normal phi curve [J]. Journal of Sedimentary Petrology, 1938, 8 (3): 84~90.

[32] Yu A B, Standish N. A study of particle size distributions [J]. Powder Technology, 1990, 62 (2): 101~118.

[33] Epstein, B. Logarithmico-normal distribution in breakage of solids [J]. Industrial and Engineering Chemistry, 1948, 40 (12): 2289~2291.

[34] Ghoshal K, Purkait B, Mazumder B S. Size distributions in suspension over sand-pebble mixture: An experimental approach [J]. Sedimentary Geology, 2011, 241 (1~4): 3~12.

[35] Alejo B, Barrientos A. Model for yield stress of quartz pulps and copper tailings [J]. International Journal of Mineral Processing, 2009, 93 (3~4): 213~219.

[36] Djamarani K M, Clark I M. Characterization of particle size based on fine and coarse fractions [J]. Powder Technology, 1997, 93 (2): 101~108.

[37] Rosin P, Rammler E. The laws governing the fineness of powdered coal [J]. Journal of the Institute of Fuel, 1933, 7: 26~39.

[38] Hwang S H, Lee K P, Lee D S, et al. Models for estimating soil particle-size distribution [J]. Soil Science Society of America Journal, 2002, 66: 1143~1150.

[39] Gaudin A M, Meloy T P. Model and a comminution distribution equation for single fracture [J]. Transactions of the Society of Mining Engineers of AIME, 1962, 223 (1): 40~43.

[40] Nichols F A. Theory of grain growth in porous compacts [J]. Journal of Applied Physics, 1996, 37 (13): 4599~4602.

[41] Yang G W, Sun X J, Yong Q L, et al, Austenite grain refinement and isothermal growth behavior in a low carbon vanadium microalloyed steel [J]. Journal of Iron and Steel Research, International, 2014, 21 (8): 757~764.

[42] Song A J, Ma M Z, Zhou R Z, et al. Grain growth and sintering characteristics of Ni-Cu alloy nanopowders consolidated by the spark plasma sintering method [J]. Materials Science and Engineering A, 2012, 538: 219~223.

[43] Chiang C H, Tsao C Y A. Si coarsening of spray-formed high loading hypereutectic Al-Si alloys in the semisolid state [J]. Materials Science and Engineering A, 2005, 396: 263~270.

[44] Chaim R. Densification mechanisms in spark plasma sintering of nanocrystalline ceramics [J]. Materials Science and Engineering A, 2007, 443 (1-2): 25~32.

[45] Marquis E A, Seidman D N. Coarsening kinetics of nanoscale Al_3Sc precipitates in an Al-Mg-Sc alloy [J]. Acta Materialia, 2005, 53 (15): 4259~4268.

[46] Kambale K R, Kulkarnin A R, Venkataramani N. Grain growth kinetics of barium titanate synthesized using conventional solid state reaction route [J]. Ceramics International, 2014, 40: 667~673.

[47] Chowdhury M, Fester V, Kale G. Growth kinetics evaluation of hydrothermally synthesized β-FeOOH nanorods [J]. Journal of Crystal Growth, 2014, 387: 57~65.

[48] Gilbert B, Zhang H, Huang F, et al. Special phase transformation and crystal growth pathways observed in nanoparticles [J]. Geochem. Trans. , 2003, 4: 20~27.

[49] Kuo C W, Lee K C, Yen F L, et al. Growth kinetics of tetragonal and monoclinic ZrO_2 crystallites in 3 mol% yttria partially stabilized ZrO_2 (3Y-PSZ) precursor powder [J]. Journal of Alloys and Compounds, 2014, 592: 288~295.

[50] Gain A K, Chan Y C. Growth mechanism of intermetallic compounds and damping properties of Sn-Ag-Cu-1 wt% nano-ZrO_2 composite solders [J]. Microelectronics Reliability, 2014, 54: 945~955.

[51] Li G, Li L, Boerio-Goates J, et al. High purity anatase TiO_2 nanocrystals: Near room-temperature synthesis, grain growth kinetics, and surface hydration chemistry [J]. J. Am. Chem. Soc. , 2005, 127: 8659~8666.

[52] Zhang Y F, Song A J, Ma D Q, et al. Sintering characteristics and grain growth behavior of MgO nanopowders by spark plasma sintering [J]. Journal of Alloys and Compounds, 2014, 608: 304~310.

[53] Rahaman M N. Ceramic Processing and Sintering [M]. Marcel Dekker, Inc. , NY, 2003.

7 深度还原过程中磷矿物的反应行为

磷是绝大多数钢种中的有害元素,对钢材的性能影响很大。在低温条件下,磷能急剧降低钢的塑性和冲击韧性,使钢变脆,产生"冷脆"现象。同时磷也会造成钢的焊接性和冷弯性能变差[1,2]。控制钢中磷元素的含量对于提高钢材的性能有着重要作用。钢中磷主要由炼钢原料生铁带入,而生铁中的磷则是在炼铁生产过程中由矿石及熔剂带入。铁矿石和熔剂内不可避免地含有一定数量的磷酸盐,这部分磷酸盐在高炉炼铁过程中几乎全部被还原进入金属铁,加之高炉炼铁操作对金属中磷含量不能作任何控制,故生铁中磷的含量完全取决于所用原料的磷含量。

根据第2章热力学分析可知,深度还原过程中磷矿物可能会被还原为磷单质,并与金属铁形成铁-磷化合物。近年来,相关研究结果也表明,利用深度还原技术可以有效地实现高磷铁矿中铁的回收,然而还原过程中部分磷矿物确实被还原为单质磷,并且进入铁相,导致还原铁粉中磷的含量偏高[3~5]。为了降低还原铁粉中有害元素磷的含量,部分研究单位尝试采用添加脱磷剂的方法来减少铁粉中磷的含量,并取得了显著的效果[6~9]。然而,目前针对高磷铁矿深度还原过程中磷的研究仅限于脱磷剂的选择与工艺参数的优化,缺乏相关的理论研究和机理分析,尤其是磷矿物的反应特性需要开展系统的基础研究。

7.1 研究方法

7.1.1 试验原料

高磷鲕状赤铁矿石为我国典型的难选铁矿资源,矿石中有害元素磷含量较高。本章选用湖北官店高磷鲕状赤铁矿石作为深度还原的原料,矿石性质如4.1.1节所述。为了进一步探明深度还原过程中磷矿物的反应行为及影响因素,本章选用磷灰石单矿物为原料,开展磷矿物体系还原影响因素研究。所用的磷灰石为取自湖北磷灰石矿的高品位矿石,磷含量为18.23%,经计算磷灰石含量为98.38%,可以作为磷灰石单矿物使用。试验用添加剂 SiO_2、Al_2O_3 和 Fe_2O_3 为天津市科密欧化学试剂有限公司生产的分析纯级化学试剂。磷灰石单矿物的 XRD 分析结果如图 7-1 所示。由图 7-1 可以看出,该磷灰石中的含磷矿物为氟磷灰石,主要矿物为氟磷灰石和石英。

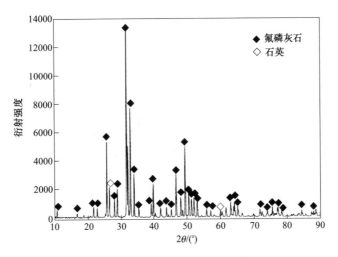

图 7-1 磷灰石纯矿物 XRD 图谱

7.1.2 试验过程

磷灰石和高磷鲕状赤铁矿各体系深度还原试验在马弗炉中进行。按一定比例将磷灰石（或高磷鲕状赤铁矿石）、添加剂和煤粉混合均匀。混合均匀的物料放入石墨坩埚中，在物料表面覆盖一层煤粉，以保持坩埚内的还原气氛。待还原炉内温度达到指定值时，将装有混合物料的坩埚放入炉内，待炉内温度回升至预定值时，开始计时。还原进行到指定时间时取出还原物料，通过水冷方式将其冷却至室温。冷却样品经过滤后，在 353K 温度下由真空干燥箱烘干称重，最终得到还原物料。

对于含铁矿物体系和高磷鲕状赤铁矿石还原物料，用 XCSG-ϕ50 型磁选管在磁场强度 107kA/m 的条件下进行磁选，磁选尾矿（渣相）称重后化验 P 含量，磷灰石的还原程度以 P 的还原率表示，计算公式为：

$$\alpha = 1 - \frac{m \times \gamma_S \times \omega_P}{m_P} \times 100\% \qquad (7-1)$$

式中，α 为磷灰石还原度，%；ω_P 为磁选尾矿中 P 的含量，%；γ_S 为磁选尾矿与磁选给矿的质量比；m 为还原产品的质量，g；m_P 为每次试验用磷灰石或高磷鲕状赤铁矿中 P 的质量，g。

对于不含铁矿物体系，化验分析还原物料中 P 含量，磷灰石的还原程度计算公式为

$$\alpha = 1 - \frac{m \times \omega_P^0}{m_P} \times 100\% \qquad (7-2)$$

式中，ω_P^0 为还原物料中 P 的含量，%。

7.2　磷矿物的还原反应特性

7.2.1　磷矿物还原影响因素

7.2.1.1　添加剂对氟磷灰石还原的影响

在无其他添加剂的条件下，对 $Ca_{10}(PO_4)_6F_2$-C 体系在配碳比为 2.0、还原时间为 1h、还原温度为 1573K 的条件下进行深度还原试验。结果表明，在该条件下氟磷灰石的还原度仅为 3%，这说明在无其他添加剂作用的条件下，氟磷灰石很难被碳还原。由热力学分析结果可以看出，SiO_2、Al_2O_3 和 Fe_2O_3 能有效降低氟磷灰石的起始还原温度。因此，以这三种物质作为添加剂并考察其对氟磷灰石还原度的影响。

A　$Ca_{10}(PO_4)_6F_2$-Al_2O_3-C 体系

图 7-2 给出了 $Ca_{10}(PO_4)_6F_2$-Al_2O_3-C 体系在配碳比为 2.0、还原时间为 1h、还原温度为 1573K 的条件下氟磷灰石的还原度与氧化铝用量的关系。由图 7-2 可以看出，随着体系中氧化铝含量的增加，氟磷灰石的还原度先增大后减小，且当氧化铝与氟磷灰石的用量比为 0.6 时，氟磷灰石的还原度为 14.8%，高于该条件下氟磷灰石在不含其他添加剂时的还原度 3%。由此可以得出，少量的氧化铝能促进氟磷灰石还原。原因如下：由于氟磷灰石能在氧化铝的促进下被碳还原并生成铝酸钙，该反应的发生降低了氟磷灰石还原反应的吉布斯自由能，进而促进了氟磷灰石还原，而且氧化铝作为一种助熔剂能降低物料的熔点，提高物料的熔融

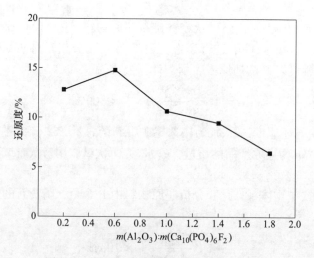

图 7-2　Al_2O_3 含量对氟磷灰石还原度的影响

性，进而提高还原效率。但氧化铝是一种酸性物质，加入过量的氧化铝会增大体系中物料的黏度，而磷灰石的还原过程发生的是固-固反应，黏度的上升会阻碍氟磷灰石与还原剂的接触，使其还原度下降。

B Ca$_{10}$(PO$_4$)$_6$F$_2$-SiO$_2$-C 体系

Ca$_{10}$(PO$_4$)$_6$F$_2$-SiO$_2$-C 体系在配碳比为 2.0、还原时间为 1h、还原温度为 1573K 的条件下进行还原试验。随着二氧化硅含量增加，氟磷灰石的还原度变化规律如图 7-3 所示。由图 7-3 可以看出，当体系中二氧化硅与氟磷灰石的含量比低于 1.8 时，氟磷灰石的还原度随体系中二氧化硅的含量增加呈线性上升趋势。与图 7-2 中氟磷灰石的还原度对比可知，二氧化硅比氧化铝对氟磷灰石的还原反应促进作用更为显著，该结果与热力学分析所得出的结论相符合。由于二氧化硅也是一种酸性物质，过量的二氧化硅会增加物料黏度，阻碍氟磷灰石与焦炭反应，当还原度达到峰值 36.12% 后，随着二氧化硅含量继续上升，氟磷灰石的还原度开始下降。

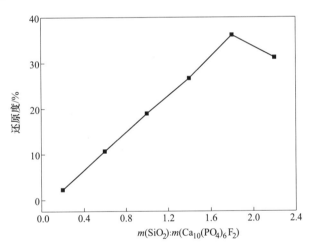

图 7-3 SiO$_2$ 含量对氟磷灰石还原度的影响

C Ca$_{10}$(PO$_4$)$_6$F$_2$-Fe$_2$O$_3$-C 体系

当还原条件为 C 与 O 摩尔比为 2.0、还原时间为 1h、还原温度为 1573K 时，氟磷灰石的还原度与体系中氧化铁的含量关系如图 7-4 所示。由图 7-4 可以看出，在该条件下氟磷灰石的还原度随氧化铁含量的上升逐渐增大，而还原度的增长速率逐渐减小。当体系中氧化铁与氟磷灰石的含量比大于 2.2 时，氟磷灰石的还原度高达 73% 以上。氧化铁对氟磷灰石还原度的影响远大于二氧化硅和氧化铝。这是由于磷灰石还原生成的磷单质极易进入氧化铁的还原产物单质铁中，推动氟磷灰石的还原反应的进行，且由热力学分析结果可知，磷化铁的生成能减小氟磷灰石还原反应的吉布斯自由能，从而促进氟磷灰石还原。

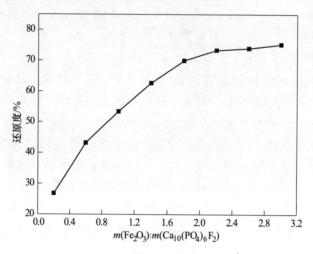

图 7-4　Fe_2O_3 含量对氟磷灰石还原度的影响

7.2.1.2　配碳量对氟磷灰石还原的影响

为考察 C 与 O 摩尔比对氟磷灰石还原过程的影响，设定各体系的还原温度为 1573K，还原时间为 60min，各体系中 Al_2O_3、SiO_2 和 Fe_2O_3 与氟磷灰石含量比依次为 0.6、1.8、2.2，调整各体系 C 与 O 摩尔比并考察 C 与 O 摩尔比对氟磷灰石还原度的影响。对含有 Fe_2O_3 体系的还原产物先进行磁选，然后再化验磁选尾矿中磷元素的含量，以及其他体系的还原产品中磷元素的总含量，计算得出不同还原条件下氟磷灰石的还原度，对比分析不同体系下氟磷灰石的还原度和 C 与 O 摩尔比的关系。

A　$Ca_{10}(PO_4)_6F_2$-Al_2O_3-C 体系

由图 7-5 可以看出，当 C 与 O 摩尔比从 0.5 增加至 2.0 时，该体系下氟磷灰石的还原度由 1.5% 上升至 14.8%。C 与 O 摩尔比的增加会增大氟磷灰石与还原剂的接触面积，有利于氟磷灰石的还原。而当 C 与 O 摩尔比过大时，氟磷灰石的还原度会有所下降。其原因在于，过量的煤粉减小了氧化铝和氟磷灰石的接触面积，而氧化铝对氟磷灰石的还原有促进作用，从而间接减小了氟磷灰石的还原度。

B　$Ca_{10}(PO_4)_6F_2$-SiO_2-C 体系

由图 7-6 可知，C 与 O 摩尔比对含二氧化硅的体系中氟磷灰石还原度的影响十分显著。当 C 与 O 摩尔比为 2.0 时，氟磷灰石的还原度达到峰值 36.12%。当 C 与 O 摩尔比大于 1.5 时，氟磷灰石还原度的上升速率开始减小，当 C 与 O 摩尔

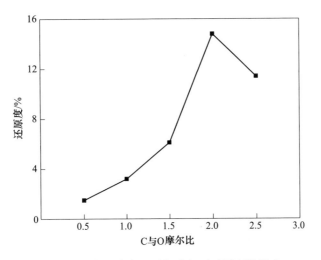

图 7-5　C 与 O 摩尔比对氟磷灰石还原度的影响

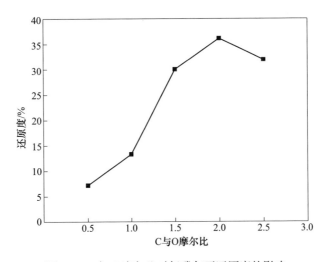

图 7-6　C 与 O 摩尔比对氟磷灰石还原度的影响

比大于 2.0 时，氟磷灰石的还原度开始下降。这是因为过量的焦炭降低了物料的熔融性，阻碍了二氧化硅与氟磷灰石接触，从而一定程度上减小了氟磷灰石的还原度。

C　$Ca_{10}(PO_4)_6F_2$-Fe_2O_3-C 体系

$Ca_{10}(PO_4)_6F_2$-Fe_2O_3-C 体系中氟磷灰石的还原度与 C 与 O 摩尔比的关系如图7-7 所示。由图 7-7 可知，在 C 与 O 摩尔比从 0.5 增大到 2.0 的过程中，氟磷灰石的还原度不断增大，而还原度的增长速率却逐渐减小。随着 C 与 O 摩尔比增大，氧化铁还原生成的单质铁增多，有利于氟磷灰石的还原产物单质磷向金属铁相中迁移，且还原剂与氟磷灰石的接触面积增大，因此氟磷灰石的还原度上升。然而，随着体系中的碳含量上升，渗碳反应 $3Fe+C = Fe_3C$ 加强，过量的碳粉阻碍了磷单质向金属铁相中迁移，不利于氟磷灰石还原，因此氟磷灰石还原度的上升速率不断降低，当 C 与 O 摩尔为 2.0 时，氟磷灰石的还原度达到峰值 73.38%。

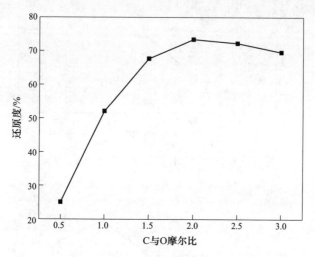

图 7-7　C 与 O 摩尔比对氟磷灰石还原度的影响

D　$Ca_{10}(PO_4)_6F_2$-Al_2O_3-Fe_2O_3-C 体系

由图 7-8 可以看出，氟磷灰石的还原度随 C 与 O 摩尔比增加不断增大，而增

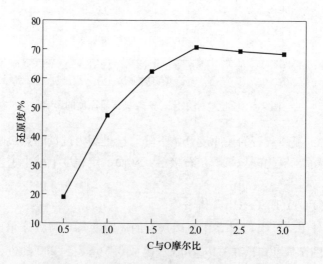

图 7-8　C 与 O 摩尔比对氟磷灰石还原度的影响

加速率不断变小，并在 C 与 O 摩尔比为 2.0 时达到峰值 70.72%，该还原度比图 7-7 中还原度的峰值 73.38% 略低。这是因为氧化铁的存在弱化了氧化铝对氟磷灰石的促进作用，当体系中同时含有氧化铝和氧化铁时，磷单质向金属铁相中迁移对氟磷灰石还原产生的促进作用远远大于氧化铝对氟磷灰石还原产生的促进作用，氧化铝的存在阻碍了磷向金属铁相中迁移，因此在此还原条件下该体系氟磷灰石的还原度略低于图 7-7 中的还原度。

　　E　$Ca_{10}(PO_4)_6F_2$-SiO_2-Fe_2O_3-C 体系

由图 7-9 可以看出，随着体系中 C 与 O 摩尔比增大，氟磷灰石的还原度逐渐升高，当 C 与 O 摩尔比达到 1.5 时，还原度的增长速率开始下降。由于二氧化硅和氧化铁对氟磷灰石还原的促进作用都十分显著，在二者的共同作用下，当 C 与 O 摩尔比增加至 2.0 时，还原度达到峰值 87.43%，该还原度是当还原温度为 1573K、还原时间为 1h 时，以上所有体系中氟磷灰石还原度所能达到的最高值。

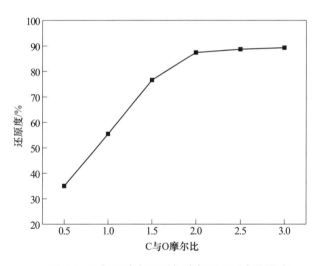

图 7-9　C 与 O 摩尔比对氟磷灰石还原度的影响

7.2.1.3　还原温度对氟磷灰石还原的影响

为探明温度对各体系中氟磷灰石还原反应的影响，对含氟磷灰石的五个不同体系在 C 与 O 摩尔比为 2.0，还原时间为 60min，各体系中 Al_2O_3、SiO_2 和 Fe_2O_3 与氟磷灰石含量比依次为 0.6、1.8、2.2，还原温度分别为 1473K、1498K、1523K、1573K 的条件下分别进行深度还原试验，对还原产品中磷元素的含量进行化验，得出各条件下氟磷灰石的还原度与还原温度的关系。

A　$Ca_{10}(PO_4)_6F_2$-Al_2O_3-C 体系

由图 7-10 可以看出，还原温度对 $Ca_{10}(PO_4)_6F_2$-Al_2O_3-C 体系中氟磷灰石还原度的影响效果显著。当还原温度由 1473K 增加至 1523K 时，氟磷灰石的还原度仅增加了 1.14%，而当温度高于 1523K 后，氟磷灰石的还原度迅速上升。这说明大部分氟磷灰石在温度高于 1523K 后才开始发生还原反应。热力学分析结果表明，在温度逐渐升高的过程中，$Ca_{10}(PO_4)_6F_2$-Al_2O_3-C 体系中较容易发生的还原反应为：

$$Ca_{10}(PO_4)_6F_2 + 54Al_2O_3 + 15C = CaF_2 + 9CaAl_{12}O_{19} + 3P_2 + 15CO$$

与　$$Ca_{10}(PO_4)_6F_2 + 18Al_2O_3 + 15C = CaF_2 + 9CaAl_4O_7 + 3P_2 + 15CO$$

且这两种反应发生的起始温度分别为 1520K 和 1536K，该热力学数据与图 7-10 中的实验结果十分吻合，证实了在 $Ca_{10}(PO_4)_6F_2$-Al_2O_3-C 体系中大部分氟磷灰石发生还原反应的起始温度在 1520K 左右。

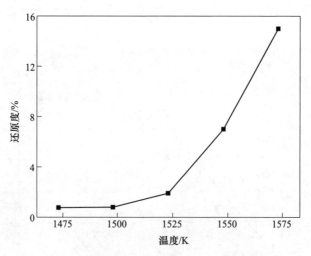

图 7-10　还原温度对氟磷灰石还原度的影响

B　$Ca_{10}(PO_4)_6F_2$-SiO_2-C 体系

由图 7-11 可以看出，在还原温度从 1473K 上升至 1523K 的过程中，氟磷灰石的还原度呈缓慢持续增长趋势。热力学计算结果表明，该体系中氟磷灰石发生还原反应的起始温度是 1477K，该化学反应的方程式为：

$$Ca_{10}(PO_4)_6F_2 + 9SiO_2 + 15C = CaF_2 + 9CaSiO_3 + 3P_2 + 15CO$$

当还原温度高于 1523K 时，氟磷灰石的还原度开始迅速增加，而热力学计算结果表明，当还原温度为 1525K 时，达到了化学反应

$$Ca_{10}(PO_4)_6F_2 + 4.5SiO_2 + 15C = CaF_2 + 4.5Ca_2SiO_4 + 3P_2 + 15CO$$

发生的最低温度，而该化学反应的发生大大提高了此还原条件下氟磷灰石的还原度。

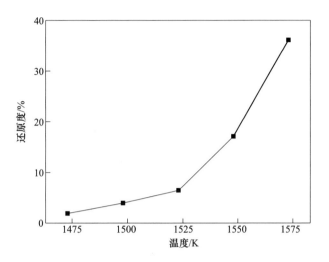

图 7-11 还原温度对氟磷灰石还原度的影响

C $Ca_{10}(PO_4)_6F_2$-Fe_2O_3-C 体系

由图 7-12 可以看出，该体系中氟磷灰石的还原度随还原温度的增加呈线性上升趋势。当还原温度为 1473K 时，氟磷灰石的还原度已高达 66.54%，该还原度远高于同一还原条件下含二氧化硅体系中氟磷灰石的还原度。热力学计算结果显示，二氧化硅比氧化铁（金属铁）对氟磷灰石还原的促进作用更大，然而热力学分析只能反映出理想状态下反应达到平衡时的结果，并未考虑动力学等其他

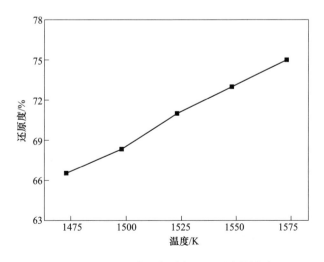

图 7-12 还原温度对氟磷灰石还原度的影响

因素对还原度的影响。当体系中存在金属铁相时，磷元素极易向铁中迁移，打破了反应的平衡状态，推动还原反应不断进行。因此，当体系中含有氧化铁时，氧化铁的还原产物金属铁会极大提高氟磷灰石的还原度。

D　$Ca_{10}(PO_4)_6F_2$-Al_2O_3-Fe_2O_3-C 体系

由图 7-13 可见，在还原温度从 1473K 上升到 1573K 的过程中，氟磷灰石的还原度不断增加，还原度的增长速率也不断上升。然而对比同一还原条件下 $Ca_{10}(PO_4)_6F_2$-Fe_2O_3-C 体系中氟磷灰石的还原度可发现，在 $Ca_{10}(PO_4)_6F_2$-Fe_2O_3-C 体系加入氧化铝反而会降低氟磷灰石的还原度，而随着温度升高，两体系中氟磷灰石还原度的差值不断变小。由热力学计算结果可以看出，氧化铝比氧化铁对降低氟磷灰石发生还原反应起始温度的效果更显著。因此当温度较低时，氟磷灰石主要在氧化铝的促进下进行还原反应，而当温度较高时，金属铁发挥的作用更明显。而由 $Ca_{10}(PO_4)_6F_2$-Fe_2O_3-C 体系分析结果可知，金属铁对推动还原反应进程的作用远远高于氧化铝。因此，随着温度的升高，该体系中氟磷灰石还原度的增长速率不断上升。

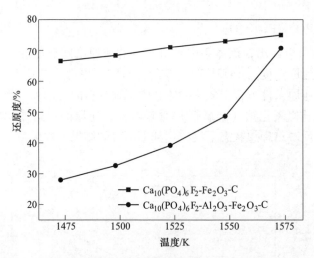

图 7-13　还原温度对氟磷灰石还原度的影响

E　$Ca_{10}(PO_4)_6F_2$-SiO_2-Fe_2O_3-C 体系

由图 7-14 可知，随着还原温度升高，$Ca_{10}(PO_4)_6F_2$-SiO_2-Fe_2O_3-C 体系中氟磷灰石的还原度和还原度增长速率都不断上升。当还原温度为 1548K 时，含有二氧化硅体系中氟磷灰石的还原度仍低于只含氧化铁添加剂体系中氟磷灰石的还原度，而当还原温度达到 1573K 时，$Ca_{10}(PO_4)_6F_2$-SiO_2-Fe_2O_3-C 体系中氟磷灰石的还原度更大。对比图 7-13 和结合热力学分析可知，在温度较低时，在该体系中氟磷灰石更容易在二氧化硅的促进作用下进行还原反应，各添加剂对推动氟磷灰

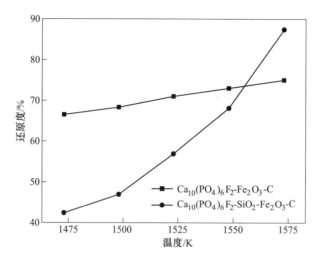

图 7-14 还原温度对氟磷灰石还原度的影响

石还原反应进程起到的作用由大到小依次是氧化铁（金属铁）、二氧化硅和氧化铝。

7.2.1.4 还原时间对氟磷灰石还原的影响

为考查还原时间对各体系中氟磷灰石还原度的影响，设定各体系中 Al_2O_3、SiO_2 和 Fe_2O_3 与氟磷灰石含量比依次为 0.6、1.8、2.2。对各体系在 C 与 O 摩尔比为 2.0，还原温度为 1573K，还原时间分别为 15min、30min、45min、60min、75min 的还原条件下分别进行深度还原试验，对还原产品中磷元素的含量进行化验，得出各体系中氟磷灰石的还原度与还原时间的关系。

A $Ca_{10}(PO_4)_6F_2$-Al_2O_3-C 体系

由图 7-15 可知，当还原时间从 0 增加至 15min 时，氟磷灰石的还原度已达 7.96%，该时间段内还原度的增长幅度较大。而当还原时间从 15min 延长至 75min 时，氟磷灰石还原度仅增加了 7.62%。在该时间段，随着还原时间的增加，还原度的增长速率逐渐减小。当还原时间为 60min 时，氟磷灰石的还原度为 14.8%，此时随着还原时间的延长，氟磷灰石的还原度虽然在增加，但并不明显。这说明在该体系中，随着还原时间增加，还原剂的含量逐渐降低，且生成的还原产物阻碍了氟磷灰石还原时相界面反应的发生，因此氟磷灰石的还原速率不断降低，还原反应在还原时间为 60min 时基本达到平衡。

B $Ca_{10}(PO_4)_6F_2$-SiO_2-C 体系

由图 7-16 可知，在该体系中，氟磷灰石的还原度在还原时间为 15min 时已高达 28.56%，而当还原时间增加至 75min 时，还原度为 37.38%。当还原时间高

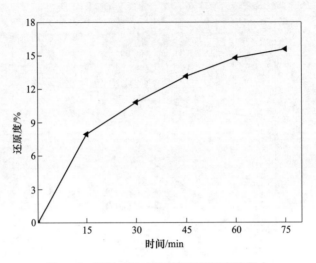

图 7-15　还原时间对氟磷灰石还原度的影响

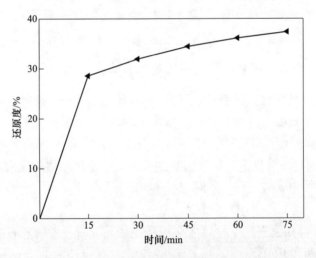

图 7-16　还原时间对氟磷灰石还原度的影响

于 15min 时，随着还原时间的增加，还原速率逐渐降低。这说明在二氧化硅的作用下，在反应前期阶段已有大部分氟磷灰石被还原。氟磷灰石的还原是一种多相反应，多相反应发生在体系的相界面上，随着还原时间的增加，还原剂与二氧化硅含量逐渐减少，而反应生成的氧化钙、氟化钙、硅酸钙逐渐增多，因此氟磷灰石与二氧化硅、还原剂之间的接触面积逐渐减小，还原速率也随之逐渐降低。

C　$Ca_{10}(PO_4)_6F_2$-Fe_2O_3-C 体系

由图 7-17 可以看出，在含有氧化铁的体系中，当还原时间为 15min 时，氟磷灰石的还原度为 11.36%，而当还原时间增加至 30min 时，还原迅速上升至

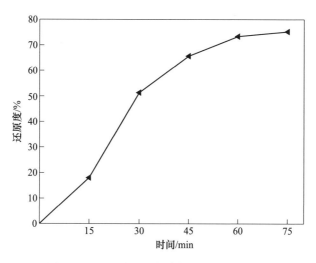

图 7-17　还原时间对氟磷灰石还原度的影响

51.32%，而后随着还原时间的增加，还原度的增长幅度逐渐降低。在整个还原过程中，随着还原时间的延长，氟磷灰石的还原速率先逐渐增加，在 30min 后逐渐降低。产生这种现象的原因为：在还原反应前期，体系中主要进行氧化铁的还原，该阶段氟磷灰石的还原速率较慢。随着时间的延长，生成的金属铁逐渐增多，在金属铁相的作用下，氟磷灰石的还原速率也随之增大。当还原时间高于 30min 后，氧化铁的还原反应接近平衡状态。此时随着还原时间继续增加，还原剂含量逐渐降低，磷向金属铁相中的迁移也逐渐接近平衡状态，氟磷灰石的还原速率逐渐降低。

D　$Ca_{10}(PO_4)_6F_2$-Al_2O_3-Fe_2O_3-C 体系

图 7-18 显示了 $Ca_{10}(PO_4)_6F_2$-Al_2O_3-Fe_2O_3-C 体系中氟磷灰石的还原度与还原时间的关系，同时也显示了与图 7-17 中的还原度曲线进行对比的情况。由图7-18 可知，当还原时间从 0 增加至 15min 时，$Ca_{10}(PO_4)_6F_2$-Al_2O_3-Fe_2O_3-C 体系中氟磷灰石的还原度迅速上升至 48.23%，当还原时间继续增加至 75min 时，该体系中氟磷灰石的还原度为 72.29%。当还原时间为 45min 时，$Ca_{10}(PO_4)_6F_2$-Al_2O_3-Fe_2O_3-C 体系比不含 Al_2O_3 体系的氟磷灰石的还原度高，而当还原时间大于 60min 时，$Ca_{10}(PO_4)_6F_2$-Al_2O_3-Fe_2O_3-C 体系比不含 Al_2O_3 体系的氟磷灰石的还原度略低。产生这种现象的原因为：含有 Al_2O_3 的体系中，在还原反应初期，由热力学分析结果可知，氟磷灰石能在氧化铝和单质铁的共同促进下发生还原反应，而在不含 Al_2O_3 的体系中，主要进行氧化铁的还原反应，因此此时含有 Al_2O_3 的体系中氟磷灰石的还原度较高。当还原时间增加至两体系中的还原反应都接近平衡时，含有 Al_2O_3 的体系比不含 Al_2O_3 的体系氟磷灰石的还原度反而略低。

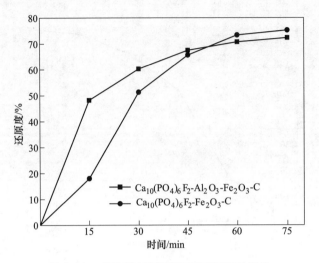

图 7-18　还原时间对氟磷灰石还原度的影响

E　$Ca_{10}(PO_4)_6F_2\text{-}SiO_2\text{-}Fe_2O_3\text{-}C$ 体系

图 7-19 显示了 $Ca_{10}(PO_4)_6F_2\text{-}SiO_2\text{-}Fe_2O_3\text{-}C$ 体系中氟磷灰石的还原度与还原时间的关系，同时还与图 7-17 中的还原度曲线进行了对比。由图 7-19 可知，当还原时间为 15min 时，$Ca_{10}(PO_4)_6F_2\text{-}SiO_2\text{-}Fe_2O_3\text{-}C$ 体系中氟磷灰石的还原度已高达 74.11%，而当还原时间增加至 75min 时，该体系的还原度仅上升至 88.12%。与体系中仅含添加剂氧化铁时氟磷灰石的还原度对比可知，含有二氧化硅的体系比不含二氧化硅的体系中氟磷灰石的还原度始终要高。当还原时间为 15min 时，

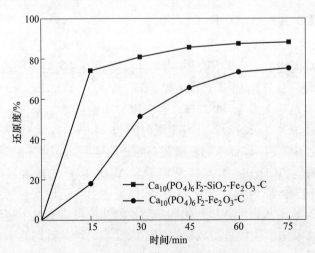

图 7-19　还原时间对氟磷灰石还原度的影响

两体系中氟磷灰石还原度的差值最大，此后随着还原时间增加，该差值不断减小。这是因为二氧化硅与金属铁颗粒对氟磷灰石的还原皆有较大的促进作用，因此在还原时间为 15min 时，$Ca_{10}(PO_4)_6F_2$-SiO_2-Fe_2O_3-C 体系中氟磷灰石的还原反应已基本达到平衡状态。而金属铁对氟磷灰石的促进作用高于二氧化硅，随着还原时间增加，两体系中还原度的差值逐渐降低。

7.2.2 磷矿物还原过程动力学

为确定磷矿物在不同条件下的反应历程及其反应速率表达式，确定反应过程的限制环节和得出各因素对还原速率的影响，以便选择合适的还原条件，实现对磷矿物的还原进行调控，采用等温法对 $Ca_{10}(PO_4)_6F_2$-Al_2O_3-Fe_2O_3-C 和 $Ca_{10}(PO_4)_6F_2$-SiO_2-Fe_2O_3-C 体系进行动力学试验研究，得出氟磷灰石在这两个体系中的还原反应机理函数及其动力学参数，从动力学角度对比分析在氧化铁存在的情况下，二氧化硅和氧化铝对氟磷灰石还原的影响。

7.2.2.1 还原度分析

调整 $Ca_{10}(PO_4)_6F_2$-Al_2O_3-Fe_2O_3-C 与 $Ca_{10}(PO_4)_6F_2$-SiO_2-Fe_2O_3-C 体系中 Al_2O_3、SiO_2 和 Fe_2O_3 与氟磷灰石含量（质量分数）比依次为 0.6、1.8、2.2。将两体系分别在 C 与 O 摩尔比为 2.0，体系还原温度为 1473K、1498K、1523K、1573K，还原时间分别为 15min、30min、45min、60min、75min 的还原条件下进行深度还原试验。计算得出两体系氟磷灰石的还原度与还原时间的关系如图 7-20 所示。由图 7-20 可知，不同体系和还原温度下，氟磷灰石的还原度随着还原时间的延长呈现出相同的变化趋势，即先快速增加后缓慢增加。还原温度对氟磷灰石的还原影响显著。在相同的还原时间条件下，随着还原温度的升高，还原度逐

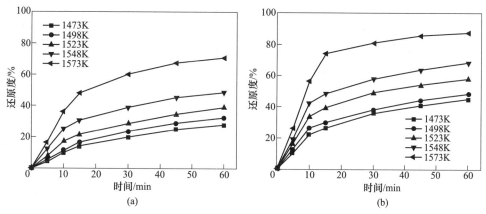

图 7-20 氟磷灰石还原度随时间的变化关系

(a) $Ca_{10}(PO_4)_6F_2$-Al_2O_3-Fe_2O_3-C；(b) $Ca_{10}(PO_4)_6F_2$-SiO_2-Fe_2O_3-C 体系

渐增加。相同还原温度和时间条件下，$Ca_{10}(PO_4)_6F_2$-SiO_2-Fe_2O_3-C 体系氟磷灰石的还原度高于 $Ca_{10}(PO_4)_6F_2$-Al_2O_3-Fe_2O_3-C 体系的还原度，说明 SiO_2 对氟磷灰石的促进作用强于 Al_2O_3。

7.2.2.2　机理函数的确定

由于深度还原体系下氟磷灰石的还原动力学研究尚未见报道，因此相应的机理函数仍需通过分析来确定。氟磷灰石还原动力学研究方法如 3.2.2 节所述。针对 $Ca_{10}(PO_4)_6F_2$-Al_2O_3-Fe_2O_3-C 和 $Ca_{10}(PO_4)_6F_2$-SiO_2-Fe_2O_3-C 体系在不同还原温度条件下的还原度，采用 30 种动力学机理函数模型 $G(\alpha)$ 与还原时间进行线性拟合。由线性相关系数可知，对于 $Ca_{10}(PO_4)_6F_2$-Al_2O_3-Fe_2O_3-C 体系，$A_{1/2}$ 模型的线性相关系数与时间拟合曲线的线性相关性较好，各温度下对应的相关系数均在 0.98 以上，因此确定 $\dfrac{1}{2}(1-\alpha)[-\ln(1-\alpha)]^{-1}$ 作为该体系下的反应机理函数。对于 $Ca_{10}(PO_4)_6F_2$-SiO_2-Fe_2O_3-C 体系，机理函数为 $A_{1/3}$ 时，各温度下对应的线性相关系数均达 0.98 以上，因此确定 $\dfrac{1}{3}(1-\alpha)[-\ln(1-\alpha)]^{-2}$ 和 $\dfrac{3}{2}(1-\alpha)^{4/3}[(1-\alpha)^{-1/3}-1]^{-1}$ 为该体系对应的机理函数。各机理函数对应的 $G(\alpha)$ 随时间变化的线性拟合曲线如图 7-21 所示。

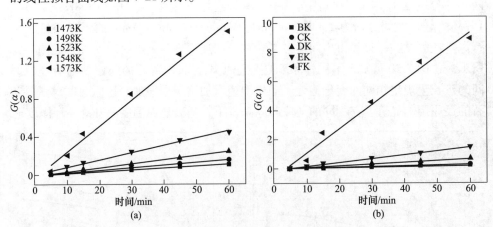

图 7-21　$G(\alpha)$ 与还原时间线性拟合曲线

(a) $Ca_{10}(PO_4)_6F_2$-Al_2O_3-Fe_2O_3-C，机理函数 $A_{1/2}$；(b) $Ca_{10}(PO_4)_6F_2$-SiO_2-Fe_2O_3-C，机理函数 $A_{1/3}$

7.2.2.3　动力学参数求解

基于 Arrhenius 公式，动力学参数（指前因子和表观活化能）可以分别通过 $\ln k(T)$ 和 $1/T$ 线性拟合直线的斜率和截距获得。两种体系的氟磷灰石还原机理函数对应的回归直线的斜率即表观反应速率见表 7-1。对 $\ln k(T)$ 与 $1/T$ 进行线性拟合，结果如图 7-22 所示。由图 7-22 可知，两种体系的 $\ln k(T)$ 与 $1/T$ 均呈现出良好的线性关系。根据回归直线的斜率和截距计算得出 $Ca_{10}(PO_4)_6F_2\text{-}Al_2O_3\text{-}Fe_2O_3\text{-}C$ 和 $Ca_{10}(PO_4)_6F_2\text{-}SiO_2\text{-}Fe_2O_3\text{-}C$ 体系还原反应的活化能与指前因子，见表 7-2。对比两体系动力学参数可知，氟磷灰石在含二氧化硅的体系下的活化能和指前因子明显比含氧化铝体系的更低。这说明氟磷灰石在含有二氧化硅的体系中比在含氧化铝的体系中更容易发生还原反应。

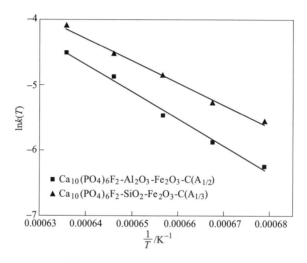

图 7-22 $\ln k(T)$ 与 $1/T$ 拟合曲线

表 7-1 磷矿物还原反应机理函数及反应速率常数

体　系	温度/K	机理函数 $f(\alpha)$	表观反应速率/min^{-1}
$Ca_{10}(PO_4)_6F_2\text{-}Al_2O_3\text{-}$ $Fe_2O_3\text{-}C$	1473	$A_{1/2}$ ： $\dfrac{1}{2}(1-\alpha)\left[-\ln(1-\alpha)\right]^{-1}$	0.00194
	1498		0.00280
	1523		0.00426
	1548		0.00767
	1573		0.01105
$Ca_{10}(PO_4)_6F_2\text{-}SiO_2\text{-}$ $Fe_2O_3\text{-}C$	1473	$A_{1/3}$ ： $\dfrac{1}{3}(1-\alpha)\left[-\ln(1-\alpha)\right]^{-2}$	0.00385
	1498		0.00508
	1523		0.00779
	1548		0.01073
	1573		0.01662

表 7-2　氟磷灰石还原动力学参数

体　系	活化能/kJ·mol^{-1}	指前因子/min^{-1}	相关系数 R^2
$Ca_{10}(PO_4)_6F_2$-Al_2O_3-Fe_2O_3-C	345.479	3.26789×10^9	0.9892
$Ca_{10}(PO_4)_6F_2$-SiO_2-Fe_2O_3-C	282.748	3.89033×10^7	0.9904

7.2.3　还原过程磷矿物的物相转化规律

7.2.3.1　$Ca_{10}(PO_4)_6F_2$-Al_2O_3-C 体系

A　温度对还原产物的物相组成影响

将 $Ca_{10}(PO_4)_6F_2$-Al_2O_3-C 体系在还原时间为 60min，C 与 O 摩尔比为 2.0，氧化铝与氟磷灰石的质量比为 0.6，还原温度依次为 1473K、1523K、1573K 的条件下进行深度还原试验，得到的还原产物的 XRD 衍射分析结果如图 7-23 所示。由图 7-23 可知，当还原温度为 1473K 时，还原产物中的主要成分为 $Ca_{10}(PO_4)_6F_2$ 和 Al_2O_3。在该温度下的还原产物中虽然能发现 $CaAl_{12}O_{19}$ 的衍射峰，但其衍射峰相对强度很弱。当还原温度增加至 1523K 时，XRD 图谱中新出现 $Ca_3(PO_4)_2$

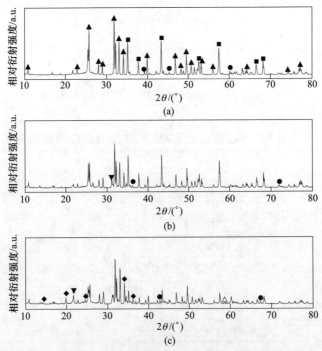

图 7-23　不同温度下还原产物的 XRD 图谱

(a) 1473K；(b) 1523K；(c) 1573K

▲—$Ca_{10}(PO_4)_6F_2$；■—Al_2O_3；●—$CaAl_{12}O_{19}$；◆—$CaAl_4O_7$；▼—$Ca_3(PO_4)_2$；△—CaF_2

的衍射峰，$CaAl_{12}O_{19}$ 衍射峰的数量增加，但其衍射峰的相对强度变化不明显，而此时 $Ca_{10}(PO_4)_6F_2$ 和 Al_2O_3 衍射峰的相对强度减小。当还原温度为 1573K 时，XRD 图谱中新出现 $CaAl_4O_7$ 和 CaF_2 的衍射峰，$CaAl_{12}O_{19}$ 的衍射峰数量继续增加，且 $CaAl_{12}O_{19}$ 与 $Ca_3(PO_4)_2$ 衍射峰的相对强度有所增强，$Ca_{10}(PO_4)_6F_2$ 和 Al_2O_3 衍射峰的相对强度继续减小。

由上述 XRD 分析结果可知，当还原温度为 1473K 时，体系中有少量氟磷灰石在氧化铝的促进下被碳还原并生成 $CaAl_{12}O_{19}$ 和 CaF_2，由于此时 CaF_2 的生成量少，衍射峰强度过低，因此在图 7-23 中并未标注出该衍射峰。还原温度升高有利于氟磷灰石被还原，当还原温度增加至 1573K 时，氟磷灰石能在氧化铝的促进下被碳还原，并生成 $CaAl_4O_7$，且随着还原温度升高，部分氟磷灰石会发生脱氟反应生成 $Ca_3(PO_4)_2$ 和 CaF_2。

B 时间对还原产物的物相组成影响

对 $Ca_{10}(PO_4)_6F_2$-Al_2O_3-C 体系在还原温度为 1573K、C 与 O 摩尔比为 2.0、氧化铝与氟磷灰石的质量比为 0.6、还原时间为 10min 和 60min 的条件下进行深度还原试验，得到的还原产物的 XRD 分析结果如图 7-24 所示。

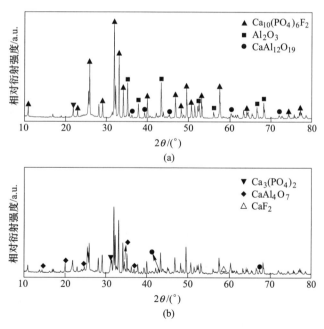

图 7-24　不同还原时间下还原产物的 XRD 图谱
(a) 10min；(b) 60min

由图 7-24 可以看出，在还原时间为 10min 时，样品的 XRD 图谱中已经出现 $Ca_3(PO_4)_2$ 和 $CaAl_{12}O_{19}$ 的衍射峰，但是这两种物相衍射峰的相对强度较小，说明在该还原条件下，当还原时间为 10min 时，已有部分氟磷灰石发生了脱氟反应和还原反应。当还原时间为 60min 时，XRD 图谱中新出现了 $CaAl_4O_7$ 的衍射峰，且 $Ca_3(PO_4)_2$ 和 $CaAl_{12}O_{19}$ 衍射峰的相对强度有所增强，而 $Ca_{10}(PO_4)_6F_2$ 和 Al_2O_3 衍射峰的相对强度明显减弱。上述分析结果表明，在该体系中，在还原反应前期，氟磷灰石与氧化铝作用主要生成 $CaAl_{12}O_{19}$，而与氧化铝作用生成 $CaAl_4O_7$ 和氟磷灰石的脱氟反应主要发生在还原反应的中后期。

7.2.3.2　$Ca_{10}(PO_4)_6F_2$-SiO_2-C 体系

A　温度对还原产物的物相组成影响

在还原时间为 60min，添加剂二氧化硅与氟磷灰石的用量比为 1.8，C 与 O 摩尔比为 2.0，还原温度依次为 1473K、1523K、1573K 的条件下进行深度还原试验，还原产物的 XRD 分析结果如图 7-25 所示。由图 7-25 可知，还原温度为 1473K 时，还原产物主要由 $Ca_{10}(PO_4)_6F_2$、SiO_2 和 $CaSiO_3$ 组成，此时 $CaSiO_3$ 衍射峰的相对强度较小。当还原温度增加至 1523K 时，XRD 图谱中新出现了 $Ca_3(PO_4)_2$ 的衍射峰，且 $CaSiO_3$ 衍射峰的相对强度增加，而 $Ca_{10}(PO_4)_6F_2$ 和 SiO_2 衍射峰的相对强度减小。当还原温度增加至 1573K 时，图谱中出现 $Ca_3Si_2O_7$ 的衍射峰，$CaSiO_3$ 和 $Ca_3(PO_4)_2$ 的衍射峰的相对强度继续增强，$Ca_{10}(PO_4)_6F_2$ 和 SiO_2 的衍射峰的相对强度继续减小。

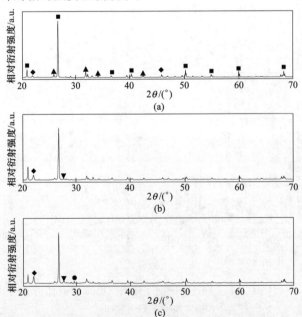

图 7-25　不同温度下还原产物的 XRD 图谱

(a) 1473K；(b) 1523K；(c) 1573K

■—SiO_2；▲—$Ca_{10}(PO_4)_6F_2$；◆—$CaSiO_3$；▼—$Ca_2(PO_4)_2$；●—$Ca_3Si_2O_7$

以上分析结果表明，在该体系中，当还原温度为 1473K 时已有少量氟磷灰石在二氧化硅的促进下被碳还原并生成 $CaSiO_3$，由于 SiO_2 的衍射峰的相对强度过高，致使图中 CaF_2 的衍射峰不明显，因此图中并未标注出 CaF_2 的衍射峰。当还原温度为 1523K 时，氟磷灰石与二氧化硅、还原剂之间的反应加强，且有少量氟磷灰石脱氟生成 $Ca_3(PO_4)_2$。当还原温度增加至 1573K 时，氟磷灰石的还原反应和氟磷灰石脱氟继续加强，且此时氟磷灰石在二氧化硅的促进下能生成 $Ca_3Si_2O_7$，温度的增加有利于氟磷灰石还原反应发生。

B 时间对还原产物的物相组成影响

将 $Ca_{10}(PO_4)_6F_2$-SiO_2-C 体系在还原温度为 1573K、C 与 O 摩尔比为 2.0、二氧化硅与氟磷灰石的含量比为 1.8、还原时间依次为 10min 和 60min 的条件下进行深度还原试验，得到的还原产物的 XRD 衍射图如图 7-26 所示。由图 7-26 可以看出，当还原时间为 10min 时，XRD 图谱中出现了 $Ca_{10}(PO_4)_6F_2$、SiO_2、$CaSiO_3$、$Ca_3(PO_4)_2$、$Ca_3Si_2O_7$ 的衍射峰，其中 $Ca_3(PO_4)_2$、$CaSiO_3$ 和 $Ca_3Si_2O_7$ 的衍射峰的相对强度较弱。当还原时间为 60min 时，$CaSiO_3$、$Ca_3(PO_4)_2$、$Ca_3Si_2O_7$ 的衍射峰数量不变，但相对强度增加，而 $Ca_{10}(PO_4)_6F_2$ 和 SiO_2 的衍射峰的数量和相对强度都有所减小。上述结果表明，该体系在反应初期已有部分的氟磷灰石在氧化硅的作用下被碳还原，并生成 $CaSiO_3$、$Ca_3Si_2O_7$ 等产物，延长还原时间有利于各反应的进行。

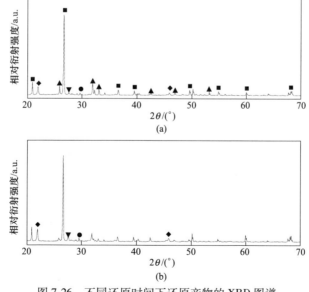

图 7-26 不同还原时间下还原产物的 XRD 图谱
(a) 10min; (b) 60min
■ —SiO_2; ▲ —$Ca_{10}(PO_4)_6F_2$; ◆ —$CaSiO_3$; ▼ —$Ca_3(PO_4)_2$; ● —$Ca_3Si_2O_7$

7.2.3.3　$Ca_{10}(PO_4)_6F_2$-Fe_2O_3-C 体系

A　温度对还原产物的物相组成影响

为探索不同温度下 $Ca_{10}(PO_4)_6F_2$-Fe_2O_3-C 体系深度还原产物的物相组成，对 $Ca_{10}(PO_4)_6F_2$-Fe_2O_3-C 体系在还原时间为 60min，C 与 O 摩尔比为 2.0，氧化铁与氟磷灰石质量比为 2.2，还原温度依次为 1473K、1523K、1573K 的还原条件下的深度还原产物进行 XRD 分析，得出的结果如图 7-27 所示。由图 7-27 可以看出，当还原温度为 1473K 时，还原产物的 XRD 图谱中主要存在 $Ca_{10}(PO_4)_6F_2$、Fe_3O_4、Fe_3P 和 CaO 的衍射峰，其中并未发现 Fe_2O_3 的衍射峰，说明在该温度下氧化铁已完全被还原，且有一部分氟磷灰石在单质铁的作用下被碳还原并生成 Fe_3P。当还原温度为 1523K 时，图中新出现 $Ca_3(PO_4)_2$ 的衍射峰，说明此时有氟磷灰石发生脱氟反应，此时 $Ca_{10}(PO_4)_6F_2$ 衍射峰的相对强度减小，Fe_3P 和 CaO 的衍射峰的相对强度增加，说明升高温度有利于氟磷灰石的还原。当温度继续增加至 1573K 时，由图中各衍射峰的相对强度可以看出，氟磷灰石的还原度继续增加。

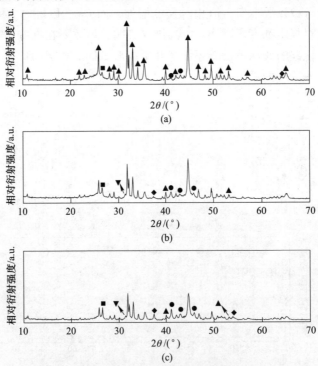

图 7-27　不同温度下还原产物的 XRD 图谱

(a) 1473K；(b) 1523K；(c) 1573K

◆—CaO；▲—$Ca_{10}(PO_4)_6F_2$；■—Fe_3O_4；▼—$Ca_3(PO_4)_2$；●—Fe_3P

B 时间对还原产物的物相组成的影响

在还原温度为 1573K，添加剂氧化铁与氟磷灰石的用量比为 2.2、C 与 O 摩尔比为 2.0、还原时间分别为 10min 和 60min 的条件下进行深度还原试验，还原产物的 XRD 分析结果如图 7-28 所示。由图 7-28 可知，当还原时间为 10min 时，还原产物的 XRD 图谱中已经出现了 Fe_3P 和 CaO 的衍射峰，但此时二者衍射峰的相对强度较低。当还原时间延长至 60min 时，图中 Fe_3P 衍射峰的数量并未增加，但其相对强度增强，同时 $Ca_{10}(PO_4)_6F_2$ 衍射峰的相对强度大幅度降低。该结果表明，该体系在反应前期，已经有部分磷灰石在金属铁的促进下被碳还原，并生成了磷化铁和氧化钙，随着还原时间的延长，生成的磷化铁和氧化钙的含量大大增加，增加还原时间对氟磷灰石的还原有较大的促进作用。

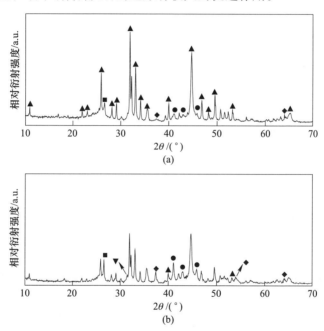

图 7-28 不同还原时间下还原产物的 XRD 图谱

（a）10min；（b）60min

$\blacklozenge$—CaO；$\blacktriangle$—$Ca_{10}(PO_4)_6F_2$；$\blacksquare$—Fe_3O_4；$\blacktriangledown$—$Ca_3(PO_4)_2$；$\bullet$—Fe_3P

7.2.3.4 $Ca_{10}(PO_4)_6F_2$-Al_2O_3-Fe_2O_3-C 体系

A 温度对还原产物的物相组成影响

当还原温度分别为 1473K、1523K、1573K 时，$Ca_{10}(PO_4)_6F_2$-Al_2O_3-Fe_2O_3-C 体系在还原时间为 60min、C 与 O 摩尔比为 2.0、添加剂 Al_2O_3 和 Fe_2O_3 与 $Ca_{10}(PO_4)_6F_2$ 用量比为 0.6 和 2.2 的还原条件下进行深度还原实验，还原产物的 XRD 分析结果如图 7-29 所示。

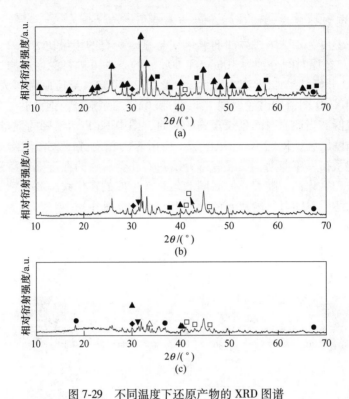

图 7-29　不同温度下还原产物的 XRD 图谱

（a）1473K；（b）1523K；（c）1573K

▲ —$Ca_{10}(PO_4)_6F_2$；■ —Al_2O_3；□ —Fe_3P；▼ —$Ca_3(PO_4)_2$；● —$CaAl_{12}O_{19}$；△ —$CaAl_4O_7$；◆ —Fe_3O_4

由图 7-29 可知，当还原温度为 1473K 时，还原产品的 XRD 图谱中出现了 $Ca_{10}(PO_4)_6F_2$、Al_2O_3、Fe_3O_4、$CaAl_{12}O_{19}$ 和 Fe_3P 的衍射峰，此时 Fe_3P 和 $CaAl_{12}O_{19}$ 的衍射峰的相对强度较弱；当还原温度为 1523K 时，XRD 图谱中新出现了 $Ca_3(PO_4)_2$ 的衍射峰，此时 Fe_3P 和 $CaAl_{12}O_{19}$ 的衍射峰的相对强度增大，且 Fe_3P 的衍射峰数量增多，而 $Ca_{10}(PO_4)_6F_2$ 和 Al_2O_3 的衍射峰的相对强度明显减小；当还原温度为 1573K 时，XRD 图谱中新出现 $CaAl_4O_7$ 的衍射峰，此时 $CaAl_{12}O_{19}$ 的衍射峰数量增多且相对强度增大，Fe_3P 和 $Ca_3(PO_4)_2$ 的衍射峰的相对强度增加，而 $Ca_{10}(PO_4)_6F_2$ 和 Al_2O_3 的衍射峰的相对强度继续减小。

以上分析结果表明，当还原温度为 1473K 时，XRD 图谱中出现了 Fe_3P 和 $CaAl_{12}O_{19}$ 的衍射峰，说明在较低的还原温度下，氟磷灰石主要在单质铁和氧化铝的共同促进下发生还原反应；当还原温度为 1523K 时，Fe_3P 的衍射峰增多，说明随着还原温度上升，金属铁相对磷灰石还原起到的作用变大；当还原时间为 1573K 时，上述反应的反应进程都得以大幅度推进，且此时氟磷灰石与氧化铝作用能生成 $CaAl_4O_7$。

B 时间对还原产物的物相组成影响

$Ca_{10}(PO_4)_6F_2$-Al_2O_3-Fe_2O_3-C 体系在还原温度为 1573K、还原时间分别为 10min 和 60min 的条件下进行深度还原试验，还原产物的 XRD 分析结果如图 7-30 所示。

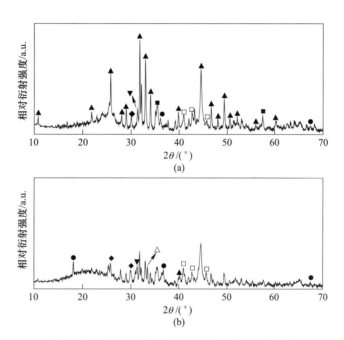

图 7-30 不同还原时间下还原产物的 XRD 图谱

(a) 10min；(b) 60min

▲—$Ca_{10}(PO_4)_6F_2$；▼—$Ca_3(PO_4)_2$；■—Al_2O_3；△—$CaAl_4O_7$；◆—Fe_3O_4；□—Fe_3P；●—$CaAl_{12}O_{19}$

由图 7-30 可知，当还原时间为 10min 时，氟磷灰石的还原产物中已经出现 Fe_3P 和 $CaAl_{12}O_{19}$，说明在还原反应初始阶段，氟磷灰石在单质铁和氧化铝的共同作用下发生了还原反应，此时生成的铝酸钙主要是 $CaAl_{12}O_{19}$。随着还原时间延长至 60min，图中 $Ca_{10}(PO_4)_6F_2$ 和 Al_2O_3 的衍射峰的相对强度明显减小，且此时有 $CaAl_4O_7$ 生成，说明还原时间对氟磷灰石还原反应的影响效果显著，氟磷灰石、氧化铝和碳反应生成 $CaAl_4O_7$ 主要发生在反应后期。

7.2.3.5 $Ca_{10}(PO_4)_6F_2$-SiO_2-Fe_2O_3-C 体系

A 温度对还原产物的物相组成影响

不同还原温度下，将 $Ca_{10}(PO_4)_6F_2$-SiO_2-Fe_2O_3-C 体系在还原时间为 60min、C 与 O 摩尔比为 2.0、SiO_2 和 Fe_2O_3 与 $Ca_{10}(PO_4)_6F_2$ 含量比分别为 1.8 和 2.2 的

还原条件下进行深度还原，还原产物 XRD 分析结果如图 7-31 所示。由图 7-31 可知，当还原温度为 1473K 时，还原产物的 XRD 图谱中出现了 $Ca_{10}(PO_4)_6F_2$、SiO_2、Fe_3O_4、Fe_3P、$Ca_3Si_2O_7$ 和 $CaSiO_3$ 的衍射峰，且随着还原温度增加，XRD 图谱中并未出现新的衍射峰，但其中 Fe_3P、$Ca_3Si_2O_7$ 和 $CaSiO_3$ 衍射峰的相对强度不断增加，而 $Ca_{10}(PO_4)_6F_2$ 和 SiO_2 的衍射峰的相对强度明显降低。

该结果表明，当还原温度为 1473K 时，氟磷灰石在二氧化硅和单质铁的促进下被碳还原并生成 Fe_3P、$Ca_3Si_2O_7$ 和 $CaSiO_3$ 等产物，温度的增加推动了各反应的进程，但并未有新的反应发生，这说明了在二氧化硅和金属铁共同促进下，各反应发生的起始温度都较低。

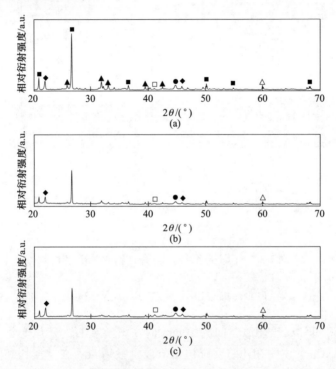

图 7-31　不同温度下还原产物的 XRD 图谱

(a) 1473K；(b) 1523K；(c) 1573K

■—SiO_2；△—Fe_3O_4；▲—$Ca_{10}(PO_4)_6F_2$；●—$Ca_3Si_2O_7$；□—Fe_3P；◆—$CaSiO_3$

B　时间对还原产物的物相组成的影响

不同还原时间下，将 $Ca_{10}(PO_4)_6F_2$-SiO_2-Fe_2O_3-C 体系在还原温度为 1573K、C 与 O 摩尔比为 2.0、SiO_2 和 Fe_2O_3 与 $Ca_{10}(PO_4)_6F_2$ 含量比分别为 1.8 和 2.2 的还原条件下进行深度还原，还原产物 XRD 分析结果如图 7-32 所示。由图 7-32 可以看出，当还原时间为 10min 时，还原产物的 XRD 图谱中出现了 $Ca_{10}(PO_4)_6F_2$、

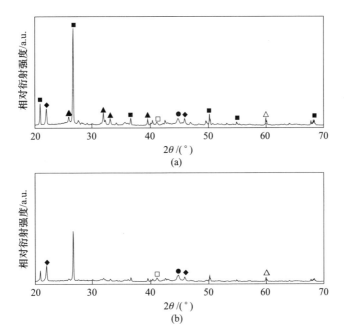

图 7-32 不同还原时间下还原产物的 XRD 图谱

（a）10min；（b）60min

■ —SiO₂；△ —Fe₃O₄；▲ —Ca₁₀(PO₄)₆F₂；□ —Fe₃P；◆ —CaSiO₃；● —Ca₃Si₂O₇

SiO_2、Fe_3O_4、Fe_3P、$Ca_3Si_2O_7$ 和 $CaSiO_3$ 的衍射峰，说明在反应初期阶段，已有氟磷灰石在二氧化硅和单质铁的促进下发生了还原反应，并生成了 Fe_3P、$Ca_3Si_2O_7$ 和 $CaSiO_3$ 等物质。当还原时间增加至 60min 时，XRD 图谱中并未出现新的衍射峰，且 Fe_3P、$Ca_3Si_2O_7$ 和 $CaSiO_3$ 的衍射峰的相对强度的增加幅度不明显，结合氟磷灰石的还原度与时间的关系曲线可知，当添加剂为二氧化硅和氧化铁时，氟磷灰石的还原反应主要发生在反应前期。

7.3 高磷铁矿石深度还原过程中磷灰石的反应特性

7.3.1 还原条件对磷灰石还原度的影响

在还原温度为 1473~1548K、C 与 O 摩尔比为 1.0~2.5 和还原时间为 10~60min 条件下，对高磷鲕状赤铁矿进行深度还原试验，依据式（7-1）计算得到磷灰石的还原度。

7.3.1.1 还原时间对磷灰石还原度的影响

深度还原过程中磷灰石的还原度随还原时间的变化曲线如图 7-33 所示。由图 7-33 可知，还原时间对磷灰石还原度的影响显著。在相同还原温度和 C 与 O

摩尔比条件下，延长还原时间有利于提高磷灰石的还原度。以还原温度为1548K、C与O摩尔比为2.0为例，随着还原时间由10min延长到60min，磷灰石的还原度由21.24%增加到82.05%。可见，为了使磷灰石达到较高的还原度，必须保证足够的还原时间。

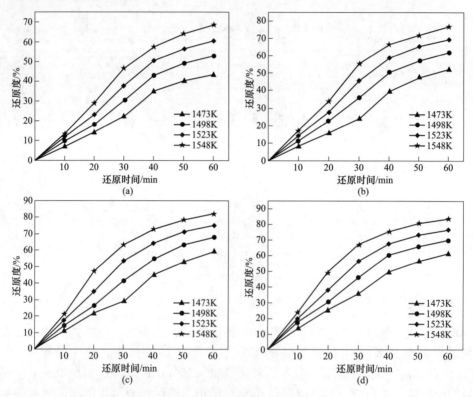

图7-33　还原条件对磷灰石还原的影响

（a）C与O摩尔比为1.0；（b）C与O摩尔比为1.5；
（c）C与O摩尔比为2.0；（d）C与O摩尔比为2.5

7.3.1.2　还原温度对磷灰石还原度的影响

由图7-33可知，还原温度同样显著影响磷灰石的还原度。整体而言，在相同还原时间和C与O摩尔比条件下，升高温度有利于提高磷灰石的还原度。为清晰展示还原温度对磷灰石还原度的影响，将C与O摩尔比为1.5、还原时间为50min时，还原温度对磷灰石还原度的影响进行整理，结果如图7-34所示。由图7-34可见，当还原温度由1473K升高到1548K，磷灰石的还原度由47.55%增加到71.89%；其中，还原温度由1473K增加到1498K时，磷灰石还原度增加幅度最大，达9.79%。这是因为，磷灰石的还原反应是吸热反应，升高温度有利于反应的正向进行。

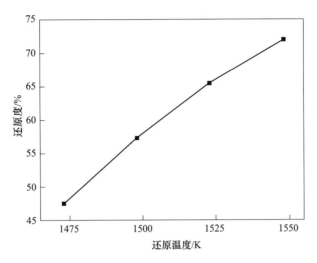

图 7-34　还原温度对磷灰石还原度的影响

7.3.1.3　C 与 O 摩尔比对磷灰石还原度的影响

为方便对比 C 与 O 摩尔比对深度还原过程中磷灰石还原度的影响，以还原温度为 1548K、还原时间为 50min 为例，总结磷灰石还原度随 C 与 O 摩尔比的变化曲线，结果如图 7-35 所示。由图 7-35 可以看出，随着 C 与 O 摩尔比的增大，磷灰石的还原度呈增加趋势，尤其是 C 与 O 摩尔比低于 2.0 时，磷灰石还原度的增加幅度最为明显。C 与 O 摩尔比由 1.0 增大到 2.0 时，磷灰石的还原度由 64.16%

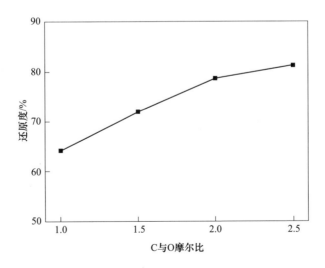

图 7-35　C 与 O 摩尔比对磷灰石还原度的影响

增加到 78.57%，增加幅度为 14.41%。继续增大 C 与 O 摩尔比至 2.5 时，磷灰石的还原度为 81.06%，增加幅度仅为 2.49%。这是因为煤粉作为磷灰石的还原剂，在一定范围内增大 C 与 O 摩尔比（即增加还原剂的用量）有利于增加磷灰石与还原剂的接触面积，进而促进反应的进行。而过量的还原剂对增加磷灰石还原度的效果不再明显。

7.3.2　磷灰石还原过程动力学分析

高磷鲕状赤铁矿深度还原过程中磷灰石还原的动力学研究未见报道，但其可借鉴低品位磷矿石还原的动力学结果[10~13]。张进荣[11]针对英坪磷矿进行了动力学研究，认为该矿石中磷灰石的还原反应为零级反应，并确定反应的表观活化能为 225.72kJ/mol。李茜等人[12,13]对宜昌磷矿熔融还原过程磷灰石的还原开展了较详细的动力学研究，结果表明：该反应为一级反应，随着矿石碱度由 0.9 增大到 1.3，反应的表观活化能由 131.18kJ/mol 增加到 148.61kJ/mol。

采用常用的级数反应速率式对高磷鲕状赤铁矿深度还原过程中磷灰石的还原反应进行动力学分析，级数反应速率表达式为：

$$\frac{\mathrm{d}\alpha}{\mathrm{d}t} = k \left(1 - \alpha\right)^n \tag{7-3}$$

式中，α 为磷灰石的还原度，%；t 为还原时间，min；k 为反应速率常数，min^{-1}；n 为反应级数。

将不同还原温度、不同 C 与 O 摩尔比条件下，磷灰石的还原度和还原时间带入式（7-3）。通过尝试法，对 $\dfrac{\mathrm{d}\alpha}{(1 - \alpha)^n}$ 和还原时间进行线性拟合，能够使拟合效果最佳的 n 值即为高磷鲕状赤铁矿深度还原过程中磷灰石还原的反应级数。在此基础上，依据最小二乘法进行线性回归，可确定不同还原条件下的反应速率常数。基于 Arrhenius 公式，可确定磷灰石还原反应的表观活化能和指前因子。

7.3.2.1　机理函数的确定

将磷灰石还原度和时间数据带入式（7-3）中，对高磷鲕状赤铁矿深度还原过程中磷灰石还原动力学进行解析，以确定磷灰石还原的机理函数与表观反应速率。用尝试法确定 $\ln \dfrac{1}{1 - \alpha}$ 与时间关系曲线线性最佳，拟合曲线如图 7-36 所示。相应的表观反应速率及线性相关系数见表 7-3。

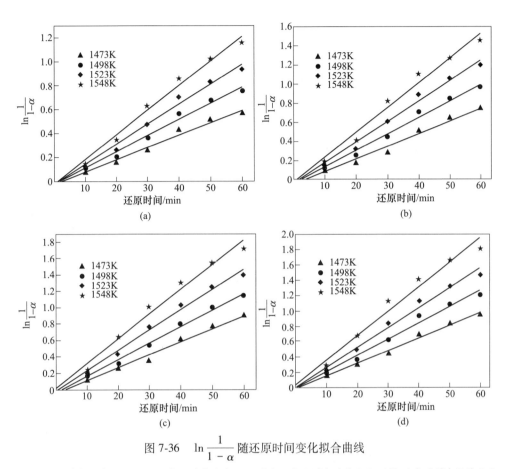

图 7-36　$\ln\dfrac{1}{1-\alpha}$ 随还原时间变化拟合曲线

（a）C 与 O 摩尔比为 1.0；（b）C 与 O 摩尔比为 1.5；（c）C 与 O 摩尔比为 2.0；（d）C 与 O 摩尔比为 2.5

表 7-3　磷灰石还原反应的机理函数及反应速率常数

C 与 O 摩尔比	温度/K	机理函数	反应速率常数/min⁻¹	相关系数
	1473		0.0102	0.9786
1.0	1498	$\dfrac{d\alpha}{dt} = k(1-\alpha)$	0.0135	0.9848
	1523		0.0166	0.9858
	1548		0.0205	0.9889
	1473		0.0131	0.9740
1.5	1498	$\dfrac{d\alpha}{dt} = k(1-\alpha)$	0.0172	0.9858
	1523		0.0213	0.9860
	1548		0.0258	0.9838

C 与 O 摩尔比	温度 /K	机理函数	反应速率常数 /min^{-1}	相关系数
2.0	1473	$\dfrac{\mathrm{d}\alpha}{\mathrm{d}t} = k(1-\alpha)$	0.0155	0.9824
	1498		0.0200	0.9903
	1523		0.0247	0.9883
	1548		0.0301	0.9847
2.5	1473	$\dfrac{\mathrm{d}\alpha}{\mathrm{d}t} = k(1-\alpha)$	0.0165	0.9925
	1498		0.0213	0.9854
	1523		0.0259	0.9844
	1548		0.0319	0.9773

由图 7-36 的拟合曲线和表 7-3 中的线性相关系数可知，在不同的还原温度和 C 与 O 摩尔比条件下，$\ln\dfrac{1}{1-\alpha}$ 与时间拟合曲线线性较好，相关系数均达到 0.97 以上，符合一级反应特征。因此，可认为高磷鲕状赤铁矿深度还原过程中磷灰石还原为一级反应。此外，还原温度和 C 与 O 摩尔比对磷灰石还原反应速率的影响显著，随还原温度的升高或 C 与 O 摩尔比的增大，磷灰石的反应速率呈增加趋势。以 C 与 O 摩尔比为 2.0 为例，还原温度由 1473K 升高到 1548K 时，反应速率由 0.0155min^{-1} 增加到 0.0301min^{-1}。当还原温度为 1523K 时，C 与 O 摩尔比由 1.0 增大到 2.5，反应速率由 0.0166min^{-1} 增加到 0.0259min^{-1}。

7.3.2.2　动力学参数的求解

将表 7-3 中的反应速率常数和还原温度值带入 Arrhenius 公式，以确定磷灰石还原的动力学参数。$\ln k$ 与 $\dfrac{1}{T}$ 的拟合曲线如图 7-37 所示，由图可见 $\ln k$ 与 $\dfrac{1}{T}$ 拟合曲线的线性关系良好。依据图 7-37 中拟合曲线的斜率和截距，计算出磷灰石还原的表观活化能和指前因子见表 7-4。由表 7-4 可以看出，随着 C 与 O 摩尔比由 1.0 增加到 2.5，磷灰石还原的表观活化能和指前因子有降低的趋势，但降幅不大。磷灰石还原反应的表观活化能和指前因子在 C 与 O 摩尔比为 1.0 时分别为 174.19kJ/mol 和 15677.78min^{-1}，而在 C 与 O 摩尔比为 2.5 时分别为 164.62kJ/mol 和 11498.82min^{-1}。

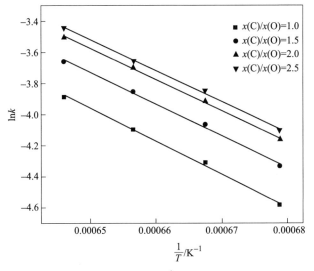

图 7-37 $\ln k$ 与 $\dfrac{1}{T}$ 拟合曲线

表 7-4 磷灰石还原动力学参数

C 与 O 摩尔比	$E/\mathrm{kJ}\cdot\mathrm{mol}^{-1}$	A/min^{-1}	k	R^2
1.0	174.19	15677.78	$k=15677.78\exp\left(\dfrac{-174.19\times10^3}{RT}\right)$	0.9953
1.5	170.06	14328.42	$k=14328.42\exp\left(\dfrac{-170.06\times10^3}{RT}\right)$	0.9933
2.0	165.55	12708.17	$k=12708.17\exp\left(\dfrac{-166.55\times10^3}{RT}\right)$	0.9970
2.5	164.62	11498.82	$k=11498.82\exp\left(\dfrac{-164.62\times10^3}{RT}\right)$	0.9970

参 考 文 献

[1] 冀成庆. 基于 CaO-SiO₂-Fe₁O-Na₂O(-Al₂O₃) 渣系的中高磷铁水脱磷的动力学研究[D]. 重庆：重庆大学, 2010.

[2] Grabke H J. Grain boundary segregation of impurities in iron and effects on steel properties [J]. Mater. Eng. ISIJ, 1999, 15 (13)：143~192.

[3] 韩跃新, 任多振, 孙永升, 等. 高磷鲕状赤铁矿深度还原过程中磷的迁移规律研究 [J].

钢铁，2013，48（7）：1~5.

[4] Sun Y S, Han Y X, Gao P. Recovery of iron from high phosphorus oolitic iron ore using coal-based reduction followed by magnetic separation [J]. International Journal ofminerals, Metallurgy and Materials, 2013, 20 (5)：411~419.

[5] 孙永升，韩跃新，包士雷，等. 鲕状赤铁矿深度还原矿组成特性及磁选试验研究 [J]. 现代矿业，2010 (7)：26~29.

[6] Yu W, Sun T C, Kou J. The function of $Ca(OH)_2$ and Na_2CO_3 as additive on the reduction of high-phosphorus oolitic hematite-coal mixed pellets [J]. ISIJ International, 2013, 53 (3)：427~433.

[7] Li Y L, Sun T C, Kou J, et al. Study on phosphorus removal of high-phosphorus oolitic hematite by coal-based direct reduction and magnetic separation [J]. mineral Processing and Extractive Metallurgy Review, 2014, 35 (1)：66~73.

[8] Xu C Y, Sun T C, Kou J. Mechanism of phosphorus removal in beneficiation of high phosphorous oolitic hematite by direct reduction roasting with dephosphorization agent [J]. Trans. Nonferrous Met. Soc. China, 2012, 22 (11)：2806~2812.

[9] Yu W, Sun T C, Cui Q. Can sodium sulfate be used as an additive for the reduction roasting of high-phosphorus oolitic hematite ore? [J]. International Journal of Mineral Processing, 2014, 133：119~122.

[10] 江礼科，邱礼有，梁斌. 氟磷灰石热碳固态还原反应机理 [J]. 成都科技大学学报，1995，82 (1)：1~4.

[11] 张进荣. 磷矿石还原机理研究 [D]. 北京：中国科学院化工冶金研究所，1984.

[12] 李茜，胡彪，吴元欣，等. 固态碳熔融还原磷矿反应动力学 [J]. 化工学报，2013，41 (4)：53~56.

[13] 李茜，胡彪，吴元欣，等. 熔融法还原中低品位磷矿的工艺及动力学 [J]. 高等化学工程学报，2014，28 (4)：905~910.

8 深度还原过程中磷元素的富集迁移规律

磷矿物还原反应热力学和还原反应行为均表明,含磷铁矿石深度还原过程中磷矿物发生还原反应,生成单质磷。部分单质磷在金属相中富集,导致金属相中有害元素磷含量偏高。要想减少金属相中磷元素的含量,可以从两方面着手:一是抑制深度还原过程中磷矿物还原反应的发生;二是控制还原生成的单质磷在金属相中的富集。可见深度还原过程中磷矿物反应特性及磷元素迁移机制是磷走向调控的关键科学问题。关于深度还原过程中磷矿物的还原反应规律第 7 章已进行了详细论述,本章论述深度还原过程中磷元素的富集迁移规律。

相关科研工作者针对深度还原过程中磷元素的分布规律及迁移机制开展了探索。Li 等人[1]研究了鲕状赤铁矿深度还原过程中磷元素的赋存状态和分布规律,结果表明:磷元素存在于 α-Fe 和 Fe_3P 金属相中;金属相中磷的含量从边缘到中心逐渐递减。Cha 等人[2]采用电子探针显微分析仪研究了高磷铁矿石深度还原过程中磷元素的分布行为,结果表明:还原温度相对较低时,因羟基磷灰石未发生还原,磷主要存于脉石相中;还原温度相对较高时,羟基磷灰石被还原为 P_2,并以 Fe-P 相的形式在金属相中富集。然而,人们关于深度还原过程中磷元素在各相间的分布规律、磷元素的相际迁移路径及驱动机理等尚未开展系统工作。因此,我们选取高磷鲕状赤铁矿石这一典型的复杂难选含磷铁矿石为原料,围绕深度还原过程中磷元素的迁移机制开展深入研究。

8.1 研究方法

8.1.1 磷在各相间分布率计算

深度还原过程中矿石中部分磷矿物被还原为磷单质。由于还原体系为非封闭体系,因此部分还原的磷单质挥发进入气相,部分磷单质迁移进入铁相。未还原的胶磷矿及尚未迁移或挥发的磷赋存于渣相中。以上分析表明还原后的磷分布于金属相、气相、渣相中。磷在深度还原过程中的分布规律研究主要包括两方面的内容:一是磷在金属相及渣相中的含量;二是磷在金属相、气相、渣相中的分布率。

采用化学分析的方法测定还原物料中金属相，以及金属相和渣相中磷的含量。还原物料中金属相的含量由化学滴定分析法确定，金属相和渣相中磷的含量分别由分光光度测定法和 X 射线荧光光谱法测定。依据化学分析的结果，进一步分别计算出金属相和渣相中磷的分布率。然后，根据质量守恒定律计算出气相中磷的分布情况。磷在金属相、渣相、气相中的分布率分别由式（8-1）~式(8-3)进行计算。

$$P_{dm} = \frac{P_m \times m_m}{P_0 \times m_0} \times 100\% \tag{8-1}$$

$$P_{ds} = \frac{P_s \times m_s}{P_0 \times m_0} \times 100\% \tag{8-2}$$

$$P_{dg} = 100 - P_{dm} - P_{ds} \tag{8-3}$$

式中，P_{dm} 为磷在金属相中的分布率，%；P_m 为金属相中磷的含量，%；m_m 为还原样品中金属相的质量，g；P_0 为矿样中磷的含量，%；m_0 为还原前样品中混入矿石的质量，g；P_{ds} 为磷在渣相中的分布率，%；P_s 为渣相中磷的含量，%；m_s 为还原样品中渣相的质量，g；P_{dg} 为磷在气相中的分布率，%。

8.1.2　磷相际迁移微观检测

高磷鲕状赤铁矿石深度还原过程中磷在各相间的富集机理及迁移动力学是实现磷走向控制的核心问题。从微观角度查明磷的富集迁移规律、确定磷迁移路径及机理、建立磷迁移动力学模型具有重要理论意义。

采用电子探针显微分析技术（EPMA）对不同还原温度和时间条件下还原物料金属颗粒内部、外部及表面磷含量的分布情况进行检测。在此基础上，分析磷在深度还原过程中由渣相向金属相的富集行为，并建立磷富集的动力学模型。

还原样品的微区成分检测在日本电子株式会社生产的 JEOL JXA-8530F 型场发射电子探针分析仪上完成，检测过程如图 8-1 所示。首先，将制备得到的还原物料镶嵌固定在环氧树脂上，抛光制得光片。然后，采用 FESEM 在光片中找到目标区域（即金属相），利用 WDS 在金属相外部（即渣相内部）和内部打点测定磷的含量。最后，以磷含量为 Y 轴，距离为 X 轴，金属相和渣相界面为原点作图（金属相内部为正，渣相内部为负），表示各相中磷的浓度变化，以此来分析磷相际迁移规律。

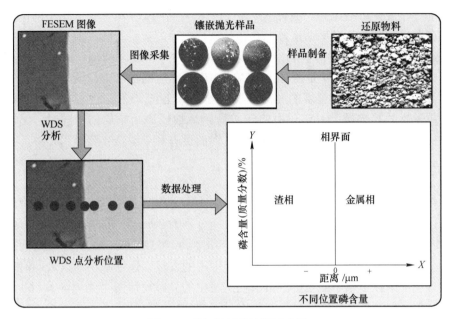

图 8-1 磷相际迁移检测示意图

8.2 磷在各相间的分布规律

8.2.1 还原温度的影响

在固定还原时间为 50min、C 与 O 摩尔比为 2.5 的试验条件下，研究还原温度对还原过程中磷分布规律的影响。还原温度分别为 1448K、1473K、1498K、1523K 和 1548K，试验结果如图 8-2 所示。由图 8-2 可知，还原温度对还原过程

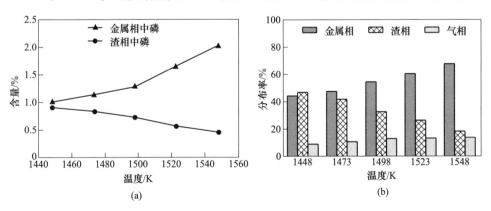

图 8-2 还原温度对磷分布规律的影响

（a）磷的含量；（b）磷的分布率

中磷的分布规律影响显著。随着温度由 1448K 升高到 1548K，金属相中磷的含量及磷在金属相中的分布率迅速地上升，而渣相中磷的含量及磷在渣相中的分布率则迅速地下降。磷在气相中的分布率随着温度的升高逐渐增加，并在温度达到 1523K 之后趋于稳定。这是因为：由磷酸盐还原反应的标准吉布斯自由能随温度的变化关系可知，随着温度的升高，反应的 $\Delta G^{\ominus}$ 逐渐降低，这表明温度越高这些反应发生的趋势越大，矿石中的磷矿物越易被还原为单质磷；同时，温度越高，分子之间的无规则热运动也越剧烈，因而更有利于磷迁移到金属相中。

8.2.2 还原时间的影响

在设定还原温度为 1523K、C 与 O 摩尔比为 2.5 的条件下，研究还原时间对还原过程中磷的分布规律的影响。还原时间分别为 30min、40min、50min、60min 和 70min，试验结果如图 8-3 所示。由图 8-3（a）可以看到，随着还原时间的延长，金属相中磷的含量逐渐增加，而渣相中磷的含量则逐渐减小，这表明时间越长越有利于磷在金属中的富集。由磷在三相中的分布规律图（见图 8-3（b））可知，磷在金属相及气相中的分布率随着时间的延长逐渐升高，而在渣相中的分布率则逐渐下降。这一变化规律与磷在金属相及渣相中含量的变化趋势一致。当还原时间为 70min 时，金属相中的磷含量可达 2.14%，渣相中磷含量为 0.314%，磷在金属相及渣相中的分布率分别为 70.08% 和 16.21%。这是因为：从动力学角度来说，还原时间越长，就会有越多的磷矿物被还原为单质磷，进而有较多的磷能够迁移进入金属相并逐渐富集。

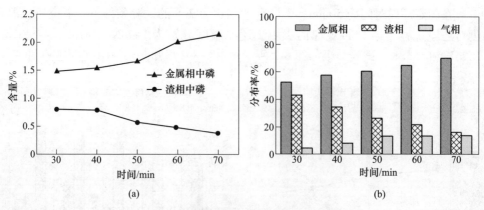

图 8-3 还原时间对磷分布规律的影响

（a）磷的含量；（b）磷的分布率

8.2.3 C 与 O 摩尔比的影响

在固定还原温度为 1523K、还原时间为 50min 的条件下，研究 C 与 O 摩尔比

对还原过程中磷的分布规律的影响。C 与 O 摩尔比分别为 1.0、1.5、2.0、2.5
和 3.0，试验结果如图 8-4 所示。由图 8-4 可以发现，还原剂的添加量对还原过
程中磷的分布规律具有明显的影响。金属相中磷的含量随着 C 与 O 摩尔比的增
加逐渐升高，但在 C 与 O 摩尔比超过 2.0 后，又逐渐下降。磷在金属相中的分布
率随 C 与 O 摩尔比的变化规律与金属相中磷含量的变化规律相吻合。磷在渣相
中的含量及分布率随着 C 与 O 摩尔比的增加迅速降低，当 C 与 O 摩尔比大于 2.0
时，降低幅度变小。磷在气相中的分布率始终随着 C 与 O 摩尔比的增加而升高。
随着 C 与 O 摩尔比的增大，碳与磷矿物的接触面积增加，促进了磷还原反应的
正向进行，更加有利于磷的还原，因此金属相中磷的含量和分布率均呈现出升高
趋势。但是，当 C 与 O 摩尔比过大时，由于部分未反应完全的残碳的存在，一
方面直接减小了磷与金属铁的相对接触面积；另一方面也阻碍了金属铁颗粒的长
大，这在某种程度上减小了单质磷和铁颗粒接触的机会，导致部分磷难以进入金
属相；同时随着 C 与 O 摩尔比的增加，还原剂中挥发分含量增多，更多的磷单
质挥发进入气相。

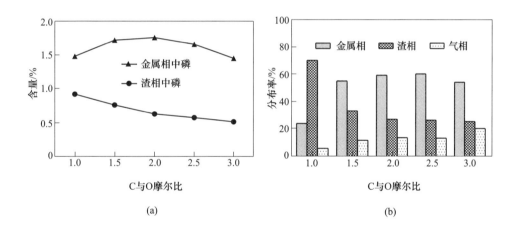

图 8-4　C 与 O 摩尔比对磷分布规律的影响

(a) 磷的含量；(b) 磷的分布率

8.3　磷在金属相富集过程动力学

8.3.1　还原条件对金属相中磷富集的影响

在还原温度为 1473~1548K、C 与 O 摩尔比为 1.0~2.5 的条件下，高磷鲕状
赤铁矿深度还原金属相中磷含量随还原时间的变化曲线如图 8-5 所示，磷的分布
率如图 8-6 所示。

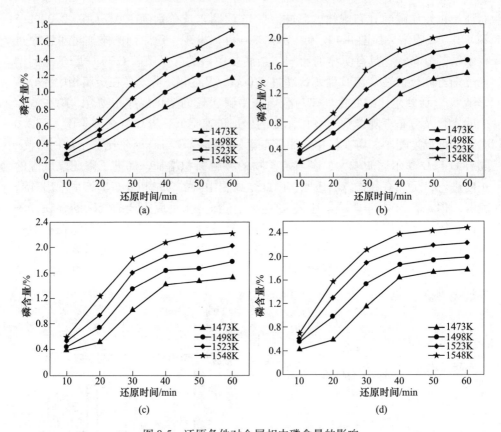

图 8-5　还原条件对金属相中磷含量的影响

(a) C 与 O 摩尔比为 1.0；(b) C 与 O 摩尔比为 1.5；(c) C 与 O 摩尔比为 2.0；(d) C 与 O 摩尔比为 2.5

8.3.1.1　还原时间对金属相中磷含量和分布率的影响

由图 8-5 和图 8-6 可知，还原时间明显影响磷向金属相的迁移富集，在相同还原温度和 C 与 O 摩尔比的条件下，延长还原时间可提高金属相中的磷含量和磷分布率。以还原温度为 1523K、C 与 O 摩尔比为 2.0 为例，当还原时间由 10min 延长至 60min，金属相中磷含量和分布率分别由 0.53% 和 9.28% 增加到 2.02% 和 64.67%。这是因为，延长还原时间在促进磷灰石还原为单质磷的同时也使得单质磷向金属相迁移进行得更加充分。

8.3.1.2　还原温度对金属相中磷含量和分布率的影响

由图 8-5 和图 8-6 还可以看出，还原温度对磷向金属相迁移富集的影响同样显著，在相同还原时间和 C 与 O 摩尔比的条件下，金属相中的磷含量和磷分布率随还原温度升高呈增加趋势。为清晰展示还原温度的影响，将还原时间为

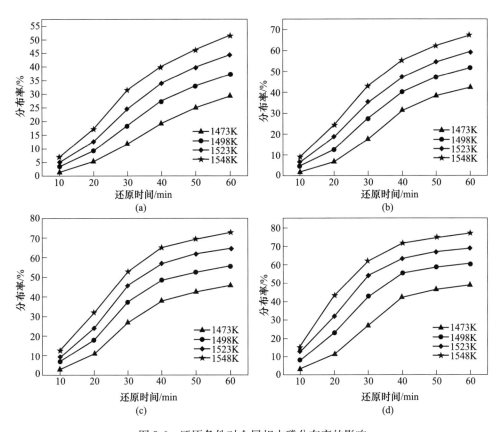

图 8-6 还原条件对金属相中磷分布率的影响

（a）C 与 O 摩尔比为 1.0；（b）C 与 O 摩尔比为 1.5；（c）C 与 O 摩尔比为 2.0；（d）C 与 O 摩尔比为 2.5

50min、C 与 O 摩尔比为 2.0 时，金属相中磷的变化规律整理为图8-7。由图 8-7

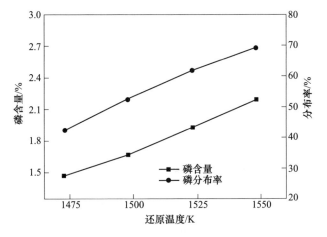

图 8-7 还原温度对磷迁移富集的影响

可见，随着还原温度由 1473K 升高至 1548K，金属相的磷含量由 1.47%增加到 2.19%，相应的磷分布率由 42.34%增加到 69.33%。这是因为，升高温度有利于磷灰石还原为单质磷。同时，高温条件下，分子热运动更加剧烈，这促进了单质磷向金属相的迁移富集。

8.3.1.3 C 与 O 摩尔比对金属相中磷含量和分布率的影响

为清晰展示 C 与 O 摩尔比对磷富集的影响，将还原温度为 1523K、还原时间为 40min 时，C 与 O 摩尔比对金属相中磷含量和磷分布率的影响总结为图 8-8。由图 8-8 可以看出，增大 C 与 O 摩尔比有利于磷向金属相的迁移富集，在相同还原温度和还原时间的条件下，金属相中磷含量随 C 与 O 摩尔比的增大而增加。随着 C 与 O 摩尔比由 1.0 增大到 2.5，金属相中磷含量和分布率分别由 1.21%和 33.98%增加到 2.11%和 63.46%。这是因为，煤粉中的碳及其气化生成的 CO 作为磷灰石和铁氧化物的还原剂，增大 C 与 O 摩尔比，有利于还原反应正向进行，同时增加了单质磷和金属铁的生成量，为磷迁移创造了条件，从而促进了磷向金属相的富集。

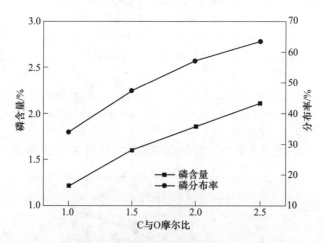

图 8-8 C 与 O 摩尔比对磷迁移富集的影响

8.3.2 磷在金属相富集的动力学机理函数

采用积分法对高磷鲕状赤铁矿深度还原过程中磷在金属相迁移富集的动力学进行解析[3]。首先，将磷的分布率代入常用的动力学机理函数 $G(\alpha)$ 中，确定相应的 $G(\alpha)$ 值。然后，对 $G(\alpha)$ 与反应时间作图并进行线性拟合，拟合曲线线性最佳的 $G(\alpha)$ 即为高磷鲕状赤铁矿深度还原过程中磷向金属相富集的适宜机理函数，该曲线的斜率即为反应速率常数。将反应速率常数和还原温度数值代入 Arrhenius 公式，可获得相应的表观反应活化能和指前因子。

依据图 8-6 中磷分布率随时间的变化曲线可知，在还原时间由 10min 增加到 40min 的过程中，磷分布率快速增加；还原时间由 40min 增加到 60min 时，磷分布率增加幅度明显变缓。据此，磷向金属相富集的过程可分为前期和后期两个阶段研究。

8.3.2.1 磷富集前期机理函数

根据线性拟合结果，在 C 与 O 摩尔比为 1.0~2.5 的条件下，磷富集前期最适宜的机理函数为 $G(\alpha) = 1 - (1 - \alpha)^{1/3}$，拟合曲线如图 8-9 所示，相应的反应速率常数和线性相关系数见表 8-1。由图 8-9 可以看出，磷富集后期 $G(\alpha)$ 与还原时间的线性关系不佳，这表明将磷的富集过程分为前期和后期两个阶段是合理的。由表 8-1 中的线性相关系数可知，磷富集前期拟合曲线的线性较好，反应的限制性环节为界面化学反应。此外，在相同还原温度条件下，增大 C 与 O 摩尔比有利于增加磷迁移富集前期的表观速率常数。以还原温度为 1523K 为例，随着 C 与 O 摩尔比由 1.0 增大到 2.5，表观反应速率常数由 0.0038min⁻¹ 增加到 0.0083min⁻¹。在相同 C 与 O 摩尔比条件下，升高还原温度同样有利于增加磷迁移富集前期的表观速率常数。以 C 与 O 摩尔比为 2.0 为例，还原温度由 1473K 上升到 1548K 时，反应速率常数由 0.0047min⁻¹ 增加到 0.0086min⁻¹。

表 8-1 磷迁移富集反应前期的机理函数及反应速率常数

C 与 O 摩尔比	温度 /K	磷分布率 /%	机理函数 $G(\alpha)$	反应速率常数 k/min^{-1}	相关系数 R^2
1.0	1473	1.36~19.21	$G(\alpha) = 1 - (1 - \alpha)^{1/3}$	0.0022	0.9674
	1498	3.38~27.41		0.0030	0.9799
	1523	4.97~33.98		0.0038	0.9871
	1548	6.97~40.13		0.0046	0.9898
1.5	1473	1.97~31.32	$G(\alpha) = 1 - (1 - \alpha)^{1/3}$	0.0037	0.9203
	1498	4.74~40.22		0.0048	0.9673
	1523	6.60~47.37		0.0058	0.9904
	1548	9.17~55.22		0.0069	0.9937
2.0	1473	2.99~37.96	$G(\alpha) = 1 - (1 - \alpha)^{1/3}$	0.0047	0.9723
	1498	7.04~48.48		0.0060	0.9775
	1523	9.28~57.14		0.0074	0.9838
	1548	12.62~65.10		0.0086	0.9944

C 与 O 摩尔比	温度 /K	磷分布率 /%	机理函数 $G(\alpha)$	反应速率常数 k/min^{-1}	相关系数 R^2
2.5	1473	3.38~42.42	$G(\alpha) = 1 - (1 - \alpha)^{1/3}$	0.0053	0.9541
	1498	8.25~55.38		0.0071	0.9904
	1523	12.74~63.46		0.0083	0.9807
	1548	15.57~71.70		0.0097	0.9791

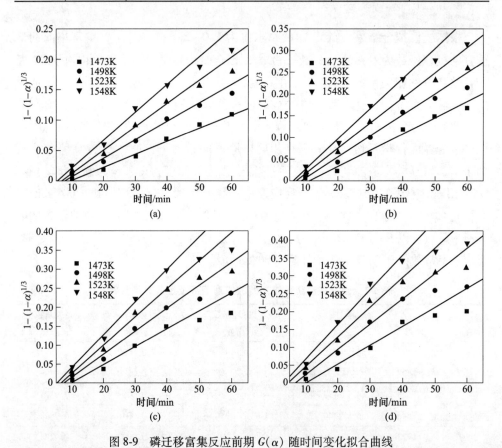

图 8-9　磷迁移富集反应前期 $G(\alpha)$ 随时间变化拟合曲线

(a) C 与 O 摩尔比为 1.0；(b) C 与 O 摩尔比为 1.5；(c) C 与 O 摩尔比为 2.0；(d) C 与 O 摩尔比为 2.5

8.3.2.2　磷富集后期机理函数

根据线性拟合结果，磷迁移富集后期最适宜的机理函数为 $G(\alpha) = 1 - \dfrac{2}{3}\alpha - (1 - \alpha)^{2/3}$，拟合曲线如图 8-10 所示，相应的反应速率常数和线性相关系数见表 8-2。

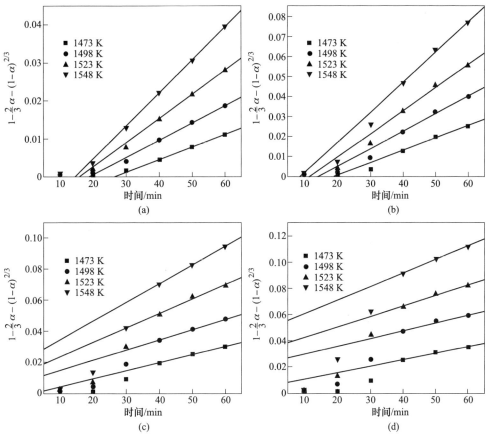

图 8-10 磷富集反应后期 $G(\alpha)$ 随时间变化拟合曲线

（a）C 与 O 摩尔比为 1.0；（b）C 与 O 摩尔比为 1.5；

（c）C 与 O 摩尔比为 2.0；（d）C 与 O 摩尔比为 2.5

由图 8-10 可见，磷富集前期 $G(\alpha)$ 与还原时间的线性关系不佳，这再次证明了磷的富集过程分为前期和后期两个阶段的合理性。由表 8-2 中的相关系数可知，磷富集后期拟合曲线的线性较好，反应的限制性环节为三维扩散。此外，在相同 C 与 O 摩尔比条件下，随着还原温度的升高，磷迁移富集后期的反应速率常数呈增加趋势。以 C 与 O 摩尔比为 2.0 为例，还原温度由 1473K 升高到 1548K 时，反应速率常数由 0.00052min^{-1} 增加到 0.00121min^{-1}。在相同温度条件下，C 与 O 摩尔比由 1.0 增大到 1.5，反应速率常数有所增加，但继续增大 C 与 O 摩尔比，反应速率常数则呈下降趋势。以还原温度为 1523K 为例，C 与 O 摩尔比分别为 1.0、1.5、2.0 和 2.5 时，相应的表观反应速率常数分别为 0.00064min^{-1}、0.00115min^{-1}、0.00092min^{-1} 和 0.00080min^{-1}。相比于前期，磷迁移富集后期的反应速率常数明显减小。这与 8.4.1 节中试验结果显示的磷迁移富集前期分布率快速增加、后期分布率增加缓慢相符。

表 8-2　磷迁移富集反应后期的机理函数及反应速率常数

C 与 O 摩尔比	温度 /K	磷分布率 /%	机理函数 $G(\alpha)$	反应速率常数 k/min^{-1}	相关系数 R^2
1.0	1473	19.21~29.38	$G(\alpha) = 1 - \dfrac{2}{3}\alpha -$ $(1-\alpha)^{2/3}$	0.00033	0.9997
	1498	27.41~37.23		0.00046	0.9989
	1523	33.98~44.51		0.00064	0.9994
	1548	40.13~51.62		0.00087	0.9997
1.5	1473	31.32~42.38	$G(\alpha) = 1 - \dfrac{2}{3}\alpha -$ $(1-\alpha)^{2/3}$	0.00061	0.9839
	1498	40.22~51.60		0.00087	0.9895
	1523	47.37~59.25		0.00115	0.9898
	1548	55.22~67.29		0.00154	0.9980
2.0	1473	37.96~45.80	$G(\alpha) = 1 - \dfrac{2}{3}\alpha -$ $(1-\alpha)^{2/3}$	0.00052	0.9984
	1498	48.48~55.58		0.00066	0.9929
	1523	57.14~64.67		0.00092	0.9982
	1548	65.10~72.68		0.00121	0.9981
2.5	1473	42.42~48.94	$G(\alpha) = 1 - \dfrac{2}{3}\alpha -$ $(1-\alpha)^{2/3}$	0.00049	0.9612
	1498	55.38~60.64		0.00059	0.9491
	1523	63.46~68.99		0.00080	0.9680
	1548	71.70~77.07		0.00103	0.9898

8.3.3　动力学参数求解

　　将表 8-1 和表 8-2 中不同 C 与 O 摩尔比条件下的反应速率常数和还原温度代入 Arrhenius 公式。磷迁移富集前期和后期的 $\ln k$ 与 $1/T$ 拟合曲线分别如图 8-11 和图 8-12 所示，相应的反应表观活化能和指前因子见表 8-3。由图 8-11 和图 8-12

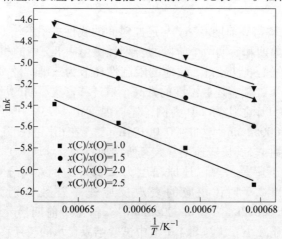

图 8-11　磷富集前期 $\ln k$ 与 $1/T$ 拟合曲线

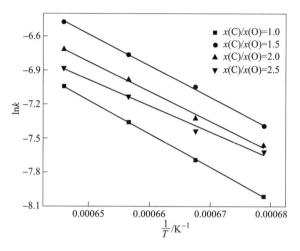

图 8-12　磷富集后期 $\ln k$ 与 $1/T$ 拟合曲线

中曲线拟合形状以及表 8-3 中线性相关系数可知，不同 C 与 O 摩尔比条件下，磷富集前期和后期 $\ln k$ 与 $1/T$ 拟合曲线的线性较好。随着 C 与 O 摩尔比的增大，反应的表观活化能和指前因子整体呈现出降低的趋势。在磷富集反应前期，随着 C 与 O 摩尔比由 1.0 增加到 2.0，表观活化能由 189.69kJ/mol 减小到 151.33kJ/mol，指前因子由 11926.88min^{-1} 减小到 1119.67min^{-1}；进一步增加 C 与 O 摩尔比至 2.5，反应的表观活化能和指前因子变化不大。磷迁移富集反应后期，随着 C 与 O 摩尔比由 1.0 增加到 2.5，反应的表观活化能和指前因子分别由 245.87kJ/mol 和 172818.99min^{-1} 减小到 191.88kJ/mol 和 3041.18min^{-1}。此外，在相同 C 与 O 摩尔比条件下，磷富集反应后期的表观活化能和指前因子均明显高于前期。以 C 与 O 摩尔比 2.0 为例，反应后期的表观活化能和指前因子分别为 218.14kJ/mol 和 27722.51min^{-1}，而反应前期的表观活化能和指前因子为 151.33kJ/mol 和 1119.67min^{-1}。

表 8-3　深度还原过程中磷迁移富集的动力学参数

阶段	C 与 O 摩尔比	反应速率常数 k/min^{-1}	相关系数 R^2
前期	1.0	$k = 11926.88\exp\left(\dfrac{-189.69 \times 10^3}{RT}\right)$	0.9729
	1.5	$k = 1219.04\exp\left(\dfrac{-155.28 \times 10^3}{RT}\right)$	0.9902
	2.0	$k = 1119.67\exp\left(\dfrac{-151.33 \times 10^3}{RT}\right)$	0.9869
	2.5	$k = 1125.07\exp\left(\dfrac{-149.77 \times 10^3}{RT}\right)$	0.9655

阶段	C 与 O 摩尔比	反应速率常数 k/min^{-1}	相关系数 R^2
后期	1.0	$k = 172818.99\exp\left(\dfrac{-245.87 \times 10^3}{RT}\right)$	0.9997
	1.5	$k = 97733.53\exp\left(\dfrac{-231.22 \times 10^3}{RT}\right)$	0.9983
	2.0	$k = 27722.51\exp\left(\dfrac{-218.14 \times 10^3}{RT}\right)$	0.9918
	2.5	$k = 3041.18\exp\left(\dfrac{-191.88 \times 10^3}{RT}\right)$	0.9836

8.4 磷在金属相和渣相中的赋存状态

8.4.1 磷在金属相中的赋存状态

根据 Fe-P 二元相图可以发现，金属铁与磷可以形成 FeP、Fe_2P、Fe_3P 三种化合物。由此可以推断，在深度还原过程中，还原产生的单质磷与金属铁可能发生的化学反应如下：

$$Fe + 1/2P_2(g) =\!=\!= FeP \tag{8-4}$$

$$2Fe + 1/2P_2(g) =\!=\!= Fe_2P \tag{8-5}$$

$$3Fe + 1/2P_2(g) =\!=\!= Fe_3P \tag{8-6}$$

利用 HSC Chemistry 6.0 热力学计算软件对上述反应的标准吉布斯自由能变进行计算，结果如图 8-13 所示。由图可以发现，从热力学角度讲，在深度还原过程中，FeP、Fe_2P 和 Fe_3P 三种化合物都有可能生成，并且非常容易生成。理论上最容易生成的物质是 Fe_3P，其次是 Fe_2P，最后是 FeP。同时，在 $Ca_3(PO_4)_2$-SiO_2-Fe_2O_3-C 体系还原样品中也检测到了 FeP、Fe_2P、Fe_3P 三种物质的存在。上述结果表明，还原过程中磷灰石还原生成的单质磷确实与金属铁发生反应形成 FeP、Fe_2P、Fe_3P 化合物，磷在金属相中可能以铁-磷化合物的形式存在。

然而，上述推论仅仅是基于热力学理论以及 $Ca_3(PO_4)_2$-SiO_2-Fe_2O_3-C 体系还原试验结果得出的。在 $Ca_3(PO_4)_2$-SiO_2-Fe_2O_3-C 体系中，磷灰石与赤铁矿的质量比为 1:1，而在高磷鲕状赤铁矿石中二者比例仅有 0.07:1。因此，在高磷鲕状赤铁矿石还原过程中，生成的单质磷的数量很少。在如此条件下，铁和磷究竟是否发生上述反应形成铁-磷化合物，磷究竟以何种状态赋存于金属铁中，需要进一步研究。

为了确定高磷鲕状赤铁矿石深度还原物料中的磷在金属相中的赋存状态，将高磷鲕状赤铁矿石在 1523K、C 与 O 摩尔比为 2.0 的条件下还原 60min，制得深度还原样品。采用扫描电子显微镜对样品中的金属相进行观测，同时对金属相区域进行 Fe 和 P 两种元素的面扫描分析，结果如图 8-14 所示。

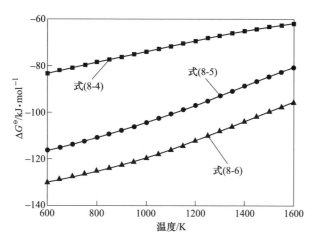

图 8-13　式（8-4）~式(8-6) 的 $\Delta G^{\ominus}$ 随温度的变化关系

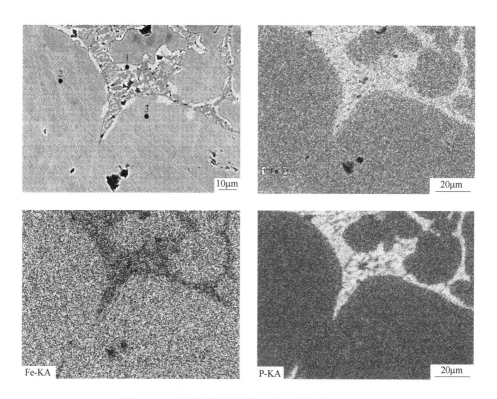

图 8-14　金属相扫描电镜照片及面扫描分析结果

从图 8-14 可以清楚地看到金属相分为浅灰色和亮灰色两部分，亮灰色区域主要集中分布在金属相边界处，这表明金属相组成并不均一。由 Fe 和 P 元素的面分布可以发现，P 元素主要集中分布在亮灰色区域，而在浅灰色区域 P 元素的分布相对分散。Fe 元素的分布规律恰好相反，较为集中地分布在浅灰色区域。这一结果表明，金属相边界处（即亮灰色区域）P 元素的含量相对较高。为了进一步明确金属相中浅灰色和亮灰色区域的物质组成，利用 EDS 能谱仪对不同区域进行微区成分定量分析，检测位置如图 8-14 中的 1、2、3 点所示，结果见表 8-4。EDS 结果表明浅灰色和亮灰色区域主要成分为 Fe，同时含有一定量的 P，并且两者磷含量相差较大。1 点位置（即亮灰色区域）Fe 的含量为 84.21%，P 的含量为 15.79%，二者的比值为 5.33，与 Fe_3P 中 Fe 和 P 的质量比（5.42）非常相近，因此可以推断亮灰色区域物质为 Fe_3P。2 点和 3 点位置（即浅灰色区域）Fe 和 P 的比值分别为 53.64、35.76，远大于 5.42，同时由 SEM 图像发现浅灰色区域内部质地均匀，并没有明显的铁-磷化合物相存在，说明该区域 P 并未与 Fe 形成化合物，P 应该是作为溶质固溶于金属铁中。

表 8-4　金属相 EDS 能谱分析结果

点	成分（质量分数）/%	
	P	Fe
1	15.79	84.21
2	1.83	98.17
3	2.72	97.28

基于上述分析可以得出，P 元素在金属相中主要以两种形式存在：一种是在金属相边界处以 Fe_3P 化合物的形式赋存，另一种则是以固溶体溶质状态分布在金属铁中。

8.4.2　磷在渣相中的赋存状态

国内外学者关于磷在钢渣中的赋存状态、迁移规律已经开展了许多深入系统的研究工作。相关研究结果表明，渣相中的 CaO-SiO_2 相是磷的富集场所，磷主要以 CaO-SiO_2-P_2O_5 固溶体的形式存在于 CaO-SiO_2 相中[4,5]。Inoue 和 Suito 研究发现，在渣相中，磷向 $2CaO \cdot SiO_2$ 颗粒转移的速率非常快，5s 内便形成了均质的 $2CaO \cdot SiO_2$-$3CaO \cdot P_2O_5$ 固溶体相[6,7]。Fukagai 等人[8]在 1573K 下研究了 CaO-SiO_2-P_2O_5 固溶体在熔渣中的形成机理，发现渣相中的 P_2O_5 迅速扩散到 $2CaO \cdot SiO_2$ 界面处，形成 CaO-SiO_2-P_2O_5 固溶体相。Yang 等人[9]研究 $2CaO \cdot SiO_2$ 颗粒与 CaO-SiO_2-FeO_x-P_2O_5 渣系界面附近 P_2O_5 分布的情况，认为 P_2O_5 在 $2CaO \cdot SiO_2$ 颗粒一定范围内富集，且温度对于 P_2O_5 的富集起积极作用。

深度还原过程中，磷矿物确实被还原为单质磷，在深度还原温度范围内，单质磷以气相形式存在。气相形式的单质磷稳定性较差，在有限氧的环境中就可以转化为氧化物。因此，单质磷在渣相中迁移时，会与体系内极少量的 CO_2 反应，形成 P_2O_5（升华温度 633K）气体，反应方程式如下：

$$P_2(g) + 5CO_2(g) \Longrightarrow P_2O_5(g) + 5CO(g) \tag{8-7}$$

利用 HSC Chemistry 6.0 热力学计算软件对上述反应的标准吉布斯自由能变进行计算，结果表明，当温度高于 1450K 时，式（8-7）的标准吉布斯自由能变开始小于 0，说明式（8-7）可以进行。矿石深度还原的温度高于或接近 1450K，由此可见还原生成的单质磷在穿越渣相时会形成 P_2O_5。由深度还原物料 XRD 图谱（见图 4-8）可知，渣相中存在 CaO-SiO_2 相，而 CaO-SiO_2 为磷的富集场所。因此，生成的 P_2O_5 会被渣相中 CaO-SiO_2 捕获，形成 CaO-SiO_2-P_2O_5 固溶体。

为了明确高磷鲕状赤铁矿石深度还原物料中的磷在渣相中的赋存状态，同样采用扫描电子显微镜对还原样品（还原温度为 1523K、还原时间为 60min、C 与 O 摩尔比为 2.0）中的渣相进行 P、Si、O、Ca 四种元素的面扫描分析，结果如图 8-15 所示。从图 8-15 可以发现渣相明显地分为灰色、深灰色、暗灰色三个区域，同时可以发现渣相中三个区域内部质地均匀，这表明渣相主要由三种物质组成。由 P、Si、O、Ca 元素的面分布可以看到，O 元素在整个扫描区域分布相对均匀；P 元素主要集中分布在灰色区域；Ca 元素集中分布在灰色区域和深灰色区域；Si 元素在整个扫描区域均有明显分布，在暗灰色区域分布最为集中，其次为深灰色区域，最次为灰色区域。元素面扫描结果表明，灰色区域为渣相中磷的富集场所。

单凭 P、Si、O、Ca 四种元素的面扫描分析，不足以判断各区域的物质成分。因此采用 EDS 能谱对渣相的微区成分进行定量分析，结果见表 8-5。EDS 定量分析表明，灰色区域由 P、Si、Ca、Al、O 五种元素组成，含量分别为 14.27%、16.84%、12.53%、54.67%、1.69%；深灰色区域由 Si、Ca、Al、O 四种元素组成，含量分别为 35.99%、4.56%、11.36%、48.09%；暗灰色区域由 Si、O 两种元素组成，含量分别为 49.63%、50.37%。将上述区域元素含量转化为氧化物的含量，则灰色区域物质组成主要为 17.54%CaO-36.09%SiO_2-32.68%P_2O_5，深灰色区域为 77.12% SiO_2-21.45% Al_2O_3-6.38% CaO，暗灰色区域为 94.44%SiO_2。由此可以得出，灰色区域为 CaO-SiO_2-P_2O_5 固溶体相，深灰色区域为 SiO_2-Al_2O_3-CaO 渣相，暗灰色区域为 SiO_2。

根据磷矿物还原热力学分析可知，矿石中的磷矿物只能被固体碳还原，并且需要 SiO_2 存在。因而矿石中的磷矿物、还原剂、二氧化硅三者之间的充分接触

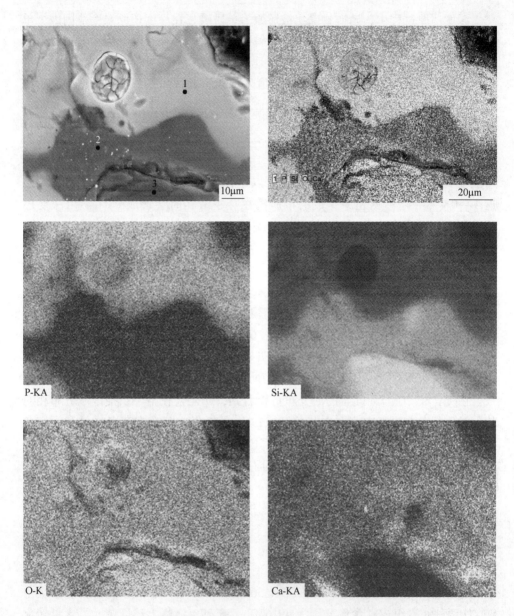

图 8-15   渣相扫描电镜照片及面扫描分析结果（还原 60min）

是实现磷矿物还原的必要条件。深度还原试验中，矿样的粒度一般破碎至 -2mm 粒级占 100%，矿样中的磷矿物嵌布粒度较细，该粒度下不可能完全解离。因此，还原过程中必然有部分磷矿物与还原剂、二氧化硅没有接触，这部分磷矿物不能被还原，仍然以磷矿物的形式存在于还原物料中。

表 8-5 渣相 EDS 能谱分析结果

点	成分（质量分数）/%				
	P	Si	O	Ca	Al
1	14.27	16.84	54.67	12.53	1.69
2	—	35.99	48.09	4.56	11.36
3	—	49.63	50.37	—	—

然而，在还原温度为 1523K、还原时间为 60min、C 与 O 摩尔比为 2.0 的条件下，还原物料渣相中并未观测到磷灰石存在。矿石中仅含有 4.26% 的磷矿物，并且在还原过程中相当一部分磷矿物被还原，尤其是还原温度较高、还原时间较长时，其还原效果更好。因此，在前述条件下渣相中没有发现磷灰石。为了确定渣相中是否有未反应的磷灰石存在，对还原温度为 1523K、还原时间为 20min、C 与 O 摩尔比为 2.0 的条件下的渣相进行 SEM-EDS 分析。图 8-16 为 SEM 和 EDS 的表征结果，从图可以清晰地看到，此时渣相中主要存在三种不同物质。EDS 能谱表明三种物质分别为磷灰石、氧化亚铁、铁橄榄石。这一结果证明了部分磷元素在渣相中以磷灰石的形式存在。

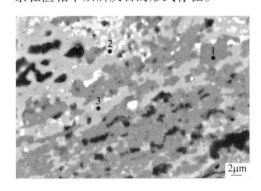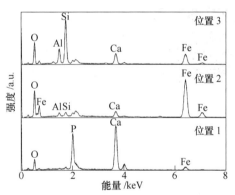

图 8-16 渣相扫描电镜照片及 EDS 能谱分析结果（还原 20min）

根据上述分析可以认为，磷在渣相中有两种赋存状态：一种是未反应完全的磷灰石；另一种是形成的 $CaO\text{-}SiO_2\text{-}P_2O_5$ 固溶体。渣相中的磷在深度还原前期主要以磷灰石的形式存在，而在还原后期主要以 $CaO\text{-}SiO_2\text{-}P_2O_5$ 固溶体的形式存在。

8.5 磷相际迁移微观机理

磷在金属相、渣相、气相中的分布规律表明，还原物料中金属相是最适宜于磷富集的区域。还原生成的单质磷经过渣相迁移进入金属相，以溶质的形式存在于金属相中。为探明磷在还原过程中的富集过程及机理，本节采用电子探针分析技术对还原物料中金属相周围不同位置磷的分布情况进行检测。基于检测结果，结合冶金过程中物质传输基本原理以及矿石深度还原体系实际情况，对磷的迁移机理进行分析。

8.5.1 磷微观迁移路径

将高磷鲕状赤铁矿石在 C 与 O 摩尔比为 2.0、还原温度为 1523K、还原时间为 40min 条件下进行还原。还原物料经镶嵌、打磨、抛光制得电子探针分析用光片。利用 JEOL JXA-8530F 型场发射电子探针对样品进行线扫描分析，线扫描位置及结果如图 8-17 所示。

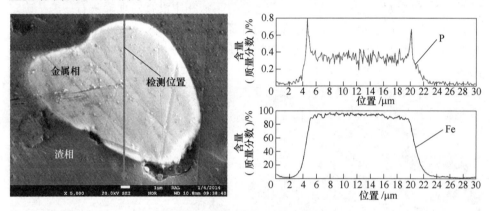

图 8-17   还原物料线扫描分析结果

从图中铁元素的线扫描结果可以发现，金属相内部的铁含量接近 100%，渣相内部的铁含量较低，这表明矿石中的铁氧化物基本完全还原为金属铁，并且聚集生长为金属相，金属相的纯度很高。由磷元素的线扫描结果可以看到，金属相中的磷含量相对较高，而渣相中的磷含量很低，两者差别明显。磷的含量分布规律与铁的相吻合，这一结果表明还原过程中磷在金属相中得以有效的富集。此外，进一步分析磷的分布曲线可以发现，金属相边缘处磷的含量与金属相内部磷的含量存在明显的差别，金属相边缘处磷的含量高于金属相内部磷的含量。随着扫描位置由金属相边缘处向金属相内部延伸，磷的含量呈现出降低的趋势。如果以金属相中间处为中心，则金属相左右两侧磷的含量呈现出近似对称的变化规律。

根据上述结果以及磷在金属相和渣相中的赋存状态，可以推断出磷在还原过程中的富集途径为：还原生成的单质磷在浓度梯度作用下由渣相扩散至金属相界面处，与金属相发生化学反应形成铁-磷化合物；由于金属铁优先于磷单质生成，并且金属铁的含量远远高于磷的含量，因此在浓度梯度的作用下金属相边缘处铁-磷化合物中的磷逐渐向金属相内部扩散迁移，最终以固溶体溶质的形式存在于金属相中。

高磷鲕状赤铁矿石深度还原过程中磷的富集过程可以通过图 8-18 加以描述。深度还原过程中磷的富集过程包含磷在渣相中扩散、铁-磷化合物形成和磷在金属相中扩散三个环节，富集方向为渣相→金属相。渣相不是单质磷易于富集的区域。由于高温作用和还原失氧，渣相内存在大量的裂纹和空隙，还原生成的单质磷通过渣相内的空隙和孔道扩散至金属相边界处。金属铁与磷单质极易发生化学反应，一旦单质磷扩散至金属相表面，就会立即与铁发生反应生成铁-磷化合物。金属相是还原生成的金属

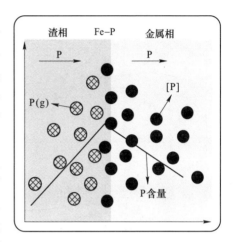

图 8-18 磷的迁移过程

铁在渣相中聚集生长形成的，质地紧密均匀，内部几乎没有空隙或孔道。然而，磷相当于溶质，能够溶入金属相中，发生固溶扩散。故而，磷在浓度梯度的作用下逐渐由金属相边界处向金属相内部扩散，直至平衡。

8.5.2 磷相际迁移规律

将高磷鲕状赤铁矿石在 C 与 O 摩尔比为 2.0，还原温度分别为 1473K、1498K、1523K、1548K，还原时间分别为 10min、20min、30min、40min、60min、80min 的条件下分别进行深度还原，制备出还原样品。按照 8.1.2 节所述，采用 JEOL JXA-8530F 型场发射电子探针对还原样品中金属相附近不同位置进行微区成分分析，获得不同位置磷元素的含量，结果如图 8-19 所示。

由图 8-19 可以清楚地看到，不同还原温度和还原时间条件下金属相附近不同位置磷的含量均呈现出相类似的变化规律，即金属相边界处磷的含量最高；从渣相内部到金属相边界处，磷的含量逐渐升高；从金属相边界到金属相内部，磷的含量逐渐降低。例如，还原温度为 1523K、还原时间为 10min 时，渣相内部 $-5\mu m$ 处磷的含量为 1.08%，而 $-1\mu m$ 处磷的含量升高到 1.23%；金属相 $0\mu m$ 处磷的含量为 1.06%，而 $5\mu m$ 处磷的含量降低到 0.68%。这一结果与前文线扫描分析结果（见图 8-17）相吻合，进一步证明还原过程中生成的单质磷由渣相向金属相迁移，逐渐在金属相中得到富集。

从图 8-19 还可以发现还原时间对不同位置磷的含量影响显著。同一还原温度和检测位置情况下，随着还原时间的增加，渣相中磷的含量明显地降低，而金

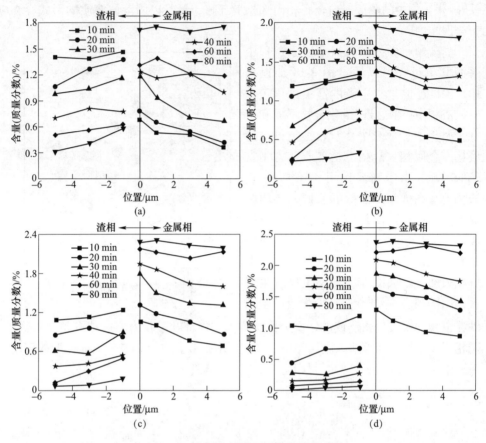

图 8-19　金属相周围不同位置磷的含量

（a）1473K；（b）1498K；（c）1523K；（d）1548K

属相中磷的含量迅速升高。例如，还原温度为 1498K 时，当还原时间由 10min 增加到 80min，渣相-5μm 处磷的含量从 1.19% 降低到 0.22%，金属相 5μm 处磷的含量则从 0.48% 升高到 1.81%。这是由于随着还原时间的延长，矿石中更多的磷矿物被还原为单质磷，这就使得更多的磷得以迁移进入金属相；同时，还原时间的延长为磷由渣相向金属相迁移提供了更加充裕的时间。

　　对比图 8-19 中的（a）~（d），可以看出还原温度对磷在不同位置的含量也有明显的影响。在相同的还原时间条件下，随着还原温度的升高，渣相内同一检测位置处的磷含量呈现出降低趋势，而金属相内相同位置处磷的含量则明显地增加。例如，还原时间为 20min 时，随着还原温度由 1473K 升高到 1548K，渣相-3μm 处磷的含量从 1.26% 降低到 0.66%，金属相 3μm 处磷的含量则从 0.54% 升高到 1.48%。从微观角度讲，分子的无规则运动跟温度有关，温度越高，分子的无规则运动就越剧烈，从而有利于磷由渣相向金属相迁移；从磷矿物还原热力学方面分析，温度越高越有利于磷矿物的还原，矿石中就会有更多的磷矿物被还原为单质磷，从而使得金属相中富集的磷的数量增多；此外，温度升高也促进了铁矿物的还原，还原过程中生成的金属相增加，这就为磷的富集提供了更多的区域。基于上述原因，随着还原温度的升高，渣相中的磷含量不断减少，而金属相中的磷含量则明显增加。

8.5.3 磷相际迁移动力学模型

高磷鲕状赤铁矿石深度还原过程中磷的富集迁移过程按照以下环节进行：
（1）还原生成的单质磷在渣中向渣-铁界面扩散；
（2）磷在渣-铁界面处与铁反应生成铁-磷化合物；
（3）铁-磷化合物中的磷向金属相内部扩散。

迁移过程的总速率和以上组成环节的速率有关。其中速率最慢，即对迁移速率影响最大的环节是磷富集过程的限制性环节。迁移速率的限制一般分两种情况：一种是扩散传质快于界面反应时，速率只取决于界面反应的动力学条件；另一种是扩散传质比界面反应进行得慢时，传递到反应界面的物质能全部转化为产物，界面反应达到或接近化学平衡状态，速率受扩散传质控制。高温条件下的多相反应过程中，多发生后一种情况，常把界面反应作为达到平衡来处理。

研究物质迁移动力学的主要任务是建立迁移模型和确定迁移速率。为此，首先必须找出迁移过程的限制性环节，然后导出动力学方程。目前，对物质迁移过程中每一个单元的速度进行纯理论上的计算极其困难。通常根据实验现象假定一个模型，然后由试验数据导出迁移动力学方程。

深度还原过程中，铁矿的还原远比磷矿物的还原容易发生，在磷矿物发生还原前，体系内就已经有一定量的金属相形成。并且矿石中铁元素的含量（42.21%）远远大于磷元素的含量（1.31%）。还原体系内有充足的金属界面为铁-磷化合物的形成提供场所，铁和磷界面反应接近平衡状态。由此可知，磷富集迁移的限制步骤并非界面反应，而是扩散传质。据前文分析，磷在渣相中以气态形式沿空隙和孔道扩散，在金属相中以溶质的形式进行固溶扩散。相对于渣相中的扩散，固溶扩散的阻力更大。因此可以推断深度还原过程中磷的相际迁移的限制性环节为磷在金属相中的扩散。根据一定还原温度下不同时间金属相中的磷含量，可以计算磷在金属相中的扩散系数，建立扩散动力学模型，该模型即为磷的相际迁移动力学模型。

基于固相中物质传输的基本原理，磷在金属相中的扩散传质速度方程可以表示为：

$$N_P = \frac{AD_P}{S}(C_P - C_P^S) \tag{8-8}$$

式中，N_P 为磷扩散传质速率，mol/s；D_P 为磷的扩散系数，m^2/s；A 为金属颗粒表面积，m^2；S 为金属相的厚度，m；C_P 为金属相中磷的平均浓度，mol/m^3；C_P^S 为反应界面处磷的浓度，mol/m^3。

金属相中磷含量增加的速度可表示为：

$$\frac{dC_P}{dt} = \frac{N_P}{V} \tag{8-9}$$

式中，V 为金属相的体积，m^3；t 为反应时间，s。

将式（8-9）代入式（8-8）可得到：

$$\frac{dC_P}{dt} = \frac{AD_P}{SV}(C_P - C_P^S) \tag{8-10}$$

对式（8-10）进行排列积分可得到：

$$\ln \frac{C_P^t - C_P^S}{C_P^0 - C_P^S} = \frac{AD_P}{SV}t \tag{8-11}$$

式中，C_P^t 为 t 时刻金属相中磷的平均含量，mol/m^3；C_P^0 为磷的初始平均含量，即矿石中磷的含量，mol/m^3。

由前文分析可知，界面反应并非限制性环节，故反应界面处磷的含量 $C_P^S \approx 0$。因此，式（8-11）可以写作：

$$\ln \frac{C_P^t}{C_P^0} = \frac{AD_P}{SV}t \tag{8-12}$$

由第 6 章金属相的形成及生长特性研究结果可知，还原物料中金属相大多以球形颗粒的形式存在。故金属相的面积和体积可按球体的面积和体积计算公式进行处理，由此式（8-12）可以表示为：

$$\ln \frac{C_P^t}{C_P^0} = \frac{12D_P}{d_t^2}t \tag{8-13}$$

式中，d_t 为 t 时刻金属颗粒的直径，m。

用磷的质量分数表示磷的含量，则式（8-13）可以转化为：

$$\ln \frac{w_P^t}{w_P^0} = \frac{12D_P}{d_t^2}t \tag{8-14}$$

式中，w_P^t 为 t 时刻金属相中磷的质量分数，%；w_P^0 为初始时刻磷的质量分数，%。

以 $\ln \dfrac{w_P^t}{w_P^0}$ 和 t 为坐标轴作图，通过回归直线的斜率以及相应的金属颗粒直径即可求出磷在金属相中的扩散系数 D_P。

根据电子探针检测结果计算出金属相不同位置磷含量的平均值，将其作为金属相中磷的平均含量，利用式（8-14）计算磷在金属相中的扩散系数。图 8-20

给出了 $\ln\dfrac{w_P^t}{w_P^0}$ 随还原时间 t 的变化关系。从图中可以清楚地看到二者呈现出较好的线性关系，这表明由式（8-14）计算磷在金属相中的扩散系数是可行的。由回归直线的斜率以及第6章测量得到的金属颗粒直径，计算出各条件下磷的扩散系数，结果见表8-6。由表可知，深度还原过程中磷在金属相中的扩散系数为 $3.81\times10^{-15}\sim7.62\times10^{-15}\,\mathrm{m^2/s}$。由表还可以看到，随着还原时间的增加和还原温度的升高，扩散系数呈现逐渐增加的趋势。例如，当还原温度为1498K时，随着还原时间从 10min 增加到80min，扩散系数由 $4.07\times10^{-15}\,\mathrm{m^2/s}$ 增加到 $7.29\times10^{-15}\,\mathrm{m^2/s}$；当还原时间为30min时，随着还原温度从1473K升高到1548K，扩散系数由 $4.55\times10^{-15}\,\mathrm{m^2/s}$ 增加到 $5.24\times10^{-15}\,\mathrm{m^2/s}$。这是因为还原时间越长，矿石中磷矿物被还原的数量越多，金属相聚集生长也越充分，这既提高了单质磷的含量，同时也为磷的富集提供了充分的空间，从而促进了磷的迁移；温度是影响扩散系数的最主要因素，温度越高，原子振动能越大，借助能量起伏而越过势垒迁移的原子几率越大，同时温度升高，金属内部空穴浓度提高，有利于磷的扩散。

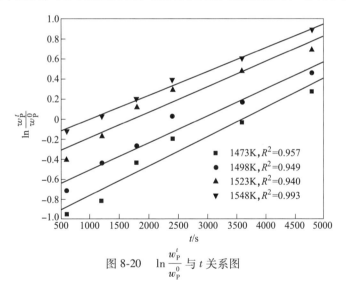

图 8-20　$\ln\dfrac{w_P^t}{w_P^0}$ 与 t 关系图

表 8-6　磷在金属相中的扩散系数

温度/K	$D_P/\times10^{-15}\,\mathrm{m^2\cdot s^{-1}}$						
	10min	20min	30min	40min	60min	80min	平均
1473	3.81	4.17	4.55	4.98	6.28	7.18	5.16
1498	4.07	4.45	4.69	4.91	6.38	7.29	5.30
1523	4.29	4.66	5.04	5.31	6.46	7.49	5.54
1548	4.40	4.95	5.24	5.58	6.57	7.62	5.73

物质固体扩散系数与温度的关系可以用 Arrhenius 公式表示：

$$D = D_0\exp\left(-\frac{Q}{RT}\right) \tag{8-15}$$

式中，D 为扩散系数，m^2/s；D_0 为扩散常数，m^2/s；Q 为扩散活化能，J/mol；R 为气体常数，J/(mol·K)；T 为温度，K。

由式（8-15）可知，扩散活化能和扩散常数可以分别通过 $\ln D$ 和 $1/T$ 线性拟合直线的斜率和截距计算获得。

将各还原温度条件下磷扩散系数的平均值用于计算扩散活化能和扩散常数，进而确定扩散系数与温度的关系式。图 8-21 显示了 $\ln D$ 和 $1/T$ 的线性拟合结果。从图中可以明显地看到 $\ln D$ 和 $1/T$ 之间具有良好的线性关系，这说明扩散系数随温度的变化关系符合阿伦尼乌斯公式。根据回归直线的斜率可以得到深度还原过程中磷在金属相中的扩散活化能 Q 为 26.96kJ/mol，扩散常数 D_0 为 $4.65×10^{-14}m^2/s$。

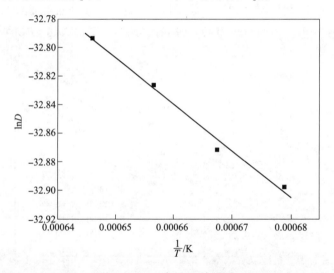

图 8-21 $\ln D$ 与 $1/T$ 关系图

通常情况下，当扩散活化能 $Q>400$kJ/mol 时，界面化学反应为限制性环节；$Q<150$kJ/mol 时，扩散传质为限制性环节[10]。气相组元扩散活化能为 4～13kJ/mol；金属铁中组元扩散活化能为 17～85kJ/mol。深度还原过程中，磷以气体形式在渣相中扩散，难以通过试验数据计算其扩散系数和扩散活化能。然而，根据气体组分扩散活化能的取值范围，可以推断深度还原试验中磷在渣相中扩散活化能应小于 13kJ/mol。计算得到的磷在金属相中的扩散活化能为 26.96kJ/mol，大于 13kJ/mol，小于 150kJ/mol，位于金属相中组元扩散活化能的范围之内。这进一步表明高磷鲕状赤铁矿石深度还原过程中磷的相际迁移限制性环节为磷在金属相中的扩散。

根据计算得到的磷的扩散活化能及扩散常数，可以得出磷扩散系数的计算公式，将其代入式（8-8），可以推导出磷在金属相中的扩散传质速度方程为：

$$N_P^t = 9.30 \times 10^{-14} \pi d_t \exp\left(-\frac{26.96 \times 10^3}{RT}\right) C_P^t \tag{8-16}$$

该方程即为高磷鲕状赤铁矿石深度还原过程中磷的相际迁移动力学模型。

参 考 文 献

[1] Li G H, Rao M J, Ouyang C Z, et al. Distribution characteristics of phosphorus in the metallic iron during solid-state reductive roasting of oolitic hematite ore [J]. ISIJ International, 2015, 55 (11): 2304~2309.

[2] Cha J W, Kim D Y, Jung S M. Distribution behavior of phosphorus and metallization of iron oxide in carbothermic reduction of high-phosphorus iron ore [J]. Metallurgical and Materials Transactions B, 2015, 46 (5): 2165~2179.

[3] Vyazovkin S, Burnham A K, Criado J M, et al. ICTAC Kinetics committee recommendations for performing kinetic computations on thermal analysis data [J]. Thermochim Acta, 2011, 520 (1, 2): 1~19.

[4] Wang N, Liang Z G, Chen M, et al. Phosphorous enrichment in molten adjusted converter slag: Part I Effect of adjusting technological conditions [J]. Journal of Iron and Steel Research, International, 2011, 18 (11): 17~19, 39.

[5] Wang Nan, Liang Z G, Chen M, et al. Phosphorous enrichment in molten adjusted converter slag: Part II Enrichment behavior of phosphorus in $CaO-SiO_2-FeO_x-P_2O_5$ molten slag [J]. Journal of Iron and Steel Research, International, 2011, 18 (12): 22~26.

[6] Inoue R, Suito H. Phosphorous partition between $2CaO \cdot SiO_2$ particles and $2CaO-SiO_2-Fe_tO$ slags [J]. ISIJ International, 2006, 46 (2): 174~179.

[7] Suito H, Inoue R. Behavior of phosphorous transfer from $CaO-Fe_tO-P_2O_5(-SiO_2)$ slag to CaO particles [J]. ISIJ International, 2006, 46 (2): 180~187.

[8] Fukagai S, Hamamo T, Tsukihashi F. Formation reaction of phosphate compound in multi phase flux at 1573K [J]. ISIJ International, 2007, 47 (1): 187~189.

[9] Yang X, Matsuura H, Tsukihashi F. Condensation of P_2O_5 at the interface between $2CaO \cdot SiO_2$ and $CaO-SiO_2-FeO_x-P_2O_5$ slag [J]. ISIJ International, 2009, 49 (9): 1298~1307.

[10] 王强. $CaO-SiO_2-P_2O_5-FeO$ 渣系脱磷动力学的研究 [D]. 沈阳：东北大学，2012.

⑨ 难选铁矿石深度还原关键技术体系

深度还原为复杂难选铁矿石的高效利用开辟了新途径。在深度还原过程中，矿石中的铁矿物还原为金属铁，并通过调控可以使金属铁生长到一定粒度，增加铁元素与杂质成分之间磁性、密度等物理化学性质差异，为后续分离创造良好条件。

实现还原物料中金属铁相与脉石渣相的高效分离，获得优质的炼钢原料，是深度还原技术的重要组成部分。人们围绕金属铁相与脉石渣相的分离开展了大量研究工作，逐渐形成了深度还原磁选和深度还原熔炼两大类技术。深度还原磁选是指采用选矿的方法将金属铁从还原物料中分离出来，具体为：通过深度还原将难选铁矿石中的铁氧化物还原为具有一定粒度的金属铁，然后对还原物料进行磨矿使金属铁与渣相解离，之后依据金属铁与渣相磁性差异通过磁选方法实现分离，获得炼钢用金属铁粉。深度还原熔炼是指通过高温熔分的方法将金属铁从还原物料中分离出来，具体为：通过深度还原将难选铁矿石中的铁氧化物还原为金属铁，然后升高温度将还原物料高温熔化为液态，之后依据金属铁与渣相密度差异实现金属铁与渣相的分层分离，获得炼钢用铁水。

深度还原磁选生产过程中需要将高温还原物料水冷至室温后方可进行磨矿磁选，而产品金属铁粉在后续炼钢过程中又需要加热熔化。因此，从钢铁生产全流程角度看，深度还原磁选生产流程环节热流出现中断、各工序热损失相对较大。深度还原熔炼技术产品为液态铁水，生产流程环节热流不中断，各工序热损失小。然而，深度还原熔炼技术处理铁品位相对较低的难选铁矿时，熔炼过程中会产生大量渣相，渣相熔化需要大量的热量，这就导致熔炼过程热量消耗较大；此外，为保证渣相的流动性，需要对渣相碱度进行调整，这就使得需要添加造渣剂的量增大，生产成本增加。因此，深度还原磁选和深度还原熔炼各有优势与特色。

部分难选铁矿石中有害元素磷含量偏高。深度还原过程中磷矿物会被还原为单质磷，并且有相当一部分单质磷会进入金属铁相，使得还原铁粉中磷含量偏高。针对这一问题，相关学者提出深度还原脱磷和深度还原富磷两种技术。对于磷含量小于0.8%的矿石，通过添加脱磷剂使绝大多数的磷留在渣相，再对还原物料高效分选，得到可以直接用于炼钢的低磷（磷含量不大于0.05%）铁粉。

对于磷含量大于 0.8% 的原矿石，通过控制磷的迁移使原矿中 80% 以上磷进入金属铁相，再经高效分选得到高磷（磷含量不小于 1.5%）深度还原铁粉。利用现有的冶炼脱磷技术处理高磷铁粉，在获得合格钢液的同时得到高磷钢渣，该高磷钢渣可以直接作为磷肥或者酸性土壤改良剂。

综上所述，复杂难选铁矿石种类繁多、矿石性质差异较大，这就导致不同类型的难选铁矿石深度还原过程和还原物料的性质有所不同。因此，需要结合复杂难选铁矿石属性特征，开发与之相适应的深度还原关键技术。

9.1 复杂难选铁矿深度还原-高效分选技术

针对铁和有害元素相对较低的铁矿石，应采用深度还原-高效磁选选冶一体化技术。在低于矿石熔化温度下将矿石中的铁矿物还原为金属铁，并通过调控促使金属铁聚集生长为一定粒度的铁颗粒，还原物料经高效分选获得炼钢用金属铁粉。本章以白云鄂博典型难选铁矿石为对象，开展深度还原-高效分选新技术研究。

9.1.1 研究方法

9.1.1.1 试验原料

所用原料包括白云鄂博氧化矿石和还原剂煤，其中矿石取自包钢选矿厂，还原剂为外购神府普通烟煤。原矿化学成分见表 9-1，X 射线衍射结果如图 9-1 所示。原矿的化学分析和 XRD 分析结果表明：矿石中有价元素较多，但品位较低，而有害元素磷、硫及氟、钠、钾含量较高。主要矿物有磁铁矿、赤铁矿、氟碳铈矿、石英、萤石、钠辉石、方解石。还原剂煤的工业分析及化学成分结果见表 9-2。由表 9-2 可知，试验用煤灰分少，固定碳和挥发分含量高，有害元素 S、P 含量低，是良好的还原剂。

表 9-1 原矿化学成分（质量分数） （%）

TFe	FeO	REO	Nb_2O_5	F	P	S	K_2O
32.17	9.04	7.14	0.127	6.75	0.96	1.15	0.57
Na_2O	SiO_2	CaO	MgO	BaO	Al_2O_3	MnO	TiO_2
0.98	10.42	16.57	2.14	1.96	0.85	0.99	0.27

表 9-2 煤工业分析及化学成分（质量分数） （%）

固定碳	挥发分	灰分	P	S	Al_2O_3	SiO_2	CaO
56.10	30.40	5.44	0.003	0.022	0.57	1.27	1.83

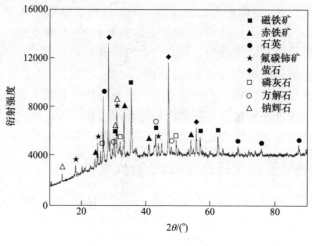

图 9-1　原矿 XRD 图谱

9.1.1.2　试验流程

（1）深度还原试验。称取一定质量的铁矿粉，经过理论计算配入适量的煤粉进行干混，然后将其装入坩埚中，待马弗炉炉腔内温度达到预设温度时，快速将坩埚放入炉腔内，自动恒温至规定时间，然后迅速将还原物料取出水淬冷却。深度还原物料烘干，取样化验 TFe、MFe，计算还原物料金属化率，通过光学显微镜、扫描电子显微镜及能谱分析对还原物料的微观结构进行分析，并采用磁选管对深度还原物料进行一次弱磁选试验，进而确定适宜的深度还原条件。

（2）分选试验。称取一定质量的深度还原物料，经弱磁选机分选后，非磁性矿物再经摇床脱碳，残碳返回循环利用。重矿物和磁性矿物经磨矿和磁选，最终得到铁粉和尾矿，分别烘干、称重、取样化验品位，计算回收率，进而确定适宜的选别流程。

试验流程如图 9-2 所示。

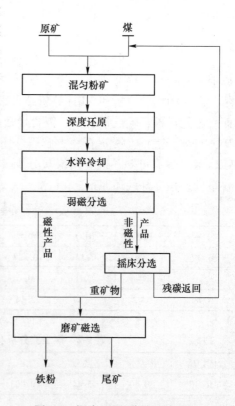

图 9-2　深度还原-分选试验流程

9.1.2 深度还原工艺优化

9.1.2.1 还原温度对还原指标的影响

还原温度是影响铁氧化物还原程度的决定性因素，因此首先考察还原温度对各项还原指标的影响。当还原时间为 60min、配碳系数为 2.5、煤粉粒度为 −1.0mm、矿石粒度为−2.0mm、渣相碱度为 1.58 时，还原温度对还原物料金属化率的影响如图 9-3 所示。由图 9-3 可见，还原温度对还原物料金属化率的影响较大。当还原温度由 1398K 上升到 1448K 时，金属化率由 83.23%增加到最大值 91.92%；此后随着还原温度的继续增加，还原物料的金属化率反而降低；当温度达到 1523K 时，金属化率下降到 88.43%。

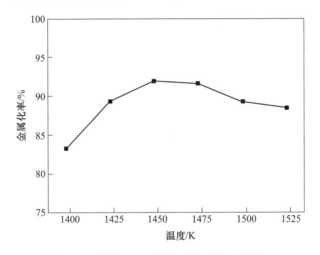

图 9-3　还原温度对还原物料金属化率的影响

图 9-4 为深度还原后物料的 SEM 图像及 EDS 能谱分析。观察表明，深度还原后物料中有球状及类球状的颗粒生成，并且有的颗粒已完全析出，脱落成为金属铁颗粒。通过对颗粒表面（见图 9-4（a））及颗粒内部（见图 9-4（b））EDS能谱分析可知，球状颗粒的主要成分为金属铁，其表面含有少量的 FeO 及脉石矿物 SiO_2，这可能是由于铁颗粒表面被再次氧化且被脉石矿物污染所致。

还原温度对还原物料磁选铁粉的品位及回收率的影响如图 9-5 所示。由图 9-5 可以看出，随着还原温度的升高，铁粉的品位及回收率均有不同程度的升高，但当温度升高到一定程度后，各项指标的升高幅度不大，铁品位甚至有所下降。同时从图还可以看出，铁品位及回收率并不是完全与还原物料金属化率成正比，而是随着金属颗粒的增大而升高。由此可见金属铁颗粒越大，越容易实现铁颗粒与脉石矿物的分离。

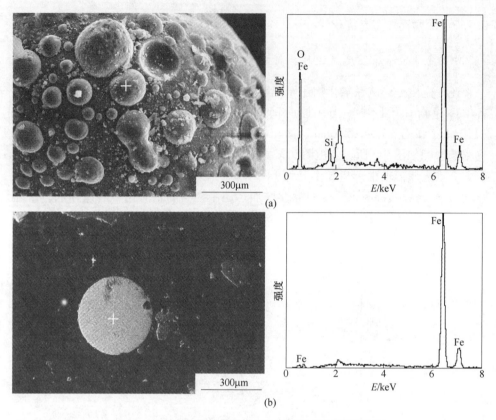

图 9-4　深度还原后物料的 SEM 图像及 EDS 能谱分析

(a) 颗粒表面；(b) 颗粒内部

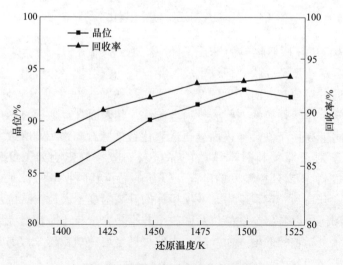

图 9-5　还原温度对磁选指标的影响

综合分析可知，适当地提高还原温度，可以提高还原物料的金属化率，有利于提高还原物料的分选指标；但还原温度过高会恶化还原动力学条件，进而降低还原物料的金属化率及铁粉品位。因此确定适宜还原温度为1498K。

9.1.2.2　还原时间对还原指标的影响

当还原温度为1498K、配碳系数为2.5、煤粉粒度为-1.0mm、矿石粒度为-2.0mm、渣相碱度为1.58时，还原时间对还原物料金属化率的影响如图9-6所示。由图9-6可知，随着还原时间的延长，还原物料的金属化率总体上呈上升趋势。当还原时间从10min增加到30min时，还原物料的金属化率从79.89%迅速提高到94.34%。但是此后随着还原时间的进一步增加，金属化率的升高非常有限，甚至在50min后反而下降至89.23%。其原因可能是：在还原的初始阶段，矿粉颗粒与煤粉颗粒的接触条件良好，并且产生的CO浓度比较高，还原反应进行得较为激烈，促使铁矿粉颗粒中较快还原出金属铁；随着反应时间的延长，铁矿物和煤逐渐分离，CO浓度也逐渐降低，这使得还原反应速率降低并趋于反应平衡，还原物料的金属化率也就趋于稳定；由于还原炉为非封闭系统，当还原时间过长时，炉内还原性气氛降低而氧化性气氛增强，已还原的矿石再被氧化，从而造成还原物料的金属化率下降。

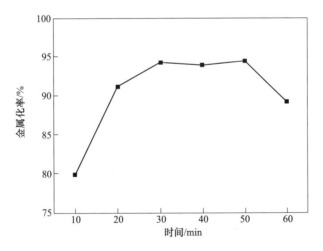

图9-6　还原时间对还原物料金属化率的影响

不同还原时间金属铁颗粒的显微镜照片如图9-7所示。由图9-7可以看出，在其他条件相同的情况下，随着反应时间的延长，金属铁颗粒的直径明显逐渐增大。一方面由于颗粒越大，界面自由能越低；另一方面颗粒越大，曲率半径越大，颗粒周围的溶质浓度小，于是形成浓度梯度，这两方面的原因导致大颗粒和小颗粒中溶质（Fe）化学位的差异，从而引起小颗粒向大颗粒方向扩散聚集，即铁颗粒长大过程是金属铁扩散聚集的过程，因此延长反应时间有利于铁的还原和聚集长大，可以推测，如果进一步延长还原时间，铁颗粒的聚集程度会更大。

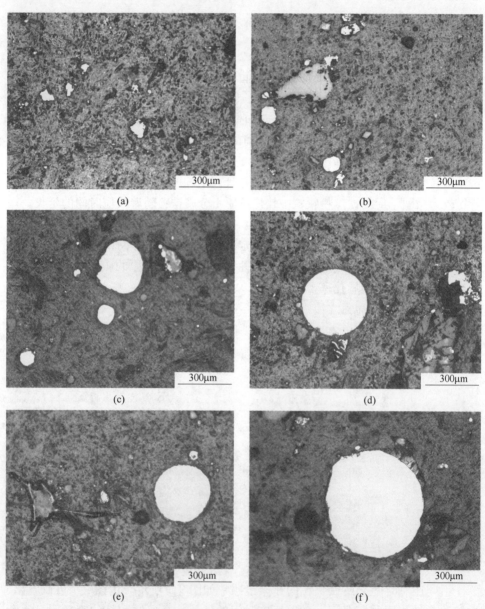

图 9-7　不同还原时间金属铁颗粒的显微镜照片

(a) 10min；(b) 20min；(c) 30min；(d) 40min；(e) 50min；(f) 60min

不同还原时间下的还原物料磁选试验结果如图 9-8 所示。由图 9-8 可见，在

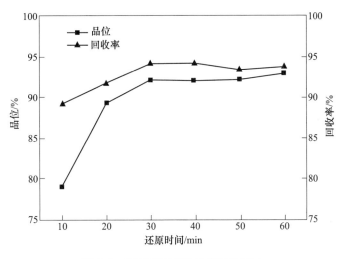

图 9-8 还原时间对铁粉指标的影响

开始阶段，随着时间的延长，铁粉的品位提高很快，当还原时间从 10min 增加到 30min 时，铁粉品位从 79.20% 迅速提高到 91.61%。但 30min 以后，随着时间的延长铁粉品位的升高非常有限。而铁的回收率在还原时间 10~60min 的范围内变化不大。由此可见在一定时间范围内，延长还原时间对提高铁粉品位非常有利，这是因为延长还原时间有利于金属铁颗粒聚集长大，同时脉石矿物向金属铁颗粒外聚集的程度也大大提高，这使得金属铁颗粒与脉石矿物更易分离，故在相同的磨矿、磁选条件下，还原时间越长，得到的铁粉品位越高。但还原时间超过一定值后，再延长还原时间对提高还原物料金属化率及铁粉品位意义不大。

综合分析可知，还原时间是铁氧化物还原和铁颗粒长大的一个动力学条件，适当地延长还原时间，有利于还原物料金属化率的提高及铁颗粒的长大，从而可迅速提高还原物料的分选指标。但实际生产过程中，还原时间过长会降低产率、增加能耗，经济上不合理。因此，确定适宜还原时间为 30min。

9.1.2.3 配碳系数对还原指标的影响

在煤基深度还原生产中，为保证还原炉内有足够的还原气氛，需加入远大于理论量的还原剂。且配碳系数越大，还原速度越快，越有利于在最短的时间内完成深度还原过程。配碳系数用 x_C/x_O 表示，即煤粉中固定碳与矿样中铁键合氧的摩尔比。当还原温度为 1498K、还原时间为 30min、煤粉粒度为 -1.0mm、矿石粒度为 -2.0mm、渣相碱度为 1.58~1.59 时，配碳系数对还原物料金属化率的影响如图 9-9 所示。由图 9-9 可见，在配碳系数由 0.5 增加到 2 时，还原物料的金属化率由 81.38% 提高到 94.48%；当配碳系数进一步增加时，还原物料的金属化率反而略有下降。这是因为配碳比越高，碳的气化速度就越大，从而提高还原炉内

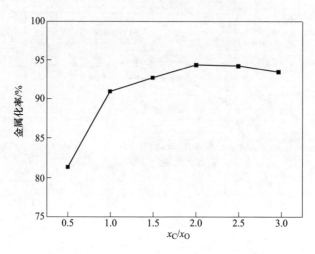

图 9-9　配碳系数对还原物料金属化率的影响

CO 浓度，促进铁氧化物的还原过程；同时配碳比的增加，增大了铁矿粉和碳粉的接触面积，这也将促进铁氧化物的还原。当配碳系数过大时，可能因为未反应的残碳阻碍了铁相的扩散聚集，铁的氧化物还原不完全，从而降低了还原矿的金属化率。

　　不同配碳系数金属铁颗粒的显微镜照片如图 9-10 所示。由图 9-10 可以看出，在其他条件相同的情况下，配碳系数低于理论值时（见图 9-10（a）），由于铁氧化物不能完全被还原和发生热结现象，金属铁颗粒不能保持独立的球状结构存在。随着配碳系数的增加，金属铁颗粒逐渐以独自的类球状的形式存在，并逐步长大。但当配碳系数过大时，金属铁颗粒粒度逐渐变小，这进一步表明未反应的残碳阻碍铁相的扩散聚集，直接影响了金属铁颗粒的长大。

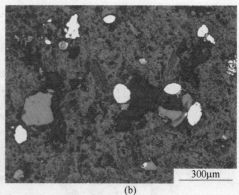

(a)　　　　　　　　　　　　　　　　　　(b)

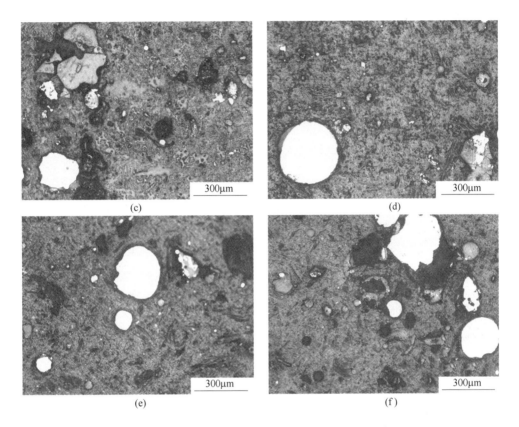

图 9-10　不同配碳系数下金属铁颗粒的显微镜照片

(a) $\dfrac{x_C}{x_O}=0.5$；(b) $\dfrac{x_C}{x_O}=1$；(c) $\dfrac{x_C}{x_O}=1.5$；(d) $\dfrac{x_C}{x_O}=2$；(e) $\dfrac{x_C}{x_O}=2.5$；(f) $\dfrac{x_C}{x_O}=3$

　　配碳系数对磁选铁粉指标的影响如图 9-11 所示。由图 9-11 可知，在开始阶段，随着配碳系数的增加，铁粉的品位和回收率都急剧升高。在配碳系数为 2 时，铁粉品位达到最大值 92.52%，此后配碳系数进一步增加，铁粉的品位明显下降，当配碳系数为 3 时，铁粉品位下降至 91.02%。在研究的配碳系数范围内，铁的回收率始终随着配碳系数的增加而升高。前已述及，这可能是因为配碳比较低时，铁氧化物未能完全反应，且被还原出来的铁颗粒发生了热结现象，造成金属铁颗粒较为细小且不以独立的颗粒存在，从而使铁颗粒不能完全解离，造成品位和回收率均较低。配碳系数的增加，一方面提高了还原炉内 CO 浓度，另一方面增大了铁矿粉和碳粉的接触面积。因此，铁氧化物能较完全地还原为金属铁，且铁颗粒能逐渐长大，在分选过程中容易得到品位较高的铁粉。但当配碳系数过大时，未反应的残碳阻碍了铁相的扩散聚集，不利于金属铁颗粒的长大，生成细小颗粒增多，还原物料的可选性变差，故造成铁粉品位的降低。

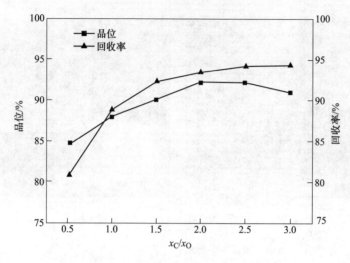

图 9-11　配碳系数对铁粉指标的影响

综合分析可知，以煤作还原剂还原铁氧化物时，配碳系数应该远远高于理论值，这样才能获得较好的还原及分选指标。但配碳系数过大不仅降低还原及分选指标，而且还造成能源的浪费。因此，确定适宜配碳系数为 2.0。

9.1.2.4　煤粉粒度对还原指标的影响

原料的粒度直接决定了反应物表面积的大小和还原物料的孔隙率，从而影响还原的速率及还原物料的金属化率。当还原温度为 1498K、还原时间为 30min、配碳系数为 2.0、矿石粒度为-2.0mm、渣相碱度为 1.58 时，煤粉粒度对还原物料金属化率的影响如图 9-12 所示。由图 9-12 可见，随着煤粉粒度变粗，还原物

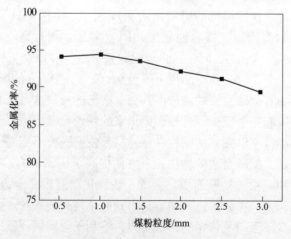

图 9-12　煤粉粒度对还原物料金属化率的影响

料的金属化率总体呈先上升后下降的趋势，当煤粉粒度由-0.5mm增大到-1.0mm时，还原物料金属化率由94.18%上升到94.48%，但煤粉粒度进一步增大到-3.0mm时，还原物料金属化率降低至89.4%。这可能是因为：煤粉粒度过细，会恶化还原物料的透气性，使得CO的传质阻力增加，从而降低还原速率和矿石的金属化率；而当颗粒变粗时，煤颗粒的比表面积减小，不利于直接还原反应及煤的气化反应进行，从而影响到还原物料的金属化率。总体上看，在其他条件固定后，煤粉粒度对还原物料金属化率的影响没有还原时间、还原时间及配碳系数的影响显著。

　　煤粉粒度对磁选铁粉指标的影响如图9-13所示。由图9-13可知，铁粉的品位具有随煤粉粒度增加而降低的趋势，当煤粉粒度由-0.5mm增大到-1.5mm时，铁粉的品位变化不大，但煤粉粒度进一步增大到-3.0mm时，铁粉品位由92.55%降低至87.05%。在本试验采用的煤粉粒度范围内，铁粉的回收率随煤粉粒度变化幅度不明显。

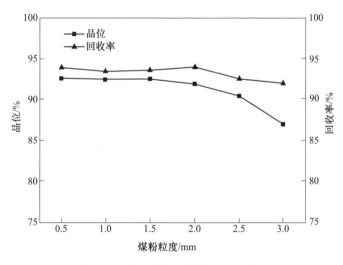

图9-13　煤粉粒度对铁粉指标的影响

　　综合分析，相对来说煤粉粒度对还原及分选指标影响较小。在一定范围内，适当减小煤粉粒度，有利于提高还原物料的金属化率及铁粉的品位，但煤粉粒度的减小需要在破碎环节增加能耗，因此确定适宜煤粉粒度为-1.5mm。

9.1.2.5　矿石粒度对还原指标的影响

　　矿石原料粒度的上限应以保证颗粒的核心能在一定时间内被还原，粒度的下限应保证料层内具有良好的透气性。当还原温度为1498K、还原时间为30min、配碳系数为2.0、煤粉粒度为-1.5mm、渣相碱度为1.58时，矿粉粒度对还原物料金属化率的影响如图 9-14 所示。由图 9-14 可见，随着矿石粒度变粗，还原物料的金属化率呈下降的趋势，当矿石粒度由−0.5mm 增大到−2.0mm 时，还原物料金属化率下降较为缓慢，由 95.02% 下降到 93.64%。当矿石粒度进一步增大到−2.0mm 后，还原矿金属化率由 93.64% 迅速降低至 89.95%。这是因为，随着原料粒度的减小，铁氧化物的总表面积增加，铁氧化物和 CO 及 C 的接触碰撞几率增加，从而加快了还原速率，有利于多相反应的进行。但粒度过细使反应体系透气性差，还原气体的传质阻力增加，降低还原速率和矿石的还原度。同样由于矿石粒度和煤粉粒度差距较大导致混合不均也是还原物料金属化率降低的一个因素。由此看出，矿石粒度越细，矿石的还原程度越高，但矿石的粒度的下限应以不影响料层内的透气性为宜。

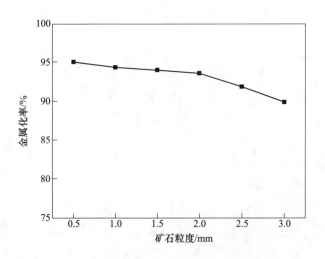

图 9-14　矿石粒度对还原物料金属化率的影响

　　矿石粒度对铁粉指标的影响如图 9-15 所示。由图 9-15 可知，随着矿石粒度变粗，铁粉品位总体呈先上升后下降趋势，而回收率则一直呈下降趋势。当矿粉粒度由−0.5mm 增大到−2.0mm 时，铁粉品位变化不大，回收率则由 95.21% 下降至 93.97%。但矿粉粒度进一步增大到−3.0mm 时，铁粉品位迅速降低至88.40%，而回收率下降更快，降至 86.87%。这一方面是因为矿石粒度的增加大大减少了铁氧化物的表面积，从而大大降低还原物料的还原程度；另一方面是因为矿石颗粒变粗后，颗粒核心在短时间内无法被还原所致。

　　综合分析可知，适当减小矿石粒度，可提高还原物料的金属化率及铁粉指标，但矿石粒度的减小需要增加破碎磨矿的成本，因此确定适宜矿石粒度为−2.0mm。

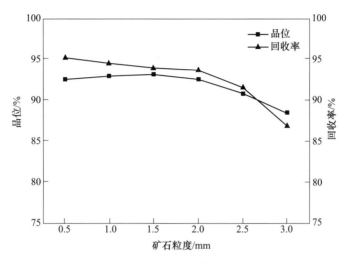

图 9-15 矿石粒度对铁粉指标的影响

9.1.3 深度还原物料分选工艺优化

根据白云鄂博氧化矿石深度还原试验结果，最终确定适宜条件为：还原温度1498K、还原时间30min、配碳系数2.0、煤粉粒度-1.5mm、矿石粒度-2.0mm。在此条件下制备出的还原物料铁品位35.30%，金属铁含量33.05%，金属化率93.63%。为得到符合指标的最终铁粉产品，需要对还原物料进行磨矿和磁选试验，进而确定还原物料适宜的选别流程。

9.1.3.1 还原物料预先脱碳

深度还原需要加入过量的煤以保证还原炉内有足够的还原气氛，故还原物料中未反应的碳（残碳）含量较高。在后续磨矿磁选过程中，含碳量过高将对磨矿和磁选指标产生非常大的影响。因此，还原物料预先脱除残碳是十分必要的。本着"能收早收，能抛早抛"的原则，我们在选铁前进行了深度还原物料预先脱碳。这样不仅可以回收循环利用这部分残碳，节能降耗，还能减少磨选的处理量，提高生产效率和指标。

A 重选脱碳试验

还原物料中残碳的粒度较大，且碳的密度与铁矿物、稀土矿物的差距较大，因此采用重选方法即可有效脱除还原物料中的残碳。采用 XZY-1100×500 型号的摇床对还原物料进行重选预先脱碳试验，结果见表9-3。由表9-3可知，采用摇床预先脱碳，最终获得重精矿指标为：铁品位40.65%，铁回收率98.74%，REO品位8.86%，REO回收率98.32%，碳含量1.37%，碳回收率9.33%。重尾矿中固定碳量为82.50%，回收率90.67%，远远高于配煤中的固定碳量（56.10%），是良好的还原剂。

表 9-3　深度还原物料摇床脱碳试验结果　　　　（%）

产　品	产率	品　位			回收率		
		C	Fe	REO	C	Fe	REO
重精矿	86.11	1.37	40.65	8.86	9.33	98.74	98.32
重尾矿	13.89	82.50	3.22	0.94	90.67	1.26	1.68
给　矿	100.00	12.63	35.45	7.76	100.00	100.00	100.00

由上述试验结果可知，采用摇床预先脱碳，可以获得脱碳率90.67%，铁、稀土回收率都大于98%的良好分选指标。但在实际生产中，摇床分选虽然效率较高，但台时处理能力小，占地面积大。

B　磁选脱碳试验

还原物料的金属化率高达93.64%，因此对还原物料不进行磨矿处理，而直接采用磁选的方法脱除残碳。采用 $\phi240mm×120mm$ 鼓形湿式弱磁选机进行一次磁选试验，结果见表9-4。

表 9-4　深度还原物料磁选脱碳试验结果　　　　（%）

产　品	产率	品　位			回收率		
		C	Fe	REO	C	Fe	REO
磁精矿	63.46	1.42	53.26	7.01	7.04	95.75	55.93
磁尾矿	36.54	32.54	4.11	9.59	92.96	4.25	44.07
给　矿	100.00	12.79	35.30	7.95	100.00	100.00	100.00

由表 9-4 可知，采用磁选预先脱碳，最终获得磁精矿指标为：铁品位53.26%，铁回收率95.75%，REO 品位7.00%，REO 回收率55.89%，碳含量1.42%，碳回收率7.04%。磁尾矿中固定碳量为32.54%，回收率92.96%。由上述试验结果可知，尽管磁选脱碳率高达92.96%，铁回收率也较高达到95.75%，但是 REO 的回收率仅为55.89%，不利于该矿的综合利用。同时磁选尾矿中固定碳含量仅为32.54%，无法作为还原剂返回循环利用。

C　磁重联合脱碳试验

针对摇床脱碳处理能力小和磁选脱碳稀土回收率低的问题，提出采用重磁联合流程对深度还原物料进行预先脱碳。即先采用 $\phi240mm×120mm$ 鼓形湿式弱磁选机对深度还原物料进行弱磁选脱碳，然后再用摇床处理磁选尾矿回收稀土矿物，试验结果见表9-5。图9-16为磁重联合脱碳的数质量流程图。由图9-16可知，采用弱磁—摇床磁重联合工艺流程，最终获得精矿的指标为：铁品位

40.91%，铁回收率99.23%，REO品位9.15%，REO回收率98.45%，碳含量1.34%，碳回收率8.95%。尾矿中碳含量81.00%，回收率91.05%。

表9-5 深度还原物料磁重联合工艺流程脱碳试验结果 （%）

产 品	产 率	品 位			回收率		
		C	Fe	REO	C	Fe	REO
磁精矿	63.46	1.42	53.26	7.01	7.04	95.75	55.93
重精矿	22.16	1.10	5.55	15.26	1.91	3.48	42.52
重尾矿	14.38	81.00	1.90	0.86	91.05	0.77	1.55
给 矿	100.00	12.79	35.30	7.95	100.00	100.00	100.00

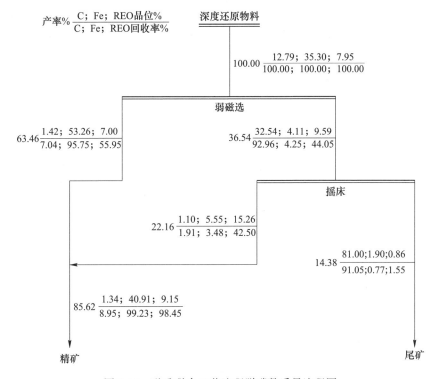

图9-16 磁重联合工艺流程脱碳数质量流程图

对比表9-3~表9-5可以看出，弱磁—摇床磁重联合流程与单一的摇床重选流程相比，铁、稀土回收率及脱碳率均略有提高，更为重要的是摇床的给矿量大幅下降至36.54%，可有效提高生产效率；弱磁—摇床磁重联合流程与单一的弱磁选流程相比，稀土和碳的回收率大幅提高，精矿中稀土回收率由原来的55.93%提高至98.45%，尾矿中碳含量也由原来的32.34%提高至81.00%，是良好的还原剂，可返回深度还原流程循环利用。由此可见，采用弱磁—摇床磁重联合工艺流程脱碳是合理有效的。因此，弱磁—摇床磁重联合流程是还原物料预先脱碳的适宜方法。

9.1.3.2　还原物料磨矿磁选

白云鄂博氧化矿石深度还原物料经弱磁—摇床磁重联合预先脱碳后，铁、稀土等元素均在脱碳还原物料中得到富集，其中铁品位为 40.91%，REO 品位为 9.15%。为进一步得到合格的深度还原铁粉，本节对脱碳还原物料进行磨矿和磁选试验研究，分别考察磨矿粒度及磁场强度对选别效果的影响。

A　磨矿粒度试验

固定磁场强度为 71.67kA/m，还原物料经一次磁选的试验结果如图 9-17 所示。由图 9-17 可见，随着还原物料-0.074mm 含量由 20% 增加到 80%，铁粉品位由 73.72% 提高到 82.73%，而铁的回收率（相对于脱碳后还原物料）较高且无明显变化。因此，磨矿粒度对精矿品位有很大影响而对回收率影响很小。同时，与之前深度还原条件试验中的磁选效果相比较，所获得铁粉回收率基本一致，但品位下降了近 10%。

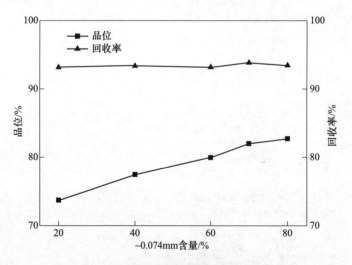

图 9-17　磨矿粒度对铁粉指标的影响

这可能是因为高温下铁颗粒表面不可避免地黏结细粒脉石杂质，在磨矿过程中如果不使这些杂质从铁颗粒上解离下来就不能得到较高品位的铁精矿。采用振动研磨机磨矿时，由于其磨矿效率较高，能轻易粉碎还原物料中较大的铁颗粒，大大降低还原物料的粒度，使金属铁的单体解离度较高，因此采用振动研磨机磨矿可以获得较好的分选指标；而采用 $\phi200mm \times 200mm$ 筒式球磨机磨矿时，其研磨和冲击作用力较前者差距较大，因此在处理这些金属铁颗粒含量较高的还原物料时，一方面由于金属铁颗粒延展性较强，筒式球磨机不能有效地将这些较大的金属铁颗粒破碎，同时这些大颗粒的存在也影响细粒级金属铁颗粒的单体解离，因此筒式球磨机的磨矿效率较低，很难获得-0.074mm 含量大于 80% 的还原物料；另一方面由于金属铁颗粒磁性很强，因此磁选时夹杂着脉石矿物全部进入精矿产品中，从而造成选出的铁粉品位较低，但回收率较高，且回收率受磨矿粒度的影响不大。

分别采用振动研磨机和筒式球磨机进行磨矿磁选，得到的铁粉 SEM 图像如图 9-18 所示。从图 9-18（a）可以看出，铁颗粒较细，且几乎没有完整的较大的铁颗粒存在，这说明振动研磨机能完全将大颗粒碾细，从而消除其对细粒级铁颗粒的影响。由图 9-18（b）可见，较大完整的圆形颗粒依然存在，这些较大的金属铁颗粒影响了细粒级铁颗粒的单体解离，从而影响到铁粉品位的提高。但该还原物料通过粗细分级和优化选别流程有可能会获得品位更高的铁粉。经综合考虑，选择磨矿粒度为-0.074mm 含量占 70%。

图 9-18 铁粉的 SEM 图像
（a）振动研磨机获得的铁粉；（b）筒式球磨机获得的铁粉

B 磁场强度试验

当磨矿粒度为-0.074mm 占 70% 时，一次磁选磁场强度对磁选产品指标的影响如图 9-19 所示。由图 9-19 可见，当磁场强度由 39.79kA/m 增加到 71.67kA/m 时，产品铁品位由 87.16% 降低到 82.50%，铁的回收率由 48.00% 迅速提高到 93.45%，此后磁场强度再增加时，产品铁品位及回收率变化不大。因此，确定适宜磁场强度为 71.67kA/m。

C 细筛分选试验

由以上还原物料的磁选试验结果可知，还原物料中的金属铁颗粒致使其可磨性差。因此采用一段磨矿、一段磁选得到的精矿产品品位较低，达不到预期指标。根据对还原物料性质的分析，单体金属铁颗粒的杂质含量低，品位较高。因

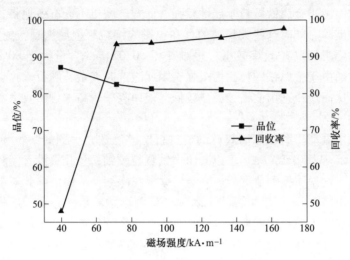

图 9-19　磁场强度对铁粉指标的影响

此在一段磨矿后，可以采用细筛的方法将较大金属铁颗粒先分离出来，减少其对细粒级金属铁磨矿的影响。

　　将不同磨矿时间下的还原物料用 0.28mm 筛子筛分，考察磨矿时间对筛上产品指标的影响，结果如图 9-20 所示。由图 9-20 可见，随着磨矿时间由 2min 增加到 10min，筛上产品的铁品位由 62.30% 快速提高至 94.15%，此后随着磨矿时间的进一步延长至 25min，筛上产品的铁品位略有升高至 95.22%。由此可见，在一定磨矿粒度下，经过筛分可直接获得高品位的金属铁颗粒。而随着磨矿时间由 2min 增加到 25min，筛上产品的铁回收率由 82.69% 快速下降至 9.52%。

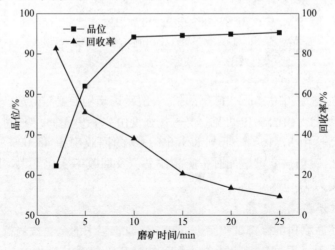

图 9-20　磨矿时间对筛上产品指标的影响

综合考虑，决定将磨矿时间定为10min，此时得到的还原物料的磨矿粒度为 -0.074mm 占 57.18%，在该磨矿粒度下经 0.28mm 筛子筛分可直接得到品位 94.15%、回收率 37.90% 的金属铁粉。

D 流程稳定试验

根据对还原物料性质分析及以上分选试验结果，决定采用阶段磨矿、粗细分选的工艺流程处理该还原物料。经一段磨矿后，粗粒级部分经筛分直接得到金属铁颗粒，筛下的细粒级进行再磨再选，这样不仅能减少较大金属铁颗粒对细粒级磨选的影响，还能减小二次磨矿的负荷，节约磨矿能耗，使选矿过程更趋合理，更有利于流程中技术指标的提高。根据提出的"阶段磨矿、粗细分选"流程又进行优化试验，确定一段磨矿粒度 -0.074mm 占 57.18%，二段磨矿粒度 -0.074mm 占 85.66%。根据上述试验中确定的脱碳及分选流程，进行流程稳定试验，结果见表9-6，数质量流程图如图9-21所示。

表 9-6 流程试验结果 （%）

产 品	产 率	品 位		回 收 率	
		Fe	REO	Fe	REO
铁 粉	35.78	92.02	0.28	93.27	1.26
尾 矿	49.84	4.22	15.50	5.96	97.18
残 碳	14.38	1.90	0.86	0.77	1.55
给 矿	100.00	35.30	7.95	100.00	100.00

由试验结果可知，采用阶段磨矿—粗细分选的流程，最终获得了铁品位 92.02%、回收率 93.27% 的铁粉和 REO 品位 15.50%、回收率 97.18% 的尾矿，而残碳固定碳含量高达 81.00%，是良好的还原剂，可返回深度还原流程循环利用。

铁粉化学成分分析结果见表9-7，XRD分析结果如图9-22所示。化学成分分析及 XRD 分析结果表明，铁粉主要成分为金属铁，铁品位及金属化率（94.18%）较高，碳和二氧化硅含量较低，从产品的化学成分判断可作为炼钢原料。但铁粉 P、S 含量偏高，在炼钢过程需加强脱 P、S 作业。

表 9-7 铁粉化学成分 （质量分数） （%）

TFe	MFe	REO	Nb_2O_5	F	P	S	K_2O
92.02	86.66	0.28	0.079	0.33	1.02	0.46	<0.01
Na_2O	SiO_2	CaO	MgO	BaO	Al_2O_3	MnO	C
0.13	1.88	1.36	0.25	0.19	0.15	0.47	0.78

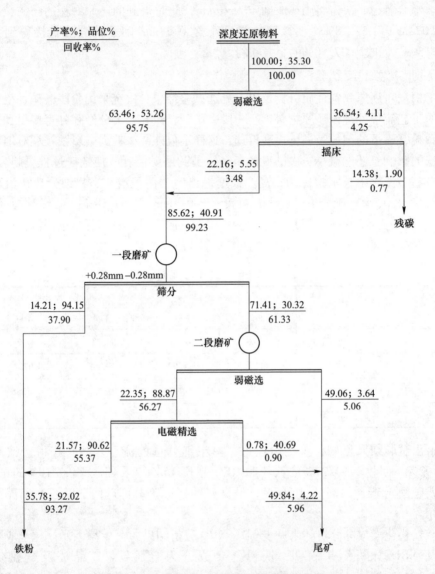

图 9-21 阶段磨矿—粗细分选数质量流程图

由稀土矿物的还原热力学分析可知，稀土元素并不能被还原进入铁粉中。但从表 9-7 可见，铁粉中仍含 0.28% 的稀土元素。铁粉的 SEM 图像及 EDS 能谱分析如图 9-23 所示。由图 9-23 可知，铁粉表面白色物质的主要成分是 RE、O、Ca、Si 等元素，参考图 9-24 尾矿 XRD 的分析结果，可以判断稀土矿物以含稀土相（$CaO \cdot 2RE_2O_3 \cdot 3SiO_2$）的形式存在，并黏附在金属铁颗粒的表面，从而导致少量的稀土元素最终进入铁粉中。

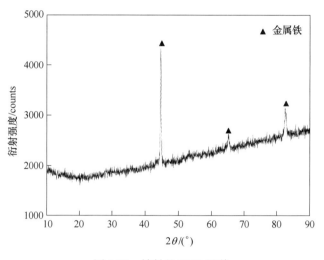

图 9-22 铁粉的 XRD 图谱

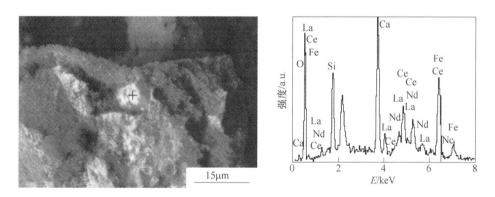

图 9-23 铁粉的 SEM 图像及 EDS 能谱分析

尾矿化学成分分析结果见表 9-8，XRD 分析结果如图 9-24 所示。由表 9-8 可知，尾矿主要成分以 CaO、SiO_2、REO 及 F 为主。XRD 分析结果表明，尾矿中矿物成分复杂，主要由萤石（CaF_2）、稀土氧化物（RE_2O_3）、含稀土相（CaO·$2RE_2O_3$·$3SiO_2$）以及硫化钙（CaS）等组成。

表 9-8　尾矿化学成分（质量分数）　　　　　　　（%）

TFe	REO	Nb_2O_5	F	P	S	K_2O	Na_2O
4.22	15.50	0.203	15.73	0.48	1.34	0.64	1.21

SiO_2	CaO	MgO	BaO	Al_2O_3	MnO	C	
22.29	27.31	3.14	2.85	2.35	1.79	1.74	

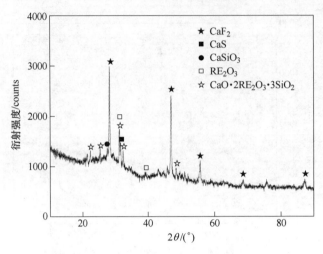

图 9-24　磁选尾矿 XRD 图谱

9.2　高磷铁矿深度还原富磷-高磷铁粉脱磷综合利用技术

深度还原—磁选新工艺为复杂难选铁矿的高效开发利用开辟了一条新途径。文献表明，采用深度还原—磁选工艺处理高磷铁矿石取得了磁选铁粉品位和回收率均大于 90% 的良好分选指标[1~6]。但深度还原过程中矿石中的磷矿物也会被还原，磷迁移进入金属相，导致磁选产品中磷的含量偏高。因此，许多科研工作者在深度还原过程中通过添加脱磷剂的方法来降低铁粉中磷的含量[7~9]。虽然这种方法脱磷效果显著，但脱磷剂使用量高达原矿质量的 20% 左右，增加了深度还原的成本，同时也造成了磷资源的浪费，尤其是当矿石中磷含量相对较高时，脱磷剂用量会进一步增加。

磷是钢材中最主要的有害杂质之一，在炼钢过程中大部分磷需要脱除，使其进入钢渣中[10,11]。在冶炼过程可以采用铁水预处理或转炉炼钢技术脱磷。铁水预处理脱磷的代表工艺有日本新日铁 ORP、住友金属的 SARP 等；转炉内脱磷的代表工艺有神户制钢的 H 炉、住友金属的 SRP、新日铁的 LD-ORP、F-MURC 等[12~14]。吴巍等人[15]以磷含量 2.02% 的生铁为原料，进行了高磷铁水脱磷和炼钢试验研究。结果表明，脱磷预处理期的脱磷率为 86.6%，钢中磷含量为 0.27%；至炼钢脱碳结束时的总脱磷率为 97.8%，钢中磷含量为 0.045%。

P_2O_5 含量较高（>10%）的钢渣可直接作为磷肥，即钢渣磷肥；P_2O_5 含量较低（4%~7%）的钢渣可作土壤改良剂。钢渣磷肥被作为农业肥料已有百余年的历史，特别是法国、德国等含磷铁矿比较丰富的国家，钢渣磷肥占磷肥总量的 13%~16%。金恒阁等人[16]对高磷钢渣的综合利用进行了试验研究，结果表明：钢渣磷肥制造工艺简单、成本低廉，既能提高农作物产量和品质，又能改良土壤，减少环境污染。刘河云[17]研究认为钢渣是钙镁磷肥最适宜添加物，添加钢渣不会对钙镁磷肥的指标有影响，且成本低廉，环保安全，节能降耗。

通常钢渣中 P_2O_5 的含量为 1%~3%（<5%），难以作为磷肥或其他磷资源进一步回收利用[18]。然而有研究表明，起源于日本的一种双联炼钢法在有效脱磷的同时，可以获得高磷钢渣[19]。采用该工艺炼钢，对于普通铁水（$w[P]=$ 0.1%）可获得 P_2O_5 含量 5% 的脱磷钢渣；当铁水中磷含量达到 0.15%~0.25% 时，钢渣中的 P_2O_5 的含量可达 10%[10]。高磷铁水生产低磷钢技术的成功应用为高磷铁粉的有效利用提供了广阔的前景[20,21]。

基于上述事实，我们提出了高磷铁矿石深度还原富磷—高磷铁粉脱磷综合利用技术。对于磷含量相对较高的铁矿石，在深度还原过程中，还原铁矿物的同时将磷矿物也还原为单质磷，并促使其进入铁相，通过磁选得到富磷铁粉。之后，采用脱磷炼钢工艺对富磷铁粉进行精炼，在获得合格钢材的同时，得到高磷钢渣，将高磷钢渣用于制作磷肥或作为进一步提取磷的原料。深度还原富磷—高磷铁粉脱磷综合利用技术不仅实现了矿石中铁的高效回收，同时也为磷的利用创造了条件，为高磷难选铁矿的综合利用提供了全新的研究思路。

9.2.1 研究方法

9.2.1.1 试验原料

高磷鲕状赤铁矿石为我国典型的含磷难选铁矿资源。因此，选取湖北官店的高磷鲕状赤铁矿石为试验原料，所用的还原剂为外购神府普通烟煤。高磷鲕状赤铁矿石性质如 4.1.1 节所述，煤粉性质如 9.1.1.1 节所述。深度还原试验过程中，采用分析纯级的 CaO 进行 CaO 用量试验。分析纯级的 CaO、SiO_2、Al_2O_3、Fe_3O_4 作为脱磷剂进行高磷铁粉脱磷试验。

9.2.1.2 试验流程

A 深度还原试验

高磷鲕状赤铁矿石深度还原富磷工艺优化采用的还原设备为自行设计的单向加热炉（见图 9-25），其恒温带长度为 900mm，升温速率可达 20K/min，工作温度可达 1873K，控温系统为 PID 可编程控制柜。深度还原试验的具体操作为：将破碎至-2mm 的矿样、煤粉和 CaO 按照预先设定比例混合均匀，称取 500g 混合样品装入钢坩埚中，待炉膛内温度达到预设温度时，快速将坩埚放入炉膛内，待温度回升至预设温度后，开始计时并保持恒温，到规定时间后迅速将还原物料取出水淬冷却，待物料冷却后将其置于烘箱内烘干备用。由于还原炉为非封闭系统，为保持深度还原过程中炉膛内的还原气氛，试验过程中在炉膛两端加入保护煤，保护试样不被氧化。

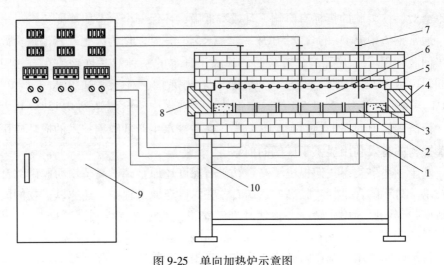

图 9-25 单向加热炉示意图

1—炉体；2—钢坩埚（还原物料）；3—钢坩埚（保护煤）；4—出料口；5—加热体；
6—炉膛；7—热电偶；8—进料口；9—控制柜；10—底座

均匀缩取还原物料 10g，采用 GJE100-1 型密封式化验制样粉碎机将其磨碎至
−0.074mm 后，化验分析 TFe、MFe 的品位，计算还原物料的金属化率，计算公
式与式（5-1）相同。另取还原物料 200g 进行磨矿磁选试验，具体操作过程为：
采用 XMB 型棒磨机在矿浆浓度 70% 条件下将还原物料磨至 −0.074mm 粒级占
85%；然后用 XCRS 型湿式弱磁选机在磁场强度 72kA/m 条件下进行磁选分离，
分选所得磁性产品为磁选产品（即深度还原铁粉）；磁选产品经过滤、干燥后，
取样化验分析 TFe 和 P 的品位，分别计算铁和磷的回收率，铁回收率计算公式为
式（5-2）。

还原过程中磷矿物还原为单质磷，部分单质磷迁移进入金属铁相，部分单质
磷挥发进入气相，而未还原的磷矿物及尚未迁移或挥发的磷赋存于渣相中。进入
气相和存在于渣相中的磷难以回收利用，只有进入还原铁粉中的磷可以在后续脱
磷冶炼过程中进入钢渣，形成高磷钢渣。因此，磁选产品中磷的品位及回收率同
样是深度还原富磷工艺优化的重要指标。然而与金属铁不同，部分磷元素在还原
过程中随气相挥发流失，导致还原物料中磷的含量与相应的矿样中磷的含量不
同。因此，磷的回收率计算公式应为：

$$\varepsilon_P = \frac{w_P^1 m_1}{w_P^0 m_0} \times 100\% \tag{9-1}$$

式中，ε_P 为磁选产品中磷的回收率，%；w_P^1 为产品中磷的品位，%；m_1 为产品的质
量，g；w_P^0 为矿样中磷的品位，%；m_0 为产出入选还原物料所需矿样的质量，g。

B 高磷铁粉脱磷试验

高磷铁粉脱磷试验在竖式管式炉中进行。试验之前，用 CaO、SiO_2、Al_2O_3、Fe_3O_4 化学试剂制备预熔渣作为母渣。试验时，在母渣的基础上，用化学试剂进行成分微调，配制不同成分的脱磷渣。将 40g 高磷铁粉和按渣金比（脱磷渣与高磷铁粉的质量比）0.2 称取的脱磷渣放入刚玉坩埚中，刚玉坩埚外套石墨坩埚保护。待炉管温度升至 1873K 时，将坩埚放入炉管内，待渣金熔融后开始计时，到指定时间取出坩埚自然冷却，得到金属块和富磷渣。取金属块的钻屑和磨细至 -68.70μm 粒级含量占 90% 的富磷渣，分别化验金属相的磷含量以及渣相的 P_2O_5 含量，并按式（9-2）计算脱磷率。

$$\eta_P = \frac{w_{i[P]} - w_{f[P]}}{w_{i[P]}} \times 100\% \tag{9-2}$$

式中，η_P 为脱磷率，%；$w_{i[P]}$ 为金属相初始磷含量，%；$w_{f[P]}$ 为脱磷终点金属相磷含量，%。

9.2.2 深度还原富磷工艺优化

以还原物料金属化率、磁选产品中铁和磷的品位及回收率作为评价指标，重点考察还原温度、还原时间、C 与 O 摩尔比和 CaO 用量对上述指标的影响。在保证铁分选指标的前提下，结合磷的回收情况，确定高磷鲕状赤铁矿石深度还原富磷工艺适宜的条件。具体试验过程为：首先确定适宜的深度还原温度，之后在最优的还原温度下探索合适的深度还原时间，然后在适宜的深度还原温度和时间下探究适宜的 C 与 O 摩尔比，最后再研究 CaO 用量对还原指标的影响。

9.2.2.1 还原温度的影响

在深度还原过程中，还原温度是影响铁氧化物还原程度的决定性因素，因此首先考查还原温度条件对深度还原产品指标的影响。固定试验条件为：还原时间为 50min，C 与 O 摩尔比为 2.5，CaO 用量为 0。还原温度选取 1423K、1448K、1473K、1498K、1523K 和 1548K。还原温度对还原物料金属化率及分选指标的影响如图 9-26 所示。

从图 9-26（a）可以看出，还原温度对还原物料金属化率的影响显著。当还原温度由 1423K 升高到 1523K 时，还原物料金属化率迅速地从 76.07% 升高到 90.09%。但此后温度进一步升高，还原物料金属化率反而略有下降。还原温度为 1523K 时，还原物料金属化率达到最大值。这是由于铁氧化物还原反应为吸热反应，温度升高能够促进铁氧化物的还原。但还原温度过高，还原过程中生成的铁橄榄石（Fe_2SiO_4）和铁尖晶石（$FeAl_2O_4$）的数量也会相应增加，导致 FeO 还原为金属铁的难度增大[22]。同时，低熔点化合物铁橄榄石会使物料发生软化和

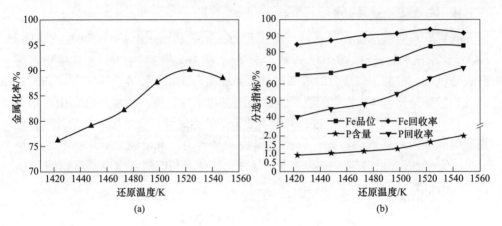

图 9-26　还原温度对还原物料金属化率及分选指标的影响

（a）还原物料金属化率；（b）还原物料分选指标

熔化，进而使矿物原料的孔隙率下降，降低物料的通透性，从而阻碍还原气体对铁氧化物的还原反应。

由图 9-26（b）可知，随着还原温度的升高，磁选产品的铁品位由 1423K 时的 65.87% 升高到 1523K 时的 83.39%，之后则趋于平缓；铁回收率亦从 1423K 的 84.63% 升高到 1523K 的 93.91%，1523K 之后呈现出降低趋势。这是由于还原温度过高时，形成的铁橄榄石和尖晶石的数量增多，而铁橄榄石和尖晶石为弱磁性矿物，在弱磁选过程中进入磁选尾矿。磁选产品磷的品位和回收率随着还原温度升高均呈现不断升高的趋势，尤其是当还原温度高于 1498K 后，升高趋势更加明显。还原温度为 1548K 时，磁选产品中磷的品位和回收率达到最大值，分别为 2.03% 和 70.33%。这是因为温度升高促进了磷矿物的还原，更多的磷矿物还原为单质磷；而且，随着温度升高，还原物料中金属铁的含量增加，这就为磷单质提供了更加充分的富集区域；同时，温度越高，分子之间的无规则热运动也变得更加剧烈，从而更有利于磷迁移到铁相中。

根据上述分析，确定最佳的还原温度为 1523K，该温度下还原物料金属化率为 90.09%，磁选产品铁品位为 83.39%，铁回收率为 93.91%，磷品位为 1.66%，磷回收率为 63.54%。

9.2.2.2　还原时间的影响

根据还原温度条件试验的结果，在还原温度为 1523K、C 与 O 摩尔比为 2.5 和 CaO 用量为 0 的条件下进行还原时间试验，还原时间设定为 20min、30min、40min、50min、60min 和 70min。还原时间对还原物料金属化率及分选指标的影响如图 9-27 所示。由图 9-27 可以发现，还原时间对还原物料金属化率及磁选指

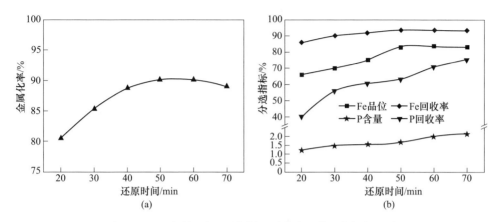

图 9-27　还原时间对还原物料金属化率及分选指标的影响

（a）还原物料金属化率；（b）还原物料分选指标

标的影响较大。还原物料的金属化率随着还原时间的延长逐渐升高，并在还原时间为 50min 时达到最大值 90.09%，当还原时间超过 50min 后，金属化率则略微地下降。在还原时间从 20min 增加到 50min 的过程中，磁选产品铁品位及铁的回收率逐渐增加，之后随着还原时间的进一步延长，两者趋于平稳。这是因为在还原的初始阶段，矿样颗粒与还原剂煤粉颗粒的接触条件良好，并且产生的 CO 浓度比较高，还原反应进行得较为激烈，尤其是在还原物料的表面，铁的氧化物较快地还原成金属铁，这也说明为什么在反应的初期，铁的品位可以从原来的 70.15% 迅速增长到 85.63%，以及还原物料的金属化率在 30min 时就可以达到 85.37%。但是，随着反应时间的延长，还原剂逐渐被消耗，铁矿物颗粒与煤颗粒之间逐渐分离，CO 浓度也逐渐降低，这使得还原反应速率降低并趋于反应平衡[23,24]，故铁的品位和回收率虽然在增加，但是并不明显，且还原物料的金属化率也趋于稳定状态；但是，还原炉为非封闭系统，当还原时间过长时，炉内还原性气氛降低而氧化性气氛增强，已还原的少量金属铁被氧化，从而造成还原物料的金属化率略有下降。

在整个还原时间范围内，还原铁粉磷的品位及回收率随着时间的延长均呈现出上升的趋势。当还原时间从 20min 延长到 70min 时，磷的品位和回收率分别由 1.22% 和 39.98% 升高到 2.14% 和 75.29%。这一方面是由于随着还原时间的延长，矿石中发生还原反应的磷矿物的数量逐渐增多，产生的单质磷的数量随之增加，同时还原物料中金属铁的含量明显增加，这就使得越来越多的单质磷在金属相中得以富集；另一方面，还原时间的延长为磷在金属铁中的富集提供了更加充裕的时间，进而使得较多的磷能够进入铁相并逐渐富集。

尽管还原时间越长，越有利于磷在金属铁中的富集，但是在还原时间 50min

时，金属化率及铁的分选指标就已经达到了最大值，并且还原铁粉磷的品位太高会增加后续炼钢脱磷作业的难度和成本，因此确定适宜的还原时间为 50min。

9.2.2.3　C 与 O 摩尔比的影响

以煤粉作还原剂还原铁矿石时，还原剂的用量依据矿石中铁氧化物的氧含量来确定。已有研究表明，在一定范围内，随着还原剂用量的增加，还原速度和还原物料的金属化率明显提高。还原剂用量用 C 与 O 摩尔比表示，即煤粉中固定碳和矿石中铁氧化物中氧的摩尔数之比。为考察 C 与 O 摩尔比对深度还原过程的影响，根据前文试验结果，设定还原温度为 1523K，还原时间为 50min，CaO用量为 0，调整 C 与 O 摩尔比分别为 0.5、1.0、1.5、2.0、2.5 和 3.0，依次进行 C 与 O 摩尔比条件试验。图 9-28 所示为 C 与 O 摩尔比对还原物料金属化率及分选指标的影响。

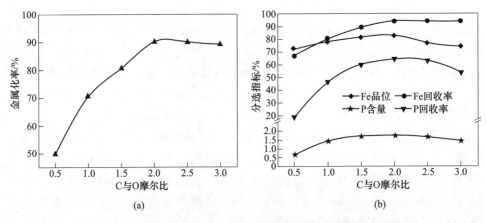

(a)　　　　　　　　　　　　　　　　(b)

图 9-28　C 与 O 摩尔比对还原物料金属化率及分选指标的影响

(a) 还原物料金属化率；(b) 还原物料分选指标

由图 9-28 可以看到，C 与 O 摩尔比对还原物料的金属化率及其磁选指标的影响十分显著。当 C 与 O 摩尔比从 0.5 增加到 2.0 时，还原物料的金属化率由49.69% 迅速地增加到 90.12%，此后 C 与 O 摩尔比进一步增加时，金属化率则趋于平稳不再提高（见图 9-28（a））。C 与 O 摩尔比增加会提高 Boudouard 反应的反应速率，进而产生大量的 CO，为铁氧化物的还原提供更强的化学驱动力，从而加速铁氧化物的还原[25,26]；同时 C 与 O 摩尔比的增加，增大了铁矿粉和煤粉的接触面积，这也将促进铁氧化物的还原；但是随着 C 与 O 摩尔比进一步增加，这种作用会逐渐减弱。因此，当 C 与 O 摩尔比小于 2.0 时，随着 C 与 O 摩尔比增加金属化率快速升高，当 C 与 O 摩尔比超过 2.0 后金属化率不再增加。

由图 9-28（b）可知，随着 C 与 O 摩尔比的增加，磁选产品的铁品位及回收率逐渐增加，但当 C 与 O 摩尔比大于 2.0 后，铁品位反而逐渐降低，回收率升高也变得非常缓慢。这可能是因为 C 与 O 摩尔比过大时，未反应的残留煤粉数量过多，对还原物料的磁选分离产生了不利影响，故而磁选产品的铁品位有所降低。

随着 C 与 O 摩尔比的增大，磁选产品磷的品位和回收率均呈现出先升高后降低的变化规律，并在 C 与 O 摩尔比 2.0 时分别达到最大值 1.76% 和 64.35%（见图 9-28（b））。这是由于随着 C 与 O 摩尔比的增大，还原体系内还原剂煤粉的含量增加，矿石中磷矿物与还原剂煤粉接触变得更充分，促进了磷矿物还原反应的进行。但是，当 C 与 O 摩尔比过大时，由于部分未反应完全的残留煤粉的存在，间接减小了磷与铁的相对接触面积，阻碍了磷迁移的进行；同时，随着 C 与 O 摩尔比增加，还原体系内挥发分含量也增加，这导致随挥发分流失的磷的数量有所增加。因此，C 与 O 摩尔比大于 2.0 后，磁选产品磷的品位和回收率逐渐开始下降。

基于上述分析，确定最佳的 C 与 O 摩尔比为 2.0，该条件下还原物料金属化率为 90.12%，磁选产品铁品位为 83.31%，铁回收率为 94.31%，磷品位为 1.76%，磷回收率为 64.35%。

9.2.2.4 CaO 用量的影响

有研究表明，CaO 可以促进铁矿石煤基还原过程中铁氧化物的还原[27]。采取添加分析纯试剂 CaO 的方式，研究 CaO 的用量（以占矿石重量的百分比计）对深度还原过程的影响。根据前文试验结果，设定还原温度为 1523K，还原时间为 50min，C 与 O 摩尔比为 2.0，在 CaO 的用量分别为 2%、4%、6% 和 8% 的情况下进行 CaO 用量条件试验。CaO 用量对还原物料金属化率及分选指标的影响如图 9-29 所示。

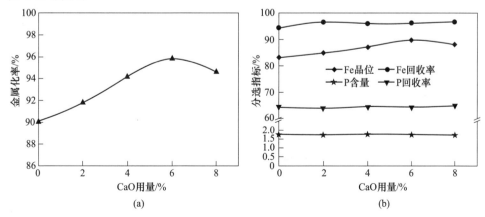

图 9-29 CaO 用量对还原物料金属化率及分选指标的影响

（a）还原物料金属化率；（b）还原物料分选指标

由图 9-29 可以发现，CaO 用量对还原物料的金属化率及磁选产品的铁品位影响十分明显。随着 CaO 用量的增加，还原物料的金属化率及磁选产品的铁品位先逐渐升高，在 CaO 用量为 6% 时分别达到最大值 95.82% 和 89.78%，之后随着 CaO 用量的增加又略有降低。当 CaO 用量从 0 增加到 2% 时，铁的回收率从 94.31% 增加到 96.66%；当 CaO 用量大于 2% 后，铁的回收率开始趋于平稳。这是由于在还原过程中，部分 FeO 会与 SiO_2 反应生成铁橄榄石，而 CaO 可以置换出铁橄榄石中的 FeO（$2CaO+2FeO \cdot SiO_2 = 2FeO+2CaO \cdot SiO_2$），促进 FeO 进一步被 CO 或 C 还原为金属铁[23]；但是 CaO 能降低铁矿石的熔化温度和还原体系的黏度，CaO 添加量的增多也有可能使矿石或固相反应生成物开始熔化黏结，并在还原物料的表面形成液相，使原料的孔隙率下降，阻碍还原气体向内部扩散，导致还原动力学条件恶化，不利于铁矿物的还原。由图 9-29 还可发现，CaO 用量对磁选产品磷的品位及回收率影响并不显著，随着 CaO 用量的增加，磷的品位和回收率分别在 1.72%~1.78% 和 63.97%~64.88% 范围内波动。

综上所述，确定适宜的 CaO 用量为 6%，该条件下还原物料金属化率为 95.82%，磁选产品铁品位为 89.78%，铁回收率为 96.21%，磷品位为 1.76%，磷回收率为 64.45%。

9.2.3　高磷铁粉的制备

根据前文试验结果，高磷鲕状赤铁矿石深度还原富磷工艺的最优还原条件为：还原温度 1523K、还原时间 50min、C 与 O 摩尔比 2.0、CaO 用量 6%。在该条件下进行深度还原，获得深度还原物料。最佳还原条件下还原物料的 X 射线衍射图谱如图 9-30 所示。由图 9-30 可以发现，铁元素主要以金属铁的形式存在于

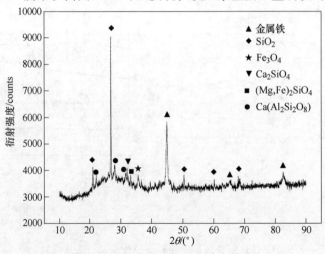

图 9-30　最佳还原条件下还原物料的 XRD 图谱

还原物料中。当金属铁与渣相解离后，金属铁很容易通过磁选的方式实现富集。SiO_2 仍然是主要的杂质成分。然而与原矿样的 XRD 图谱（见图 9-1）对比分析可知，还原后 SiO_2 的衍射峰强度明显变弱，这表明还原过程中 SiO_2 发生了反应；并且 Fe_2O_3 的衍射峰完全消失，铁矿物还原的中间产物 Fe_3O_4 和 Fe_2SiO_4 存在于还原物料中。由图 9-30 还可以看出，经过还原后矿石中鲕绿泥石的衍射峰消失，新出现了 Ca_2SiO_4 和 $Ca(Al_2Si_2O_8)$ 的衍射峰，这说明在 CaO 的作用下鲕绿泥石及还原过程中形成的 Fe_2SiO_4 会被进一步还原为金属铁，进一步证实了 CaO 能够提高还原物料的金属化率。尽管 CaO 可以促进 Fe_2SiO_4 的还原，但是这一反应非常困难，因此深度还原过程中，矿石中的铁矿物并不能 100% 被还原为金属铁。

为了便于对比分析，首先对原矿样进行 SEM-EDS 分析，结果如图 9-31 所示。由图 9-31 可以看到，原矿石中的铁矿物与脉石矿物紧密相连，二者之间没有明显的边界。由元素的面扫描结果可知，Fe、O、Si、Al、Ca、P 元素较为均匀地分布于整个扫描区域。Fe 和 O 两种元素的分布位置一致，这表明矿石中铁以氧化物的形式存在。Ca 和 P 两种元素的分布位置相吻合，这说明磷元素与钙元素结合紧密，二者以磷灰石的形式存在。根据原矿 SEM 检测结果，原矿可以视为由多种矿物紧密结合在一起的一个相对均质化的集合体。

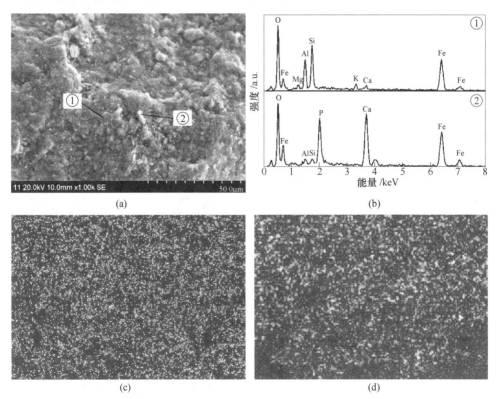

(a)　　　　　　　　　　　　　　(b)

(c)　　　　　　　　　　　　　　(d)

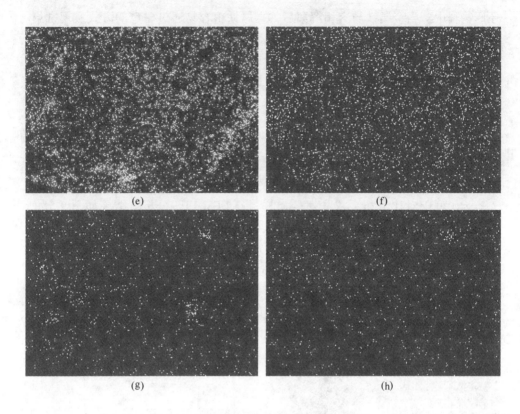

图 9-31　矿样的 SEM 分析结果

(a) SEM 图；(b) EDS 能谱；(c) Fe Ka1；(d) O Ka1；(e) Si Ka1；(f) Al Ka1；

(g) Ca Ka1；(h) P Ka1

　　图 9-32 所示为最佳还原条件下还原物料的扫描电镜和 EDS 能谱分析结果。从还原物料的 SEM 图像可以发现，还原矿中有球形颗粒状物质存在。与原矿相比（见图 9-31），还原后质地紧密完整均一的矿石明显地分为球形物质和非球形物质两部分。通过 EDS 能谱③和④可以断定球形颗粒的主要成分为 Fe，而非球形物质的主要成分为 Si、Al、Mg、Ca 和 O，这表明球形颗粒为金属铁，其余部分为 Si、Al、Ca、O 形成的渣相基体。金属铁颗粒与渣相之间的界限明显，很容易实现两者的解离。同时还可以看到，金属铁颗粒中有磷元素存在，这说明还原过程中矿石中的部分磷矿物被还原为了单质磷，并且单质磷迁移进入铁相。由还原矿表面元素的面扫描结果可知，Fe 和 P 两种元素与金属铁颗粒的分布位置相一致，而 O、Si、Al、Ca 元素则主要分布于金属铁颗粒之间的空隙处，并且 O、Si、Al、Ca 元素的分布位置基本一致。元素的分布规律进一步证实了还原过程中矿石中的铁矿物被还原为了金属铁，磷矿物还原为单质磷，单质磷在金属铁中得以富集。

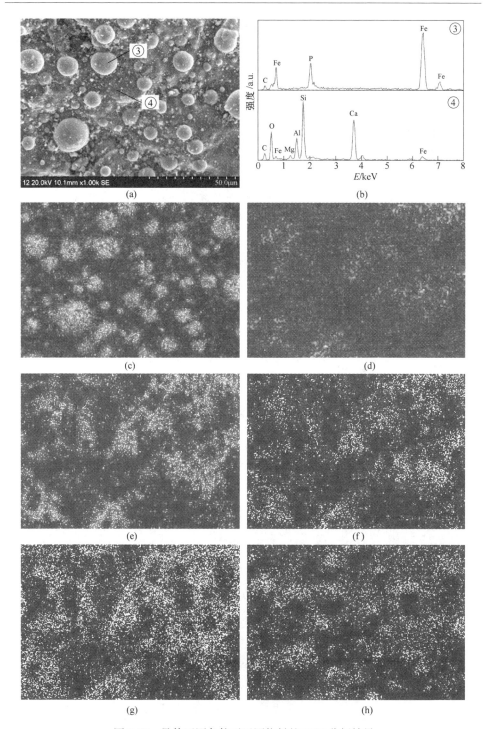

图 9-32 最佳还原条件下还原物料的 SEM 分析结果

(a) SEM 图；(b) EDS 能谱；(c) Fe Ka1；(d) O Ka1；(e) Si Ka1；(f) Al Ka1；(g) Ca Ka1；(h) P Ka1

采用阶段磨矿阶段磁选工艺对还原物料进行分选，制备高磷铁粉。磨矿磁选的条件为：一段磨矿粒度 - 0.074mm 粒级含量占 35%，一段磁选场强 79.62kA/m，二段磨矿粒度−0.074mm 粒级含量占 70%，二段磁选场强 47.77kA/m。深度还原物料经分选，获得了铁品位 89.86%、铁回收率 96.04%、磷品位 1.74%、磷回收率 64.27% 的高磷铁粉。深度还原富磷工艺既实现了高磷鲕状赤铁矿石中铁元素的高效回收，同时也实现了磷元素的有效富集。

高磷铁粉的化学成分分析见表 9-9。由表 9-9 可以看到，磁选铁粉的金属化率可达 97.46%，铁粉中酸性杂质（SiO_2 和 Al_2O_3）和有害元素硫的含量相对较低，磷元素的含量为 1.74%。如果采用脱磷炼钢技术对该铁粉进行冶炼，在获得合格钢材的同时完全可以得到 P_2O_5 含量大于 10% 的脱磷钢渣，该钢渣可以用作土壤改良剂或磷肥。

表 9-9　磁选铁粉化学成分分析（质量分数）　　　　　　（%）

TFe	MFe	FeO	SiO_2	Al_2O_3	CaO	MgO	P	S
89.86	87.58	2.23	3.52	2.31	0.72	0.22	1.73	0.01

高磷铁粉的粒度分布见表 9-10。由表 9-10 可知，绝大部分金属相产物的粒度小于 0.15mm，其中−0.074mm 含量占 56.84%。采用比表面仪对高磷铁粉表面性质进行测定，结果显示其比表面积为 1.974m²/g，孔体积为 $3.656×10^{-3}$mL/g。

表 9-10　高磷金属相产物的粒度分布

粒级/mm	+0.15	−0.15~+0.1	−0.01~+0.074	−0.074~+0.063	−0.063~+0.045	−0.045
含量/%	2.38	10.38	30.41	18.95	19.84	18.04

高磷铁粉的 X 射线衍射图谱如图 9-33 所示。由图 9-33 可以看到，金属铁是

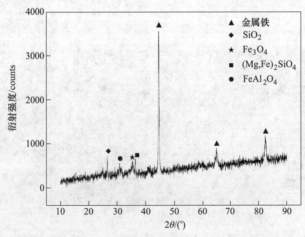

图 9-33　磁选铁粉的 XRD 图谱

磁选铁粉中最主要的存在相。但是铁粉中也有少量杂质存在，如 SiO_2、$(Mg, Fe)_2SiO_4$ 和 $FeAl_2O_4$。这可能是由于在铁颗粒的形成过程中，其表面沾染了上述少许杂质，而这些杂质很难与铁颗粒解离，故而跟随铁颗粒一起进入磁选产品；也可能是磁选过程中磁性夹杂造成的[28]。这也解释了为何磁选铁粉的指标只有 89.86%。

　　图 9-34 为高磷铁粉的扫描电镜图片及 EDS 能谱图。由图 9-34 可以发现，铁粉颗粒粒度分布范围较广，其主要成分为铁，还含有一定量的磷，这表明磁选产品主要由金属铁颗粒组成。同时在部分铁颗粒表面还发现有微细的渣相存在，其组成主要为 Si、Al、Ca、P 和 O，这与 XRD 的分析结果相吻合。这是由于在金属铁颗粒的形成过程中，少量渣相与金属相交互共生，因此这部分渣很难与金属铁颗粒完全解离。由图 9-34 还可以发现铁粉中的金属铁颗粒变得不规则，表面变得粗糙，不再光滑，这是由于磨矿造成的。

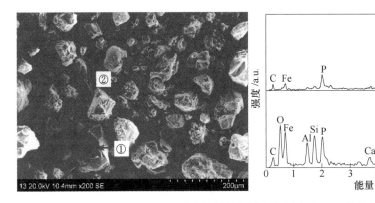

图 9-34　磁选铁粉的扫描电镜图片及 EDS 能谱图

9.2.4　高磷铁粉脱磷冶炼工艺优化

9.2.4.1　脱磷时间对脱磷的影响

　　固定渣金比为 0.2，在金属相中 SiO_2、Al_2O_3 和 FeO 杂质与外配脱磷渣共同形成碱度 3.5、FeO 含量 55% 和 Al_2O_3 含量 6% 渣系的条件下，考察脱磷时间对脱磷效果的影响。终点金属相磷含量及脱磷率如图 9-35 所示，终渣中 P_2O_5 的变化情况如图 9-36 所示。由图 9-35 和图 9-36 可知，脱磷时间由 2min 延长至 5min 时，终点金属相磷含量由 0.88% 降低至 0.23%，脱磷率由 49.43% 增加至 86.78%，终渣 P_2O_5 含量由 7.58% 增加至 13.90%；继续延长脱磷时间至 10~30min，终点金属相磷含量略降至 0.20%±0.01%，终渣 P_2O_5 含量略增至 14.41% 左右。考虑到本试验不属于热力学平衡试验，可认为经 10~30min 脱磷，反应基本结束。为保证不同渣系组成条件下脱磷反应的充分进行，后续试验的脱磷时间为 20min。

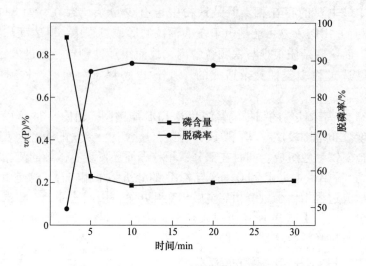

图 9-35　脱磷时间对终点金属相磷含量和脱磷率的影响

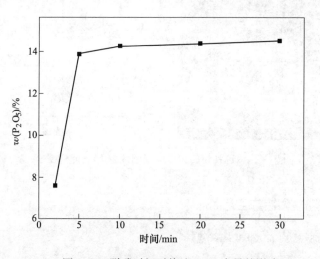

图 9-36　脱磷时间对终渣 P_2O_5 含量的影响

9.2.4.2　渣系碱度对脱磷的影响

固定渣金比为 0.2，在渣系 FeO 含量 55%、Al_2O_3 含量 6%的条件下，考察渣系碱度对高磷金属相产物脱磷的影响。碱度对终点金属相中磷含量和脱磷率的影响如图 9-37 所示，终渣 P_2O_5 含量的变化情况如图 9-38 所示。由图 9-37 和图 9-38 可知，随着渣系碱度由 3.0 增加至 3.5，终点金属相磷含量由 0.29%降低至 0.20%，脱磷率由 83.33%增加至 88.51%，终渣 P_2O_5 含量由 13.12%增加至

14.41%；进一步增加碱度至 5.0，终点金属相磷含量增加至 0.34%，脱磷率降低至 80.46%，终渣 P_2O_5 含量降低至 12.37%。据此，确定适宜的渣系碱度为 3.5。这是因为，在 FeO 含量和 Al_2O_3 含量一定时，升高碱度可以使渣系中 CaO 含量增加，有利于降低熔渣中 P_2O_5 的活度、提高熔渣储存 P_2O_5 的能力，进而提高渣系的脱磷能力。但渣系中 CaO 含量过高可能导致部分 CaO 不能完全融化，悬浮在熔渣中，不利于脱磷[29]。

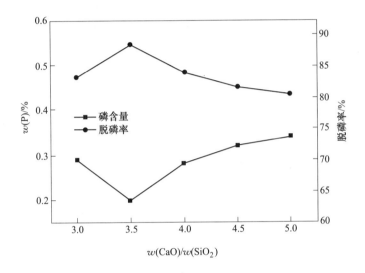

图 9-37 碱度对终点金属相磷含量和脱磷率的影响

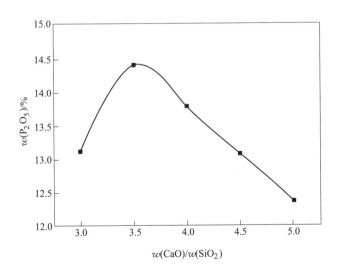

图 9-38 碱度对终渣 P_2O_5 含量的影响

9.2.4.3　渣系氧化性对脱磷的影响

固定渣金比为 0.2，在渣系碱度 3.5、Al_2O_3 含量 6%的条件下，考察渣系氧化性对高磷金属相产物脱磷的影响。氧化性对终点金属相磷含量和脱磷率的影响如图 9-39 所示，终渣 P_2O_5 含量的变化情况如图 9-40 所示。由图 9-39 和图 9-40可知，随着渣中 FeO 含量由 40%增加至 55%，终点金属相的磷含量由 0.45%降低至 0.20%，脱磷率由 74.14%增加至 88.51%，终渣 P_2O_5 含量由 7.88%增加至 14.41%；进一步增加 FeO 含量至 60%，终点金属相的磷含量增加至 0.31%，脱磷率降低至 82.18%，终渣 P_2O_5 含量降低至 13.15%。因此，确定适宜的 FeO

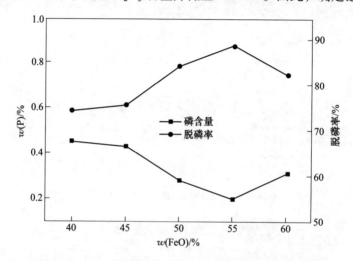

图 9-39　FeO 含量对终点金属相磷含量和脱磷率的影响

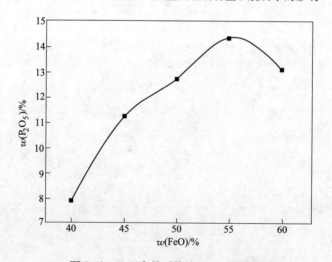

图 9-40　FeO 含量对终渣 P_2O_5 含量的影响

含量为55%。这可能是因为，FeO含量过高时，氧化性过强，部分铁被氧化成Fe_2O_3，与渣中CaO生成$2CaO \cdot Fe_2O_3$，不但没有提高体系的实际氧化性，反而降低了熔渣的实际碱度，不利于脱磷反应。

9.2.4.4 渣系Al_2O_3含量对脱磷的影响

固定渣金比为0.2，在渣系碱度3.5、FeO含量55%的条件下，考察渣系Al_2O_3含量对脱磷的影响。Al_2O_3含量对终点金属相磷含量和脱磷率的影响如图9-41所示，终渣P_2O_5含量的变化情况如图9-42所示。由图9-41和图9-42可见，随着渣系中Al_2O_3含量由4%增加至6%，终点金属相的磷含量由0.26%降低至

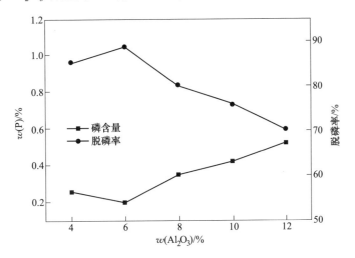

图9-41　Al_2O_3含量对终点金属相磷含量和脱磷率的影响

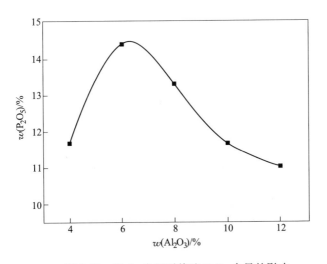

图9-42　Al_2O_3含量对终渣P_2O_5含量的影响

0.20%，脱磷率由 85.06% 升高至 88.51%，终渣 P_2O_5 含量由 11.66% 增加至 14.41%；进一步增加 Al_2O_3 含量至 12%，终点金属相的磷含量增加至 0.52%，脱磷率降低至 70.11%，终渣 P_2O_5 含量降低至 11.02%。因此，确定适宜的 Al_2O_3 含量为 6%。这可能是因为，渣系中含适量的 Al_2O_3 可与其他氧化物形成低熔点物质，进而降低渣系的熔点，改善熔渣流变特性。文献[30] 也认为，在一定范围内增加 Al_2O_3 含量，渣系组分向低熔点的 $12CaO \cdot 7Al_2O_3$ 生成区靠近，有利于降低渣系的熔点；但 Al_2O_3 含量超过 6% 时，会导致形成 $CaO \cdot Al_2O_3$ 和 $CaO \cdot 2Al_2O_3$ 等高熔点物质。

综上，脱磷试验确定适宜的渣系组成为碱度 3.5、FeO 含量 55%、Al_2O_3 含量 6%。在渣金比为 0.2、脱磷温度为 1873K、脱磷时间为 20min 的条件下，金属相中的磷含量可降至 0.2%，同时可获得 P_2O_5 含量 14.41% 的富磷渣。富磷渣中 P_2O_5 的含量超过了可作为钢渣磷肥使用时的含量要求。

9.2.4.5　二次脱磷

脱磷终点金属相中 0.2% 的磷含量依然较高，因此采用换渣技术对其进行二次脱磷。渣金比对二次脱磷终点金属相磷含量和脱磷率的影响如图 9-43 所示。由图 9-43 可见，随着渣金比由 0.05 增加至 0.2，二次脱磷终点金属相磷含量由 0.16% 降低至 0.05%，脱磷率由 20% 增加至 75%。据此可知，通过调节二次脱磷渣用量来控制脱磷终点金属相的磷含量，可获得不同钢种的母液，如耐候钢（$w[P] = 0.07\% \sim 0.15\%$）、易切削钢（$w[P] = 0.05\% \sim 0.15\%$）和普通钢等[31,32]。

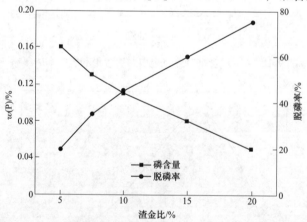

图 9-43　渣金比对终点金属相磷含量和脱磷率的影响

9.2.5　富磷渣的性质及资源化利用

脱磷试验的结果显示，富磷渣中 P_2O_5 含量较高，除初始渣系 FeO 含量为 40% 时富磷渣中 P_2O_5 含量为 7.88% 之外，其余各组试验获得的富磷渣中 P_2O_5 含量均大于 10%。在适宜的脱磷条件下，富磷渣中 P_2O_5 含量甚至高达 14.41%，具备了磷资源化利用的可能性。基于此，借助 XRD 等现代测试手段，研究富磷渣的物相组成，并考察富磷渣作为钢渣磷肥使用的另一重要指标——枸溶性，为实现磷的资源化利用奠定理论基础。

9.2.5.1 富磷渣的物相组成

A 碱度对富磷渣物相组成的影响

初始渣系中 FeO 含量为 55%、Al_2O_3 含量为 6% 时，碱度由 3.0 增加到 5.0 的过程中，富磷渣的 XRD 图谱如图 9-44 所示。由图 9-44 可以看出，渣系碱度的变化导致富磷渣的物相组成及其衍射峰的相对强度不尽相同。总体来讲，富磷渣主要由 $Ca_2Al_2SiO_7$、Ca_2SiO_4、$Ca_5(PO_4)_2SiO_4$、FeO 和 $Ca_2Fe_2O_5$ 等物质组成，磷在富磷渣中以 $Ca_5(PO_4)_2SiO_4$ 的形式存在。碱度对富磷渣物相组成的影响主要体

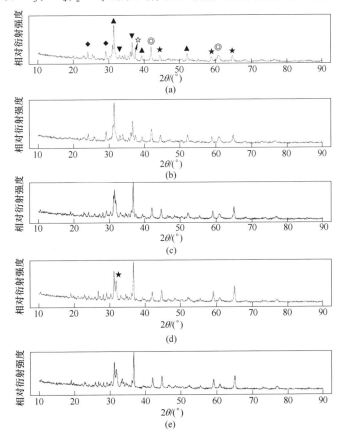

图 9-44 不同碱度下富磷渣的 XRD 图谱

(a) $w(CaO)/w(SiO_2)=5.0$；(b) $w(CaO)/w(SiO_2)=4.5$；(c) $w(CaO)/w(SiO_2)=4.0$；
(d) $w(CaO)/w(SiO_2)=3.5$；(e) $w(CaO)/w(SiO_2)=3.0$

▲—$Ca_2Al_2SiO_7$；▼—Ca_2SiO_4；◆—$Ca_2Fe_2O_5$；★—$Ca_5(PO_4)_2SiO_4$；◎—FeO；☆—CaO

现在游离 CaO 上。碱度低于 3.5 时，富磷渣 XRD 图谱中未见 CaO 的衍射峰；而碱度达到 4.0 以上时，XRD 图谱中出现游离 CaO 的衍射峰，且随着碱度的增加，游离 CaO 的衍射峰的相对强度有所增加。同时，随着碱度的增加，图谱中 Ca_2SiO_4 衍射峰的相对强度有所降低，$Ca_2Al_2SiO_7$、FeO 和 $Ca_2Fe_2O_5$ 衍射峰的相对强度则呈增加趋势，这种变化在碱度达到 4.0 后更为明显。此外，碱度由 3.0 增加到 3.5 的过程中，$Ca_5(PO_4)_2SiO_4$ 衍射峰的相对强度呈增加趋势，进一步增加碱度，$Ca_5(PO_4)_2SiO_4$ 衍射峰的相对强度则逐渐减小。

　　B　氧化性对富磷渣物相组成的影响

　　图 9-45 为初始渣系碱度为 3.5、Al_2O_3 含量为 6% 时，FeO 含量对富磷渣 XRD 图谱的影响。由图 9-45 可见，FeO 含量为 40% 时，富磷渣 XRD 图谱中有明显的

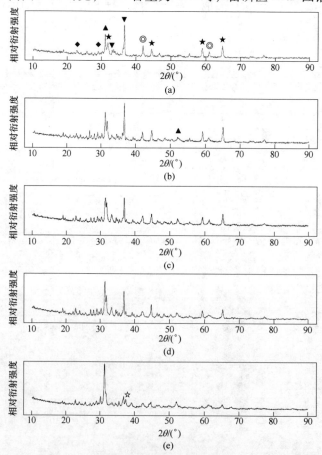

图 9-45　不同 FeO 含量下富磷渣的 XRD 图谱

(a) $w(FeO) = 60\%$；(b) $w(FeO) = 55\%$；(c) $w(FeO) = 50\%$；

(d) $w(FeO) = 45\%$；(e) $w(FeO) = 40\%$

▲—$Ca_2Al_2SiO_7$；▼—Ca_2SiO_4；◆—$Ca_2Fe_2O_5$；★—$Ca_5(PO_4)_2SiO_4$；◎—FeO；☆—CaO

游离 CaO 的衍射峰；随 FeO 含量的增加，游离 CaO 衍射峰的相对强度逐渐减小；FeO 含量为 50%时，游离 CaO 衍射峰基本消失。Ca_2SiO_4 和 FeO 衍射峰的相对强度随 FeO 含量的增加呈增加的趋势，而 $Ca_2Al_2SiO_7$ 衍射峰的相对强度的变化趋势与之相反。此外，FeO 含量由 40%增加到 55%的过程中，$Ca_5(PO_4)_2SiO_4$ 衍射峰的相对强度呈增加趋势，但进一步增加 FeO 含量至 60%时，$Ca_5(PO_4)_2SiO_4$ 衍射峰的相对强度有所减小。

C　Al_2O_3 含量对富磷渣物相组成的影响

初始渣系碱度为 3.5、FeO 含量为 55%时，Al_2O_3 含量由 4%增加到 12%的过程中，富磷渣的 XRD 图谱如图 9-46 所示。由图 9-46 可知，Al_2O_3 含量为 4%时，

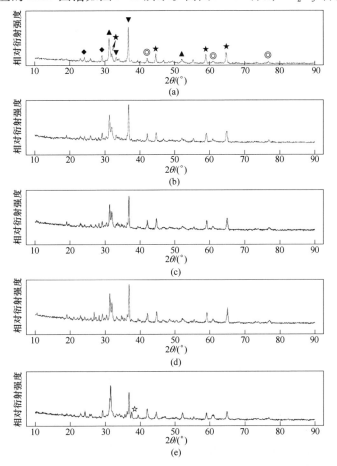

图 9-46　不同 Al_2O_3 含量下富磷渣的 XRD 图谱

(a) $w(Al_2O_3)=12\%$；(b) $w(Al_2O_3)=10\%$；(c) $w(Al_2O_3)=8\%$；
(d) $w(Al_2O_3)=6\%$；(e) $w(Al_2O_3)=4\%$

▲—$Ca_2Al_2SiO_7$；▼—Ca_2SiO_4；◆—$Ca_2Fe_2O_5$；★—$Ca_5(PO_4)_2SiO_4$；◎—FeO；☆—CaO

富磷渣 XRD 图谱中游离 CaO 的衍射峰较为明显；Al_2O_3 含量增加到 6% 及以上时，游离 CaO 的衍射峰基本消失。可能是受游离 CaO 的影响，Al_2O_3 含量为 4% 时，Ca_2SiO_4 衍射峰的相对强度较低。Al_2O_3 含量为 6%~12% 时，Ca_2SiO_4 衍射峰的相对强度差别不大。图谱中 $Ca_2Al_2SiO_7$ 衍射峰的相对强度并未随着 Al_2O_3 含量的增加而增大，同时，FeO 衍射峰的相对强度随着 Al_2O_3 含量的增加略有降低，推测应该是有铁的铝酸盐类物质生成，但生成量较少，未被检测出。此外，Al_2O_3 含量由 4% 增加到 6%，$Ca_5(PO_4)_2SiO_4$ 衍射峰的相对强度明显增加，但进一步增加 Al_2O_3 含量，$Ca_5(PO_4)_2SiO_4$ 衍射峰的相对强度呈减小趋势。

上述 XRD 分析结果表明，碱度过大、FeO 含量或 Al_2O_3 含量低均可导致熔渣中存在游离 CaO，进而导致脱磷效果变差。富磷渣中的含磷物相 $Ca_5(PO_4)_2SiO_4$ 的衍射峰的相对强度随碱度、FeO 含量和 Al_2O_3 含量的变化规律与富磷渣中磷含量的变化规律基本一致。

9.2.5.2　富磷渣的枸溶性分析

富磷渣属于枸溶性磷肥，即富磷渣中的 P_2O_5 不溶于水，但可溶于质量分数为 2% 的柠檬酸溶液[33]。因此，枸溶性也就成了衡量富磷渣能否作为钢渣磷肥的重要指标。富磷渣的枸溶性通常用枸溶率来表示，即能溶解于 2% 柠檬酸溶液中的 P_2O_5 与富磷渣中全部 P_2O_5 的质量百分比。能溶解于 2% 柠檬酸溶液中的 P_2O_5 称为有效 P_2O_5。因此，在 P_2O_5 含量一定的情况下，枸溶率越高越好。

王永红等人[34] 采用国家标准《钙镁磷肥》（GB 20412—2006）所提供的磷钼酸喹啉重量法（即仲裁法），对某富磷渣的枸溶率进行测定。该方法的原理为，含磷溶液中的正磷酸根离子，在酸性介质中和喹钼柠酮试剂生成黄色磷钼酸喹啉沉淀，反应式如下：

$$H_3PO_4 + 3C_9H_7N + 12Na_2MoO_4 + 24HNO_3 ==$$
$$(C_9H_7N)_3H_3[P(Mo_3O_{10})_4]\downarrow + 12H_2O + 24NaNO_3 \tag{9-3}$$

有效 P_2O_5 的测定方法为：称取富磷渣 1.00g，2% 的柠檬酸液 100mL，依次放入干燥的 250mL 的容量瓶中，在恒温 298~303K 条件下将富磷渣溶解，振荡 30min 后过滤。再吸取一定量滤液放入 400mL 烧杯中，加入 10mL 体积比为 1:1 的硝酸溶液，并加水至 100mL。在电热板上煮沸后取下，并加入 35mL 喹钼柠酮试剂，盖上表面皿，重新加热至微沸，待烧杯内黄色沉淀与溶液分层后取出冷却。用预先在 448~453K 温度条件下干燥至恒量的 60mL 玻璃漏斗抽气过滤，将带有沉淀的滤器在 448~453K 恒温干燥箱干燥 45min，然后取出冷却、称量。在测定的同时按同样步骤做空白实验。有效 P_2O_5 含量可按照式（9-4）进行计算：

$$w_{[有效P_2O_5]} = \frac{(m_1 - m_2) \times 0.03207 \times V_0}{m_{01} \times V_{01}} \times 100\% \tag{9-4}$$

式中，m_1 为测定时所得磷钼酸喹啉沉淀质量，g；m_2 为空白实验所得磷钼酸喹啉沉淀质量，g；0.03207 为磷钼酸喹啉质量换算为 P_2O_5 质量的系数；m_{01} 为试样的质量，g；V_0 为待测试样溶液总体积，mL；V_{01} 为测定时所取试样溶液的体积，mL。

A 碱度对富磷渣枸溶率的影响

图 9-47 为初始渣系碱度对富磷渣枸溶性的影响。由图 9-47 可见，在一定范围内增加渣系碱度有利于提高富磷渣的枸溶率。随着碱度由 3.0 增加到 4.5，富磷渣的枸溶率由 86.12% 增加到 89.14%。当然，渣系碱度并非越高越好，碱度升至 5.0 时，富磷渣的枸溶率反而降至 85.65%。

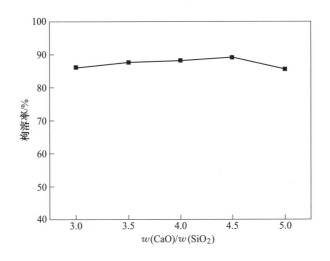

图 9-47 碱度对富磷渣枸溶率的影响

B 氧化性对富磷渣枸溶率的影响

初始渣系 FeO 含量对富磷渣枸溶性的影响如图 9-48 所示。由图 9-48 可见，渣系 FeO 含量为 40%~50% 时，富磷渣的枸溶率变化不大，介于 89.79%~90.18% 之间。进一步增加 FeO 含量，富磷渣的枸溶率则呈降低趋势。FeO 含量增加至 60% 时，富磷渣的枸溶率降至 85.59%。

C Al_2O_3 含量对富磷渣枸溶率的影响

图 9-49 显示了初始渣系 Al_2O_3 含量对富磷渣枸溶性的影响。由图 9-49 可以看出，渣系 Al_2O_3 含量的增加会导致富磷渣的枸溶率降低，尤其是 Al_2O_3 含量大于 10% 时，富磷渣的枸溶率降幅更为明显。随着 Al_2O_3 含量由 4% 增加到 10%，富磷渣的枸溶率由 88.27% 降至 85.34%；进一步增加 Al_2O_3 含量至 12%，富磷渣的枸溶率降至 80.82%。

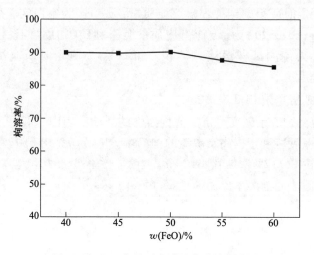

图 9-48　FeO 含量对富磷渣枸溶率的影响

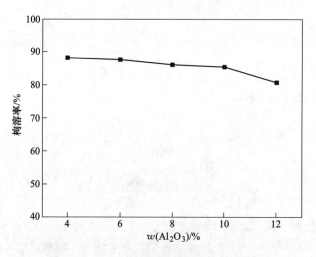

图 9-49　Al₂O₃ 含量对富磷渣枸溶率的影响

D　粒度对富磷渣枸溶率的影响

据报道，采用机械粉磨方法对磷矿粉进行超微细化改性，减小磷矿粉的晶粒、提高磷矿粉的比表面，可提高磷矿粉的有效 P_2O_5 含量。董元杰等人[35] 对 P_2O_5 含量为 19.56% 的胶磷矿进行微细化处理，结果表明，将胶磷矿由 $-180\mu m$ 磨细至 $-15.06\mu m$ 粒级含量占 90%，其有效 P_2O_5 含量由 3.62% 增加到 4.02%。赵夫涛等人[36] 对含 20% P_2O_5 的胶磷矿进行微细化处理，也得到了类似的结论，胶磷矿的粒度由 $-200\mu m$ 粒级含量占 90% 降低至 $-26\mu m$ 粒级含量占 90%，其有效 P_2O_5 含量由 2.75% 增加到 4.88%。以初始渣系碱度为 3.5、FeO 含量为 55% 和

Al_2O_3 含量为 6% 时获得的 P_2O_5 含量为 14.41% 的富磷渣为例，考察富磷渣的磨矿粒度及比表面积对其枸溶率的影响，结果如图 9-50 所示。

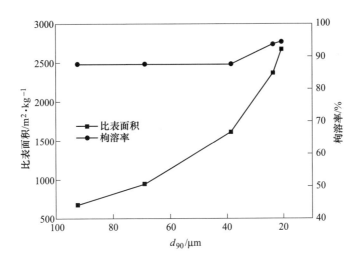

图 9-50 粒度对富磷渣枸溶率的影响

由图 9-50 可知，对于高磷铁粉脱磷冶炼获得的富磷渣，增加磨矿粒度、增大比表面积有利于提高富磷渣的枸溶率。富磷渣的粒度由 $-92.4\mu m$ 粒级含量占 90% 降低至 $-38.7\mu m$ 粒级含量占 90% 时，其比表面积由 682.1m^2/kg 增加到 1606m^2/kg，此时富磷渣的枸溶率变化不大，介于 87.59% ~ 87.65% 之间；进一步将富磷渣磨细至 $-23.8\mu m$ 粒级含量占 90% 粒度时，比表面积增加至 2373m^2/kg 以上，富磷渣的枸溶率达 93.81% 以上。这是因为：在磨细过程中，伴随着粒径减小，富磷渣发生了颗粒表面晶格的不规则化，结晶度下降，导致体系的焓及活性增加。晶格内积聚能量的增加，使得某些结合键发生断裂并重新排列形成新的结合键，提高了富磷渣中 P_2O_5 的溶解性能[37]。

9.3 钒钛磁铁矿深度还原短流程熔炼技术

针对铁品位相对较高或伴生镍、钒、钛等金属的铁矿资源，作者创造性提出了煤基深度还原短流程熔炼技术。以煤粉为燃料和还原剂针对复杂难选铁矿石进行预还原，将铁矿中的铁氧化物在矿石不融化的温度下转化为金属铁，然后还原物直接进入矿热炉或电炉进一步还原熔炼得到可深加工的液态金属。该技术流程环节热流不中断，各工序热损失小，热量利用效率高，生产流程短，以煤代焦、以煤代电，大幅降低了生产成本，原燃料适应性广，属新型冶炼技术。

9.3.1 研究方法

9.3.1.1 试验原料

钒钛磁铁矿是一种主要由铁、钛和钒等多种有价元素共生组成的复合型矿产资源，在世界范围内资源储量丰富，已探明钒钛磁铁矿资源达 400 亿吨以上，主要分布在俄罗斯、南非和中国。其中我国钒钛磁铁矿资源储量为 100 亿吨，主要分布在四川攀西、河北承德、陕西汉中和山西代县等地区。钒钛磁铁矿既是铁的重要来源，又是主要的钒钛资源，具有很高的综合利用价值。深度还原短流程熔炼技术为钒钛磁铁矿的高效综合利用提供了新途径。因此，本节以河北承德地区钒钛磁铁矿氧化球团矿为原料开展深度还原短流程熔炼研究。钒钛磁铁矿氧化球团矿化学成分分析结果见表 9-11。分析结果表明，钒钛磁铁矿氧化球团中主要回收成分 TFe、V_2O_5、TiO_2 含量分别为 55.88%、0.55%、9.28%；杂质组分 SiO_2、Al_2O_3、CaO、MgO 含量分别为 6.14%、2.37%、1.08%、1.52%；有害元素 P 含量较高、S 的含量较低。球团矿杂质组分主要为 SiO_2 和 Al_2O_3，呈典型的酸性球团矿，因此还原过程中需添加碱性熔剂调节渣型。

表 9-11   钒钛磁铁矿氧化球团矿化学组成（质量分数）   （%）

成分	TFe	FeO	TiO_2	V_2O_5	SiO_2	Al_2O_3	CaO	MgO	P	S
含量	55.88	3.03	9.28	0.55	6.14	2.37	1.08	1.52	0.13	≤0.004

研究人员针对矿样进行了 X 射线衍射分析，以查明矿样的主要物相组成，XRD 分析结果如图 9-51 所示。由图 9-51 可知，钒钛磁铁矿氧化球团主要由赤铁矿、磁铁矿和钛铁矿组成，其中赤铁矿为主要矿物，磁铁矿和钛铁矿含量相对较少。

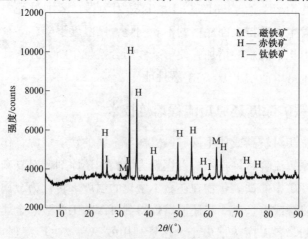

图 9-51   氧化球团 XRD 分析图谱

为进一步明确铁矿物的赋存状态及含量，研究人员对样品进行了铁化学物相分析，结果见表9-12。由表9-12可知，铁化学物相分析结果与XRD衍射结果相一致。矿石中铁主要以赤铁矿（钛铁矿）和磁铁矿的形式存在，铁的分布率分别为83.81%和13.76%。碳酸铁、硫化铁和硅酸铁的含量较低，铁分布率均小于2%。

表 9-12　铁化学物相分析结果

铁物相	赤铁矿（钛铁矿）中的铁	磁性铁中的铁	碳酸铁中的铁	硫化铁中的铁	硅酸铁中的铁	总铁
含量（质量分数）/%	46.28	7.60	0.08	0.22	1.04	55.22
铁分布率/%	83.81	13.76	0.14	0.40	1.88	100.00

注：由于铁化学物相分析难以区分赤铁矿和钛铁矿，故二者合并分析，均视为赤铁矿。

深度还原短流程熔炼所用熔剂为石灰石，还原剂为兰炭。石灰石粒度为8~20mm，兰炭粒度为5~8mm。熔剂石灰石的化学组成见表9-13，由表9-13可知，石灰石主要成分为CaO，含量为49.49%；SiO_2和Al_2O_3含量分别为8.85%和1.62%；有害元素P和S的含量较低。还原剂兰炭成分分析结果见表9-14。由表9-14可知，兰炭主要由固定碳组成，灰分主要由SiO_2、CaO、Al_2O_3和Fe_2O_3组成，有害元素P和S的含量相对较低。兰炭固定碳含量为71.26%，挥发分为11.84%，灰分为8.89%；灰分中SiO_2、CaO、Al_2O_3和Fe_2O_3含量分别为33.88%、31.12%、12.62%和9.37%。

表 9-13　石灰石的化学组成

成分	Fe_2O_3	SiO_2	Al_2O_3	CaO	MgO	P	S	烧失
含量（质量分数）/%	0.61	8.85	1.62	49.49	0.52	0.006	0.028	39.11

表 9-14　还原剂的成分分析

种类	工业组成分析（质量分数）/%				灰分化学组成（质量分数）/%						
	固定碳	挥发分	灰分	水分	SiO_2	Al_2O_3	Fe_2O_3	CaO	MgO	P	S
兰炭	71.26	11.84	8.89	8.01	33.88	12.62	9.37	31.12	2.12	0.005	0.248

9.3.1.2　试验设备

深度还原短流程熔炼试验采用的试验设备为自行研发建成的深度还原短流程熔炼系统，如图9-52所示。深度还原短流程熔炼系统主要由混料系统、预还原系统、还原熔炼系统、烟气处理系统组成。该系统主要用于难选铁矿石、红土镍矿、钒钛磁铁矿深度还原短流程熔炼的半工业试验，主要参数为：

处理能力：50t/d；

回转窑烟气温度：873~1473K；

熔炼炉熔融温度：1573~1873K；

还原剂：兰炭、部分煤粉不充分燃烧产生的 CO；

热量来源：兰炭燃烧，电极加热；

自焙电极：ϕ400mm；

主引风机压力：-450Pa；

载煤风流量：80m³/h；

一次风流量：≤600m³/h；

二次风流量：≤300m³/h；

回转窑：ϕ1.2m×18m；

矿热炉：630kV·A，ϕ3m×3m。

图 9-52　处理能力 50t/d 的深度还原短流程熔炼系统

深度还原短流程熔炼工艺流程如图 9-53 所示。物料经给料仓，通过给料皮带秤控制给料量，经给料皮带给入混料机混料；混合后物料经造块机压块后给入回转窑，在回转窑中由矿热炉内产生的烟气进行预热和预还原后送入矿热炉；在矿热炉内通过喷煤枪喷煤燃烧和电极协同加热进行熔融反应后生成含钒铁水和钛渣；产生的铁水和渣分别经出铁口和出渣口间断排出。

整个系统采用负压操作，动力来源于主引风机；废气经旋风除尘器初步除尘后进入布袋除尘器进行二次除尘；除尘后废气进入脱硫脱硝塔进行脱硫脱硝处理，然后经风机排入大气。旋风除尘器和布袋除尘器的灰尘进入灰槽，灰槽内的灰每隔 12h 清理一次，并通过人工返回给料仓循环利用。

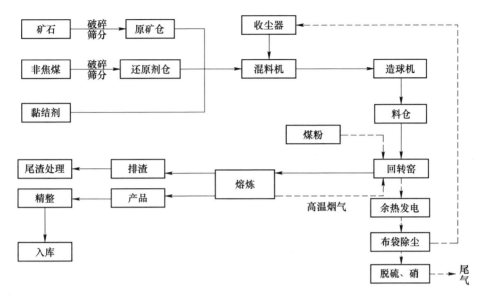

图 9-53 深度还原短流程熔炼工艺流程

9.3.1.3 试验过程

首先采用红土镍矿进行深度还原熔炼系统调试运行，当熔炼炉内温度和熔池液面达到规定后，切换为钒钛磁铁矿氧化球团矿，按一定速度开始给料，当熔炼炉内铁水和渣置换完全后，开始进行深度还原熔炼条件试验。共进行了还原剂用量、石灰石用量以及还原温度条件试验。试验过程中，每隔6~8h 出铁水和渣各一次，每次出铁水和渣期间取 6 个样品进行化验，取平均值，根据结果对还原效果进行评价，确定稳定试验所需的适宜条件。条件试验结束后，在适宜条件下开展连续稳定试验。

以含钒铁水中钒含量、钒回收率、铁回收率作为评价指标对深度还原熔炼效果进行表征与分析。铁和钒的含量通过化学分析方法检测获得。

深度还原熔炼过程中矿石中的铁氧化物、钒氧化物还原失氧形成铁水，矿石中其他成分、熔剂石灰石、还原剂兰炭和煤粉中的灰分主要形成渣相。因此，依据矿石、石灰石、兰炭、煤粉的组成可以计算得到渣量。

$$m_s = m_0 \left(1 - \frac{160 w(\mathrm{Fe}^{3+})}{112} - \frac{72 w(\mathrm{Fe}^{2+})}{56} \right) + m_1 (1 - w_\mathrm{I}) + m_2 w_\mathrm{R}^\mathrm{a} + m_3 w_\mathrm{C}^\mathrm{a}$$

$$(9-5)$$

式中，m_s 为渣质量，kg；m_0 为球团矿用量，kg；m_1 为石灰石用量，kg；m_2 为兰炭用量，kg；m_3 为煤粉用量，kg；$w(\mathrm{Fe}^{3+})$ 为球团矿中 3 价铁含量，%；$w(\mathrm{Fe}^{2+})$ 为球团矿中 2 价铁含量，%；w_I 为石灰石烧损，%；w_R^a 为兰炭灰分含量，%；w_C^a 为煤

粉灰分含量,%。

计算得到渣量后,含钒铁水中铁回收率计算公式如下:

$$\varepsilon_{Fe} = \frac{m_0 w_{Fe}^0 - m_S w_{Fe}^S}{m_0 w_{Fe}^0} \times 100\% \tag{9-6}$$

式中,ε_{Fe} 为含钒铁水中铁的回收率,%;w_{Fe}^0 为球团矿中铁含量,%;w_{Fe}^S 为渣中铁的含量,%。

含钒铁水中钒回收率计算公式如下:

$$\varepsilon_V = \frac{m_0 w_V^0 - m_S w_V^S}{m_0 w_V^0} \times 100\% \tag{9-7}$$

式中,ε_V 为含钒铁水中钒的回收率,%;w_V^0 为球团矿中铁含量,%;w_V^S 为渣中铁的含量,%。

9.3.2　深度还原短流程熔炼工艺优化

研究人员针对钒钛磁铁矿氧化球团进行了深度还原短流程熔炼工艺优化研究,重点考查了还原剂用量、熔剂石灰石用量及还原温度(以渣温为考核标准)对深度还原熔炼技术指标的影响。基于深度还原短流程熔炼条件优化试验结果,确定适宜的工艺参数,为钒钛磁铁矿氧化球团的深度还原短流程熔炼工业化生产提供参考。

9.3.2.1　还原温度对深度还原熔炼技术指标的影响

温度是影响钒钛磁铁矿氧化球团深度还原短流程熔炼的关键因素。温度过高,容易造成钛氧化物(如 TiO_2)和硅氧化物(如 SiO_2)的还原,导致铁水中钒的含量降低,同时也造成了不必要的能源消耗;还原温度过低,容易造成铁氧化物(如 Fe_2O_3)和钒氧化物(如 V_2O_3)的不完全还原,导致铁水中钒的含量偏低,达不到试验要求的效果。因此,在还原剂(兰炭)用量为 32%、石灰石用量为 16.3%的条件下,开展还原温度试验,结果见表 9-15。

表 9-15　还原温度对含钒铁水组成和深度还原熔炼效果的影响

温度/K	w(Fe)/%	w(V)/%	w(Ti)/%	w(C)/%	w(Si)/%	w(P)/%	w(S)/%	铁回收率/%	钒回收率/%
1694	93.56	0.42	0.42	3.07	1.06	0.180	0.025	93.70	89.71
1760	93.11	0.36	0.29	4.00	0.87	0.192	0.041	97.71	90.92
1772	93.06	0.43	0.37	3.92	1.21	0.035	0.197	98.89	96.25

由表 9-15 可知,当石灰石用量为 16.3%、还原剂用量为 32%时,铁水产品 TFe 含量均大于 93.00%;且随着还原温度的增加,铁水中铁和钒的回收率均逐渐增大,其中铁的回收率从 1694K 时的 93.7%提高至 1772K 时的 98.89%,钒的

回收率从89.71%提高至96.25%。这可能是因为反应温度的升高，有利于铁氧化物和钒氧化物的金属化还原反应过程，进而促进了铁和钒的回收。

为进一步考察还原温度对钒钛氧化球团矿深度还原熔炼指标的影响，在还原剂用量为36%、石灰石用量为11%的条件下，开展还原温度试验，结果见表9-16。由表9-16可知，当石灰石用量为11%和还原剂用量为36%时，铁水产品TFe含量均大于91.00%；且随着还原温度的增加，铁水中铁和钒的回收率总体均呈逐渐增大的趋势。当还原温度为1694K时，铁水中TFe含量为91.84%，当还原温度不低于1723K时，铁水中TFe含量在93.00%以上，铁水中V的含量均保持在0.50%以上，达到了F05标准，且铁水中钒的回收率保持在92%~95%之间，效果较好。因此，推荐的适宜还原温度为1723~1773K。

表 9-16　还原温度对含钒铁水组成和深度还原熔炼效果的影响

温度/℃	$w(Fe)/\%$	$w(V)/\%$	$w(Ti)/\%$	$w(C)/\%$	$w(Si)/\%$	$w(P)/\%$	$w(S)/\%$	铁回收率/%	钒回收率/%
1694	91.84	0.57	0.42	4.32	0.47	0.22	0.033	98.50	93.17
1732	93.68	0.55	0.31	4.17	0.36	0.20	0.050	98.40	95.18
1741	93.38	0.52	0.37	4.30	0.57	0.21	0.033	98.21	92.39
1762	93.96	0.46	0.33	3.89	0.44	0.20	0.043	98.66	95.39
1777	94.54	0.51	0.30	4.04	0.29	0.20	0.053	98.57	93.56

9.3.2.2　还原剂用量对深度还原熔炼技术指标的影响

还原剂用量是影响钒钛磁铁矿氧化球团深度还原短流程熔炼的又一关键因素。还原剂用量过高，同样容易造成钛氧化物（如 TiO_2）和硅氧化物（如 SiO_2）的还原，导致铁水中钒的含量降低，同时也造成了不必要的还原剂消耗；还原剂用量过低，容易造成铁氧化物（如 Fe_2O_3）和钒氧化物（如 V_2O_3）的不完全还原，导致铁水中钒的含量偏低，达不到试验要求的效果。

为考察还原剂用量对钒钛氧化球团矿深度还原短流程熔炼的影响，在还原温度为1748K、石灰石用量为12%（相对于球团矿的质量）的条件下，进行不同还原剂用量试验，结果见表9-17。

表 9-17　还原剂用量对含钒铁水组成和深度还原熔炼效果的影响　　　（%）

还原剂用量	$w(Fe)$	$w(V)$	$w(Ti)$	$w(C)$	$w(Si)$	$w(P)$	$w(S)$	铁回收率	钒回收率
27.0	94.10	0.44	0.38	4.08	0.91	0.21	0.032	97.34	81.82
28.0	93.28	0.61	0.58	4.29	0.60	0.22	0.034	97.87	90.19
30.0	93.81	0.44	0.23	3.79	0.22	0.20	0.066	98.91	91.59
31.0	93.36	0.52	0.45	4.11	0.44	0.21	0.052	98.90	91.39

还原剂用量	$w(Fe)$	$w(V)$	$w(Ti)$	$w(C)$	$w(Si)$	$w(P)$	$w(S)$	铁回收率	钒回收率
32.0	93.67	0.55	0.38	4.28	0.60	0.22	0.030	99.50	93.49
33.0	94.28	0.47	0.15	3.89	0.23	0.21	0.060	99.17	95.90
34.0	94.28	0.43	0.13	3.76	0.24	0.21	0.073	99.20	97.43

由表 9-17 可知，当石灰石用量为 12% 时，随着还原剂用量的增加，铁水产品 TFe 含量均大于 93.00%，铁水中含 V 均大于 0.45%；还原剂用量对铁的回收率影响不大，但对铁水中钒的回收率影响较大。随着还原剂用量的增加，铁水中铁的回收率均在 97.00% 以上，钒的回收率则逐渐增加。同时，还原过程中，还原剂兰炭不仅参与铁、钒氧化物的还原过程，而且兰炭含有的灰分（灰分中的氧化物如氧化硅、氧化钙等均参与造渣）还影响渣系组成，对还原过程有一定的影响。

为进一步考察还原剂用量对钒钛氧化球团矿深度还原短流程熔炼的影响，在石灰石用量为 11%（相对于球团矿的质量）的条件下，进行不同还原剂用量试验，结果见表 9-18。由表 9-18 可知，随着还原剂用量从 35.0% 逐渐增加到 36.2%，铁的回收率一直保持在 98% 以上，铁水中钒的回收率保持在 92%~96% 之间；铁水中 Fe 和 V 含量均分别保持在 93% 和 0.5% 以上。因此，推荐适宜的还原剂用量为 33%~36%。

表 9-18　还原剂用量对含钒铁水组成和深度还原熔炼效果的影响　　　（%）

还原剂用量	$w(Fe)$	$w(V)$	$w(Ti)$	$w(C)$	$w(Si)$	$w(P)$	$w(S)$	铁回收率	钒回收率
35.0	94.44	0.52	0.30	4.05	0.29	0.20	0.05	98.40	95.18
35.5	93.89	0.52	0.33	3.92	0.45	0.20	0.04	98.66	95.39
36.0	93.74	0.55	0.31	4.17	0.36	0.21	0.05	98.50	95.17
36.2	93.32	0.52	0.35	4.02	0.57	0.22	0.03	98.21	94.39

9.3.2.3　石灰石用量对深度还原熔炼技术指标的影响

熔剂石灰石用量是影响钒钛磁铁矿氧化球团深度还原短流程熔炼的关键因素之一。熔剂石灰石用量过高，深度还原熔炼过程渣量增多，排渣作业过程中大量的高温熔渣（≥1723K）排出，容易造成冶炼能耗过高；熔剂石灰石用量过低，容易造成铁水和熔渣黏度大、流动性差，难以排出熔炼炉，操作较为困难。

为考查石灰石用量对钒钛氧化球团矿深度还原短流程熔炼的影响，在还原温度为 1748K、还原剂用量为 36%（相对于球团矿的质量）的条件下，进行不同石灰石用量试验，结果见表 9-19。

表 9-19　石灰石用量对含钒铁水组成和深度还原熔炼效果的影响　（%）

还原剂用量	$w(Fe)$	$w(V)$	$w(Ti)$	$w(C)$	$w(Si)$	$w(P)$	$w(S)$	铁回收率	钒回收率
9.0	93.44	0.57	0.42	4.32	0.47	0.22	0.033	97.91	89.33
10.0	93.68	0.55	0.31	4.17	0.36	0.20	0.050	98.22	92.45
11.0	94.54	0.51	0.30	4.04	0.29	0.20	0.053	98.05	93.17
13.0	93.96	0.50	0.33	3.89	0.44	0.20	0.043	98.23	94.29
14.3	93.38	0.52	0.37	4.30	0.57	0.21	0.033	98.69	94.27

由表 9-19 可知，当还原剂用量为 36% 时，随着石灰石用量的增加，铁水产品 TFe 含量均大于 93.00%，铁水中含 V 均大于 0.50%。石灰石用量对铁的回收率影响不大，随着石灰石用量的增加，铁水中铁的回收率均在 98.00% 以上。石灰石用量对铁水中钒的回收率影响较大。当石灰石用量从 9.0% 增加至 13.0% 时，铁水中钒的回收率由 89.33% 增加到 94.29%；进一步增加石灰石用量，铁水中钒的回收率趋于稳定；当石灰石用量不低于 11% 时，钒的回收率在 93.00% 以上。因此，推荐的适宜石灰石用量为 11%~13%。

9.3.3　深度还原短流程熔炼连续稳定运行试验

钒钛磁铁矿氧化球团矿适宜的深度还原短流程熔炼工艺条件为：还原温度 1723K 左右、还原剂用量 33%~36%、石灰石用量 11%~13%。在上述试验参数范围内，开展为期 8 天的连续稳定试验，期间针对每一批铁样和渣样平行取 6 个化验样，并求取其平均值作为考核标准。连续稳定试验期间具体生产指标见表 9-20。

表 9-20　稳定试验期间含钒铁水的组成和深度还原熔炼指标　（%）

编号	$w(Fe)$	$w(V)$	$w(Ti)$	$w(C)$	$w(Si)$	$w(S)$	$w(P)$	铁回收率	钒回收率
1	94.15	0.552	0.319	4.22	0.38	0.048	0.21	98.91	93.16
2	93.36	0.517	0.450	4.11	0.45	0.052	0.21	99.22	96.21
3	93.33	0.538	0.387	4.27	0.38	0.047	0.22	98.70	91.27
4	93.33	0.511	0.390	4.41	0.38	0.049	0.22	98.17	93.03
5	93.05	0.541	0.420	4.65	0.32	0.043	0.22	98.18	91.39
6	94.48	0.496	0.350	4.30	0.32	0.045	0.21	98.69	92.25
7	94.26	0.512	0.350	4.29	0.27	0.050	0.21	97.22	96.28
8	92.04	0.578	0.410	4.33	0.47	0.032	0.22	98.40	94.35

编号	w(Fe)	w(V)	w(Ti)	w(C)	w(Si)	w(S)	w(P)	铁回收率	钒回收率
9	93.74	0.549	0.310	4.17	0.36	0.050	0.21	98.66	95.39
10	93.32	0.520	0.380	4.29	0.57	0.032	0.22	98.05	93.17
11	93.89	0.506	0.330	3.92	0.45	0.042	0.20	98.57	93.55
12	94.44	0.517	0.300	4.05	0.29	0.051	0.20	98.22	92.45
13	95.00	0.523	0.280	4.18	0.20	0.038	0.23	97.91	92.32
14	94.07	0.533	0.290	4.21	0.21	0.049	0.22	97.89	91.49
15	94.42	0.536	0.290	4.26	0.25	0.054	0.22	97.54	92.83
16	93.70	0.515	0.310	4.24	0.36	0.051	0.22	99.39	96.23
17	93.42	0.508	0.350	4.02	0.48	0.050	0.21	99.05	91.66
18	93.81	0.512	0.250	4.09	0.35	0.062	0.22	99.01	93.41
19	94.30	0.498	0.260	4.04	0.30	0.060	0.22	98.56	92.78
20	94.36	0.502	0.290	4.12	0.32	0.061	0.21	98.09	93.17
平均值	93.82	0.523	0.336	4.21	0.36	0.048	0.22	98.42	93.32

　　由表 9-20 可知, 稳定试验期间铁水中铁的含量在 93.00% 以上, 铁水中钒的含量也保持在 0.50% 以上, 达到了含钒生铁 F05 牌号标准要求。稳定连续试验期间, 含钒铁水中铁的回收率在 97.00% 以上, 平均值为 98.42%; 钒的回收率在 91.00% 以上, 平均值为 93.32%。以上数据表明, 采用深度还原短流程熔炼技术可以实现钒钛磁铁矿氧化球团矿中铁和钒的高效利用, 这为我国钒钛磁铁矿资源的高效开发利用提供了技术支撑。

参 考 文 献

[1] Li K Q, Ni W, Zhu M, et al. Iron extraction from oolitic iron ore by a deep reduction process [J]. J. Iron Steel Res. Int., 2011, 18 (8): 9~13.

[2] Li S F, Sun Y S, Han Y X, et al. Fundamental research in utilization of an oolitic hematite by deep reduction [J]. Advanced Materials Research, 2011, 158: 106~112.

[3] 孙永升, 李淑菲, 史广全. 某鲕状赤铁矿深度还原试验研究 [J]. 金属矿山, 2009 (5): 80~83.

[4] Han Y X, Sun Y S, Gao P, et al. Reduction process of high phosphorus oolitic hematite [J]. Advanced Materials Research, 2012, 454: 242~245.

[5] 韩跃新, 孙永升, 高鹏. 某鲕状赤铁矿深度还原机理研究 [J]. 中国矿业, 2009, 18 (7): 284~287.

[6] Tang H Q, Guo Z C, Zhao Z L. Phosphorus removal of high phosphorus iron ore by gas-based re-

duction and melt separation [J]. J. Iron Steel Res. Int., 2010, 17 (9): 1~6.

[7] 李永利, 孙体昌, 杨慧芬. 高磷鲕状赤铁矿直接还原同步脱磷研究 [J]. 矿冶工程, 2011, 31 (2): 68~70.

[8] 杨大伟, 孙体昌, 徐承焱. 高磷鲕状赤铁矿还原焙烧同步脱磷工艺研究 [J]. 矿冶工程, 2010, 30 (1): 29~31.

[9] 徐承焱, 孙体昌, 祁超英. 煤种对高磷鲕状赤铁矿直接还原同步脱磷的影响 [J]. 金属矿山, 2010 (8): 46~50.

[10] Diao J, Xie B, Wang Y H, et al. Recovery of phosphorus from dephosphorization slag produced by duplex high phosphorus hot metal refining [J]. ISIJ International, 2012, 52 (6): 955~959.

[11] Kubo H, Yokoyama K M, Nagasaka T. Magnetic separation of phosphorus enriched phase from multiphase dephosphorization slag [J]. ISIJ International, 2010, 50 (1): 59~64.

[12] Yoshida K. Development of new hot metal dephosphorization process at Kashima Steel Works [J]. Steel Times International, 1990, 14 (3): 20~22.

[13] Matsuo T. Development of new hot metal dephosphorization process in top and bottom blowing converter [C]. Steelmaking Conference Proceedings, ISS-AIME, 1990, 73: 115~121.

[14] 刘君, 李光强, 朱诚意. 高磷铁矿处理及高磷铁水脱磷研究进展 [J]. 材料与冶金学报, 2007, 6 (3): 173~178.

[15] 吴巍, 刘浏, 李俊. 复吹转炉冶炼高磷铁水的试验研究 [J]. 炼钢, 2008, 24 (3): 30~32.

[16] 金恒阁, 于立波, 俎晓彤. 钢铁废渣与磷肥 [J]. 中国物资再生, 1999 (3): 31~32.

[17] 刘河云. 钢渣是钙镁磷肥最适宜的添加物 [J]. 磷肥和复肥, 2010, 25 (4): 35~36.

[18] Morita K, Guo M X, Oka N, et al. Resurrection of the iron and phosphorus resource in steel-making slag [J]. J. Mater. Cycles. Waste. Manag., 2002, 4: 93~101.

[19] Matsuno H, Kikuchi Y, Kohira S. JP Patent, 2004161544-A [P]. 2004.

[20] Basu S, Lahiri A K, Seetharaman S, et al. Change in phosphorus partition during blowing in a commercial BOF [J]. ISIJ International, 2007, 47 (5): 766~768.

[21] Mukherjee T, Chatterjee A. Production of low phosphorus steels from high phosphorus Indian hot metal: Experience at Tata Steel [J]. Bull Mater Sci, 1996, 19 (6): 893~903.

[22] Zhu D Q, Cui Y, Vining K, et al. Upgrading low nickel content laterite ores using selective reduction followed by magnetic separation [J]. Int. J. Miner. Process., 2012, 106: 1~7.

[23] Li B, Wang H, Wei Y G. The reduction of nickel from low-grade nickel laterite ore using a solid-state deoxidisation method [J]. Miner. Eng., 2011, 24 (14): 1556~1562.

[24] Liu X W, Feng Y L, Li H R, et al. Recovery of valuable metals from a low-grade nickel ore using an ammonium sulfate roasting-leaching process [J]. Int. J. Min. Met. Mater., 2012, 19 (5): 377~383.

[25] Wang G, Wang J S, Ding Y G, et al. New separation method of boron and iron from ludwigite based on carbon bearing pellet reduction and melting technology [J]. ISIJ Int., 2012, 52 (1): 45~51.

[26] Zhang Y B, Li G H, Jiang T, et al. Reduction behavior of tin-bearing iron concentrate pellets using diverse coals as reducers [J]. Int. J. miner. Process. , 2012, 110: 109~116.

[27] Yang H F, Jing L L, Zhang B G. Recovery of iron from vanadium tailings with coal-based direc-treduction followed by magnetic separation [J]. J. Hazard. Mater. , 2011, 185 (2-3): 1405~1411.

[28] Zhang Y L, Li H M, Yu X J. Recovery of iron from cyanide tailings with reduction roasting-water leaching followed by magnetic separation [J]. J. Hazard. Mater. , 2012, 213: 167~174.

[29] 吴伟. 复吹转炉冶炼中高磷铁水的应用基础研究 [D]. 沈阳: 东北大学, 2003.

[30] 刁江. 中高磷铁水转炉双联脱磷的应用基础研究 [D]. 重庆: 重庆大学, 2010.

[31] 郭猛, 孙艳霞, 王鹏, 等. 一种含磷钢的转炉冶炼方法 [P]. 中国: 201110240361. X.

[32] 袁武华, 王峰. 国内外易切削钢的研究现状和前景 [J]. 钢铁研究, 2008, 36 (5): 56~62.

[33] 王永红, 谢兵, 刁江, 等. 高磷铁水脱磷渣枸溶性 [J]. 北京科技大学学报, 2011, 33 (3): 323~327.

[34] 董元杰, 盖国胜, 刘春生. 超微细磷矿粉有效磷含量和生物学效应 [J]. 贵州师范大学学报, 2009, 27 (1): 4~8.

[35] 赵夫涛, 盖国胜, 井大炜, 等. 磷矿粉的超微细活化及磷释放动态研究 [J]. 植物营养与肥料学报, 2009, 15 (2): 474~477.

[36] 魏征, 杨冰, 山相朋, 等. 低品位微晶化磷矿粉加工及在农业中的应用 [C]. 中国环境科学学会学术年会论文集, 2014.

索　引